21世纪全国应用型本科计算机案例型规划教材

JavaEE 案例教程

主　编　丁宋涛　徐金宝
副主编　彭焕峰　蔡　玮
　　　　张　骞　臧大磊
主　审　凌　勇　徐　新
　　　　沈　晖　王汉斌

内 容 简 介

本书介绍基于 JavaEE 的 Web 应用开发技术，主要讲解 Struts、Hibernate 与 Spring(SSH)轻量级框架的使用和 JavaEE 的入门基础，最后通过实例讲解带领读者亲身感受 MVC 模式下的 Web 开发全过程。

全书分为 7 章，第 1 章讲解 JavaEE 的入门基础，从第 2 章便开始 SSH 框架的介绍。首先，在第 2 章对 Struts 进行简单的介绍，再通过第 3 章的深入阐述让读者能够掌握 Struts 的核心技术。然后第 4、5 章详细介绍 Hibernate 框架的“面向对象的数据库”的实现，第 6 章是 Spring 技术的讲解以及 Spring+Struts 的整合与 Spring+Hibernate 的整合，第 7 章是 SSH 综合案例。

本书思路清晰，流程明确，总结性和实用性很强，通过图文介绍+实例讲解的方式，让广大读者能够跟随本书通过自己的亲手操作，轻松地掌握并体会 SSH 框架的使用方法及 MVC 模式的优缺点，并且每章节末尾都留有问题交给读者去解答、总结、体会，以此对 SSH 框架下的开发达到更高水平的认识。

本书适合人群：有 Java 编程基础、有耐心、善于动手实践的读者。

图书在版编目(CIP)数据

JavaEE 案例教程/丁宋涛，徐金宝主编. —北京：北京大学出版社，2015.1
（21 世纪全国应用型本科计算机案例型规划教材）
ISBN 978-7-301-25440-0

Ⅰ.①J…　Ⅱ.①丁…②徐…　Ⅲ.①JAVA 语言—程序设计—高等学校—教材　Ⅳ.①TP312

中国版本图书馆 CIP 数据核字（2015）第 018151 号

书　　名　JavaEE 案例教程
著作责任者　丁宋涛　徐金宝　主编
责任编辑　郑　双
标准书号　ISBN 978-7-301-25440-0
出版发行　北京大学出版社
地　　址　北京市海淀区成府路 205 号　100871
网　　址　http://www.pup.cn　新浪微博：@北京大学出版社
电子信箱　pup_6@163.com
电　　话　邮购部 62752015　发行部 62750672　编辑部 62750667
印 刷 者　三河市博文印刷有限公司
经 销 者　新华书店
787 毫米×1092 毫米　16 开本　16.25 印张　372 千字
2015 年 1 月第 1 版　2015 年 1 月第 1 次印刷
定　　价　35.00 元

前　　言

经过多年沉淀，JavaEE 平台已经成为电信、金融、电子商务、保险、证券等各行业的大型应用系统的首选开发平台，例如中国联通、中国移动的网上营业厅都是基于 JavaEE 技术开发的。目前，JavaEE 开发呈现出以 Spring 为核心的轻量级 JavaEE 的企业级开发趋势。基于此，我们编写了以 Struts 2+Spring 3+Hibernate 3 为核心的轻量级 JavaEE 案例教程。

本书由 3 个部分共 7 章内容组成，以当前主流的 Java Web 基础知识入手，通过“图文介绍+实例讲解”的方式，让广大读者跟随本书亲手操作，掌握主流的 JavaEE 开发技术。本书重实践、重应用，适合 Java Web 开发的初学者学习。

第一部分(第 1 章)主要介绍 JavaEE 的入门基础的相关知识，建立标准的 Java Web 分层开发的思想。详细介绍 Java Web 开发的重点知识和相关技能，让读者拥有一个相对坚实的 Web 开发基础。

第二部分(第 2 章至第 5 章)详细介绍 Struts 2、Sping 3 以及 Hibernate 3 等轻量级框架的核心技术，强调轻量级框架的重点知识和相关功能开发的流程分析，让读者在一个较高的层次上全面理解 Java Web 开发的完整工作流程。

第三部分(第 6 章至第 7 章)从 Spring+Struts 的整合与 Spring+Hibernate 的整合，开始衍生到 Struts+Spring+Hibernate 的完全整合，并基于具体以学生成绩管理模块为业务需求(本案例取自全国服务创新创业大赛全国三等奖)详细描述了实用的 JavaEE 开发过程，对于这一部分内容，我们边讲解实用的理论技术边进行实际代码的编写，手把手教学，力求浅显直观。

全教程建议理论 32 学时，实验 16 学时。

本书主要由丁宋涛、徐金宝、彭焕峰、蔡玮、张骞等编写。本书的编写经历了两个阶段。

第一阶段，编写本书的全部案例和理论知识：第 1 章、第 5 章由丁宋涛和彭焕峰编写；第 2 章、第 3 章、第 4 章由蔡玮编写；第 6 章、第 7 章由丁宋涛、徐金宝编写。

第二阶段，补充、调整了项目实训案例介绍，并在附录中增加了数据库设计的最佳实践。由于 JavaEE 技术主要针对的是信息系统开发，数据库的设计对于业务系统十分关键。本书特别邀请了微软最有价值专家、微软(中国)认证讲师张骞和臧大磊先生提出了企业一线实践中的数据库设计的宝贵案例。同时，我们特别荣幸地邀请到了江苏省发改委暨江苏微软技术中心的凌勇先生和徐新先生参与了本书的审定工作。两位专家在院校软件实训、企业研发与员工素质培训等领域中积累颇多，并从工程实践的角度对本书提出了多项有益的见解和意见。此外，我们还荣幸地邀请到了西北工业大学高级技术培训中心的技术总监沈晖先生，以及多次参与大中型国企的 IT 基础建设和优化项目的 Technet 观察员、微软最有价值专家王汉斌先生的倾力加盟，两位资深专家从企业级领域对本书的撰写提供了宝贵的审稿意见，在此表示衷心的感谢！

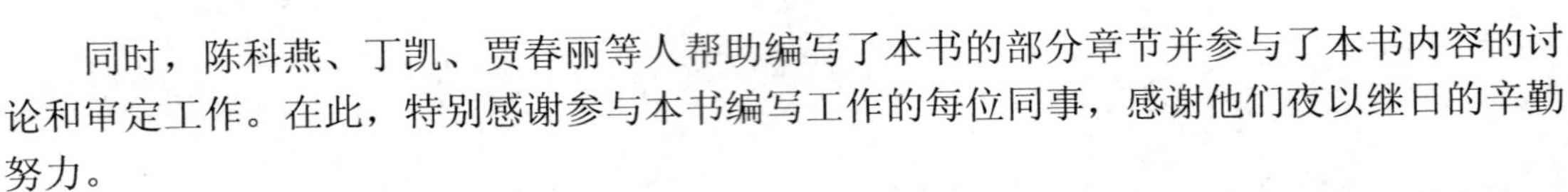

同时，陈科燕、丁凯、贾春丽等人帮助编写了本书的部分章节并参与了本书内容的讨论和审定工作。在此，特别感谢参与本书编写工作的每位同事，感谢他们夜以继日的辛勤努力。

此外，还要感谢南京工程学院计算机工程学院的黄陈蓉书记、阚建飞院长，屠立忠副院长、黄纬副院长等诸位领导对本书编写出版的大力支持。诸位领导在工作之余对教材编写的各位同行们提供了无微不至的关心和爱护，顺利地保障了本书的出版和使用。本书的编写人员也特别感谢北京大学出版社郑双编辑的细心审查和编辑工作，您卓有成效的编辑工作进一步保障了本书的出版质量。

本书思路清晰，流程明确，总结性和实用性很强，且每章节末尾都留有问题交给读者去解答、总结、体会，所选取的问题大多来自于应届生应聘时所遇到的笔试和面试题目。同时需要提醒读者朋友，代码只有自己敲过才是自己的代码，有些问题不是只看书就能明白的，更多的问题是在自己敲代码的过程中发现并解决的，只有不断地发现、总结，才能成长为一个编程高手。编程或许不是一件轻松的工作，大部分时间我们都在写代码，发现错误，改正错误。直到运行成功的时候才是我们最快乐的时候，这种快乐是真正的快乐。而我们需要的就是那份坚持不懈和“我可以成功”的信念。编程不是难事，贵在坚持，贵在累积。

本书的宗旨是求真务实，即让读者们通过实例掌握知识技术，然后再举一反三地运用到实际中，当然，本书并不是一本 SSH 整合开发理论教程，编者也是根据 SSH 框架在实际开发中的使用频率来进行轻重点划分的，目的是能在短期内让读者着手于实际项目，在实际项目中通过自己的总结和感悟来进一步提高对 SSH 框架的了解。这就是本书编者对读者的希望。

由于编者水平有限，加上信息系统开发领域的发展日新月异，书中难免会有疏漏和不妥之处，敬请广大读者批评斧正。

编　者

2014 年 10 月

目　录

JavaEE 基础

教学目标

(1) 了解 JavaEE 的开发环境。
(2) 了解 JSP 程序开发步骤。
(3) 了解 Servlet 应用。

知识结构

本章知识结构如图 1.1 所示。

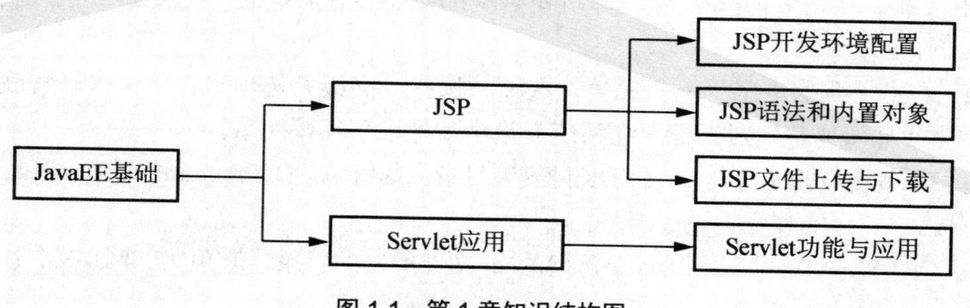

图 1.1　第 1 章知识结构图

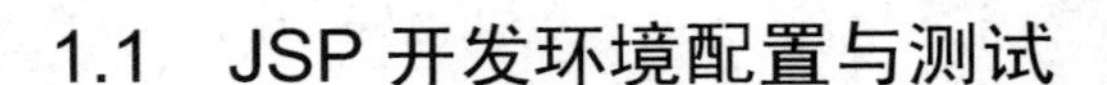

1.1 JSP 开发环境配置与测试

JSP(Java Server Pages)是由 Sun Microsystems 公司倡导、许多公司参与一起建立的一种动态网页技术标准。它是在传统的网页 HTML 文件(*.htm、*.html)中插入 Java 程序段(Scriptlet)和 JSP 标记(tag)，从而形成 JSP 文件(*.jsp)。用 JSP 开发的 Web 应用是跨平台的，既能在 Linux 下运行，也能在其他操作系统上运行。

JSP 编程使用的是 Java 语言，所以运行 JSP 程序必须要有 JVM 的支持，还必须要有 Java 程序编辑、编译程序(JDK)的支持。现在企业流行的集成开发环境是 Eclipse 或 MyEclipse。大多数应用程序都需要连接数据库，所以需要 DBMS 的支持。JSP 应用程序是运行在服务器上的，所以需要 Web 服务器的支持，在此以 Java 1.6、Tomcat、MySQL、MyEclipse10 为例，安装配置 JSP 开发环境。

1.1.1 JSP 开发环境配置

1. 安装 JDK

从 Java 公司官方网站(http://www.oracle.com/technetwork/java/index.html)下载 JDK，现在最新的版本是 Java SE6 Update22，这里采用的是 JDK1.6 Update 21，只需要双击下载到的 EXE 文件，单击“下一步”按钮即可安装。JDK 安装好后，需要配置 Java 的环境变量，步骤如下。

(1) 右击“我的电脑”→“属性”选项，选择“高级”选项卡，单击“环境变量”按钮，弹出“环境变量”对话框，在系统变量中新建以下环境变量。

① JAVA_HOME：表示 Java SDK 的安装目录，其值为：D:\Program Files\Java\jdk1.6.0_21 (根据自己的实际安装位置进行调整)。

② CLASSPATH：表示 Java 要访问的 jar 文件所在的目录，其值为：%JAVA_HOME%\lib;%JAVA_HOME%\jre\lib。

③ 修改 Path 环境变量，在其中增加%JAVA_HOME%\bin;%JAVA_HOME%\jre\bin;

注意：对于 Path 环境变量是添加，而不要删除原来的内容，否则很多 Windows 功能不能使用；若有其他程序要用到自己的 Java 环境变量，请将第③步的内容添加到 Path 环境变量的最后，以免影响其他程序的运行。

字母不区分大小写，用大写字母是遵照 Java 环境变量配置习惯。

(2) 测试。打开 Windows 的命令行窗口(选择“开始”→“运行”命令，在弹出的对话框中输入 cmd，按 Enter 键)，输入 javac 然后按 Enter 键，若能显示 javac 的帮助信息，说明 JDK 安装成功，如图 1.2 所示。

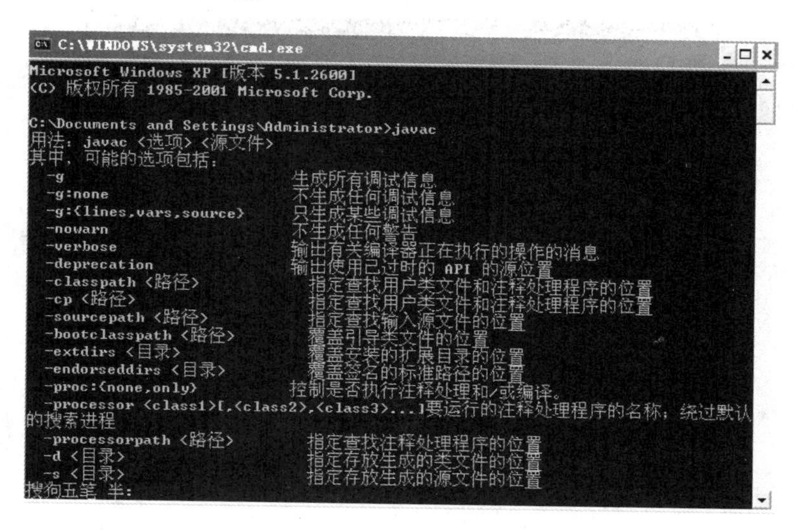

图 1.2 JDK 测试

2. 安装 Tomcat

在 Tomcat 官方网站(http://tomcat.apache.org/)上下载 Tomcat，现在最新版本是 8.x，但还没有 Eclipse 插件，因此不能集成到 MyEclipse 集成开发环境中，这里使用 6.028 版本。安装时只需要单击 Next 按钮即可，安装完成后，也不需要设置环境变量，在 IE 浏览器地址栏中输入：http://localhost:8080，按 Enter 键，若能出现 Tomcat 界面说明安装成功，如图 1.3 所示。

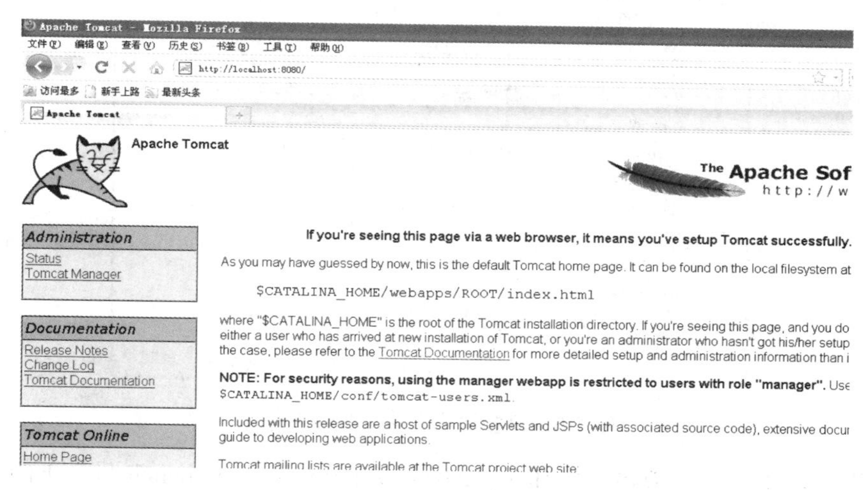

图 1.3 Tomcat 界面

3. 安装 MyEclipse

只需要一直单击 Next 按钮即可，主要是进行相关配置。选择 Window→Preferences 命令，打开配置窗口。说明：每设置一项要单击 Apply 按钮，保存所做的更改。

(1) 选择 General 目录下的 Workspace 选项，将字符编码方式(Text file encoding)设置为 Other UTF-8，如图 1.4 所示。

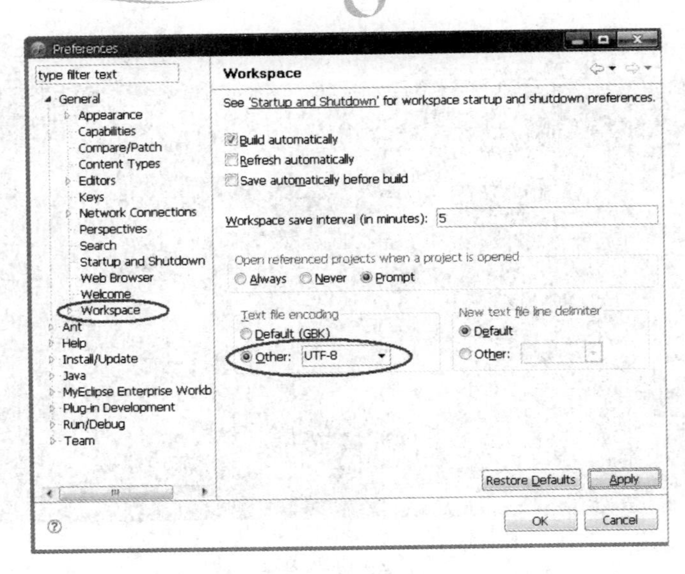

图 1.4　字符编码设置

(2) 设置常用文件的字符编码方式。选择 MyEclipse Enterprise Workbench 目录下的 Files and Editors 选项，将其下的常见文件字符编码方式统一设置为 UTF-8，如图 1.5 所示。

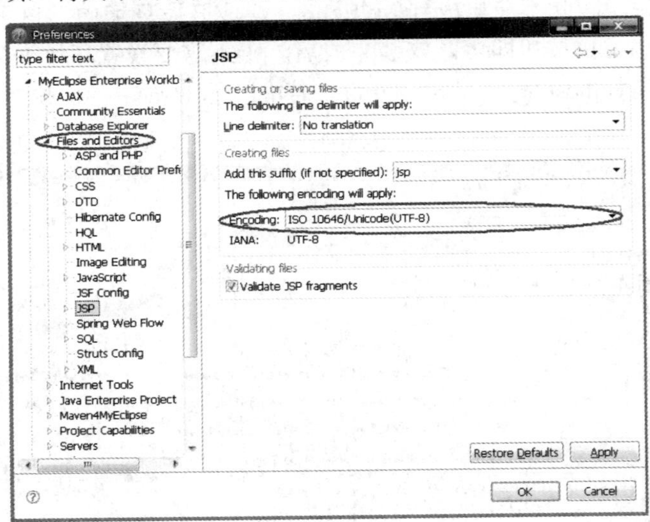

图 1.5　设置常见文件字符编码方式

(3) 设置常用 Web 服务器。选择 MyEclipse Enterprise Workbench 目录下的 Servers 选项，将 Tomcat 6.x 设置为启用，并指定 Tomcat 安装目录，单击 OK 按钮保存设置即可。

4. 安装 MySQL

(1) 下载 MySQL 的安装文件，选择详细配置开始安装，如图 1.6 所示，单击 Next 按钮进入下一步。

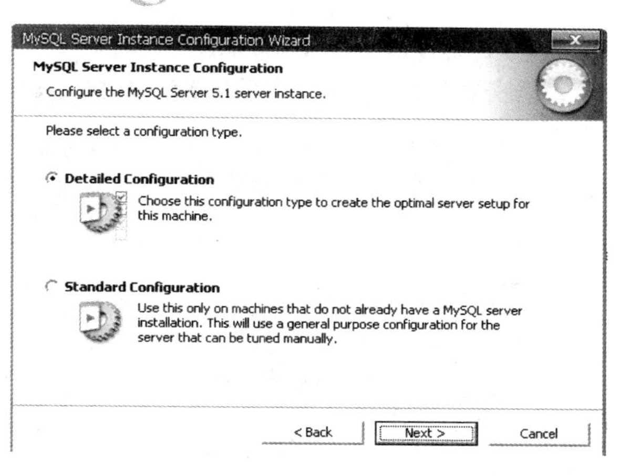

图 1.6 选择详细配置

(2) 选择开发者模式，如图 1.7 所示，单击 Next 按钮进入下一步。

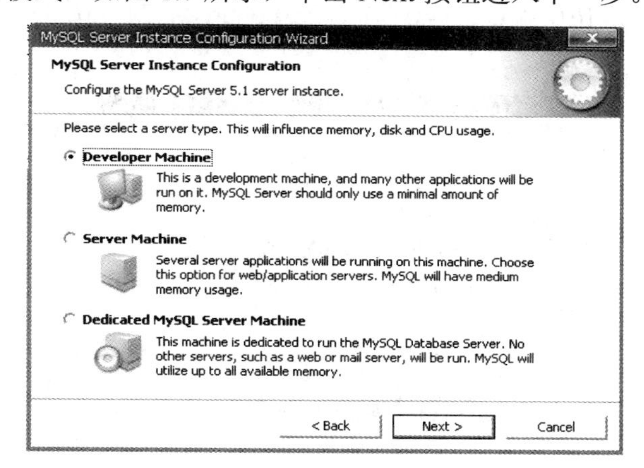

图 1.7 选择开发者模式

(3) 选择多用途数据库，如图 1.8 所示，单击 Next 按钮进入下一步。

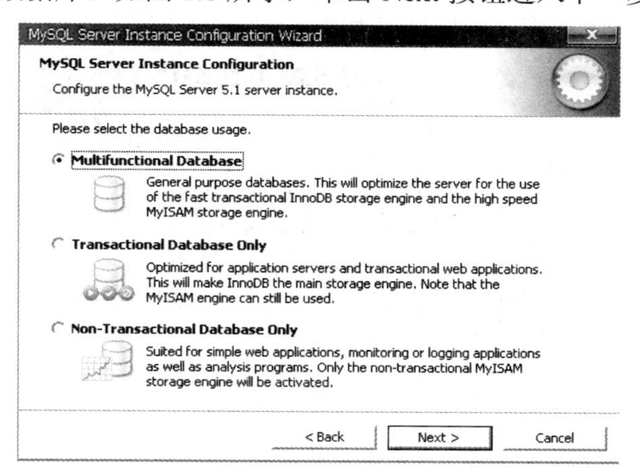

图 1.8 选择多用途数据库

(4) 选择决策支持，如图 1.9 所示，单击 Next 按钮进入下一步。

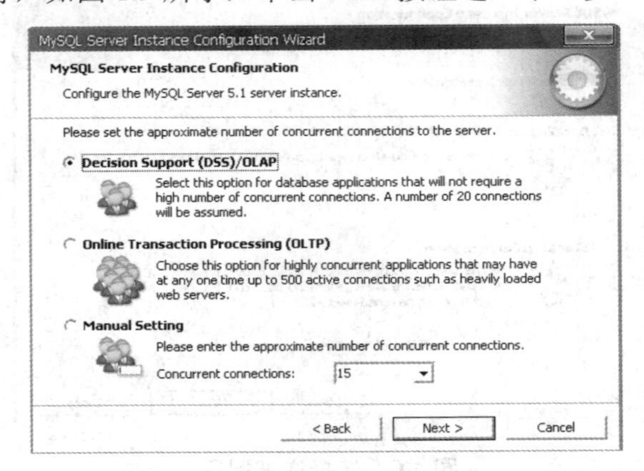

图 1.9 选择决策支持

(5) 设置 MySQL 的访问端口，并添加防火墙例外，如图 1.10 所示，单击 Next 按钮进入下一步。

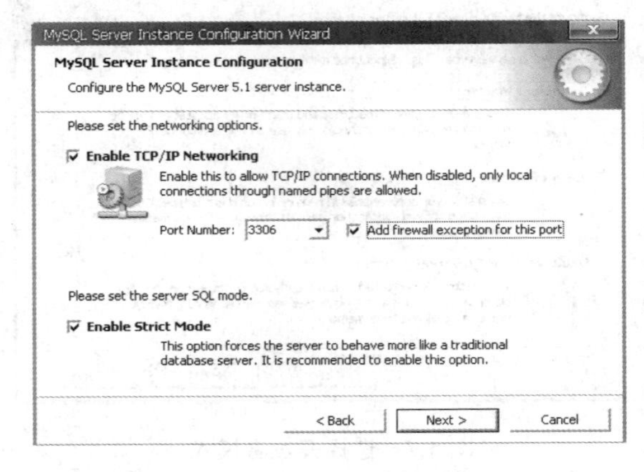

图 1.10 设置 MySQL 的访问端口，并添加防火墙例外

(6) 设置MySQL字符编码方式以处理中文，如图1.11所示，单击Next按钮进入下一步。

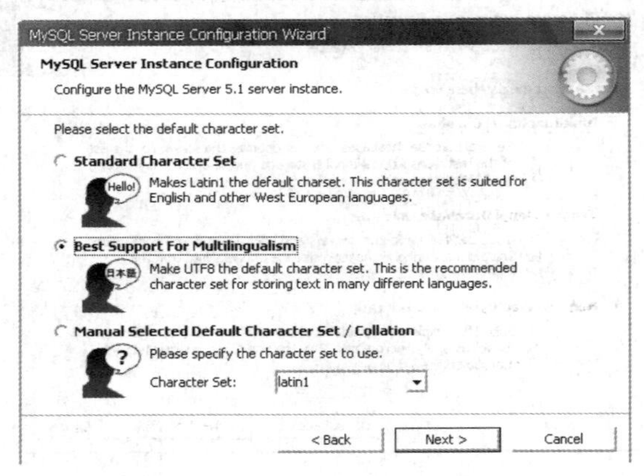

图 1.11 设置 MySQL 字符编码方式以处理中文

(7) 安装 MySQL 服务并设置服务自动启动，勾选 Include Bin Directory in Windows PATH 复选框，如图 1.12 所示，单击 Next 按钮进入下一步。

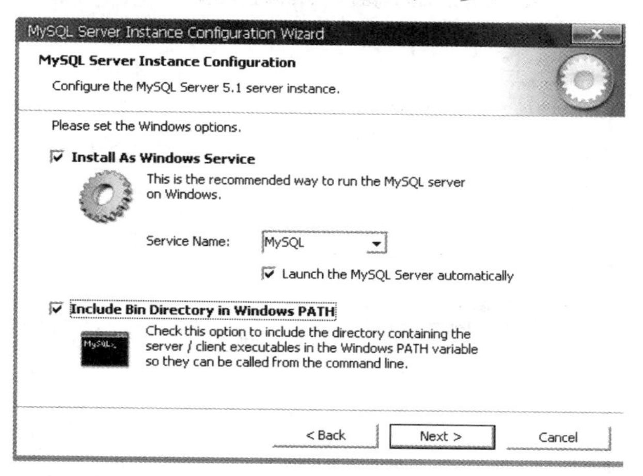

图 1.12　将 MySQL 设置为 Windows 服务

(8) 设置 MySQL 访问密码，并允许远程访问，如图 1.13 所示，单击 Next 按钮进入下一步。

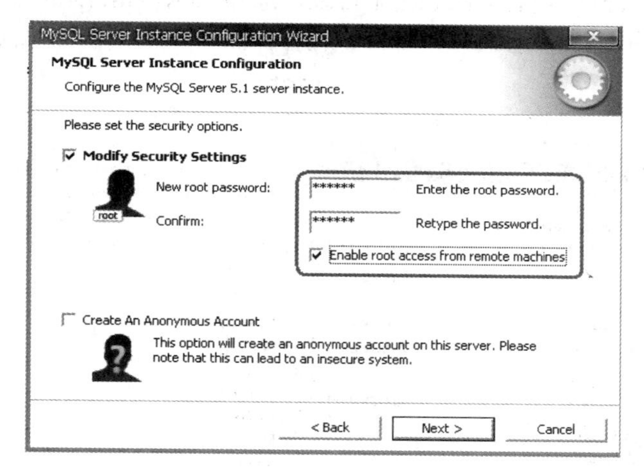

图 1.13　设置 MySQL 访问密码，并允许远程访问

说明：以上设置是实验开发环境下的设置，若为实际应用，可根据需要进行相应的设置。

1.1.2　JSP 程序开发步骤

例 1.1　我的第一个 JSP 页面。

步骤一：打开 MyEclipse 开发环境，选择 File->New->Web Project 命令，或在 Package Explorer 窗口中右击，选择 New->Web Project 命令，在打开的对话框中输入项目名 Demo，并选定 Java EE 5.0 规范支持，单击 Finish 按钮，如图 1.14 所示。

图 1.14　新建 Web 项目

步骤二：右击 Demo 项目的 WebRoot 目录，选择 New->JSP(Advanced Templates)命令新建 JSP 页面，如图 1.15 所示。

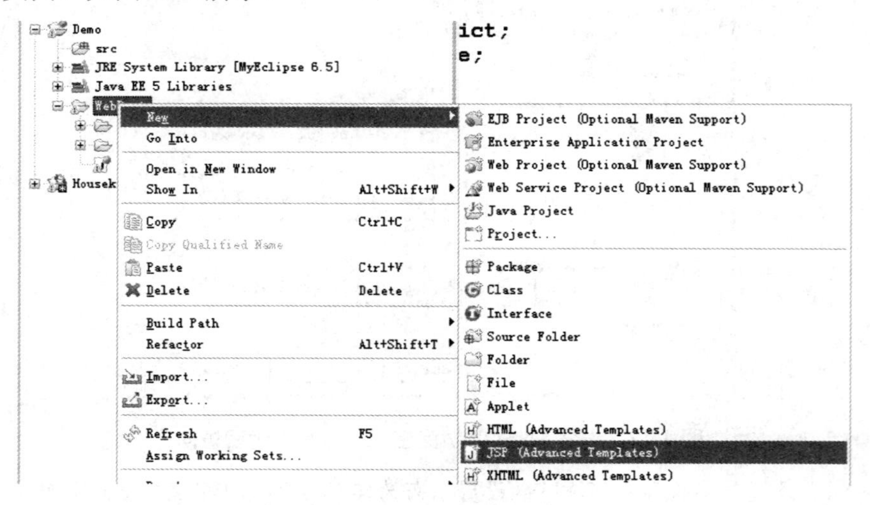

图 1.15　新建 JSP 页面

步骤三：输入文件名 HelloWorld.jsp，在 Template to use 下拉列表框中选择 Default JSP template 选项，单击 Finish 按钮，如图 1.16 所示。在页面的<body>标签中，输入以下代码并保存。

```
<%
    out.println("<h1>Hello World!</h1>");
%>
```

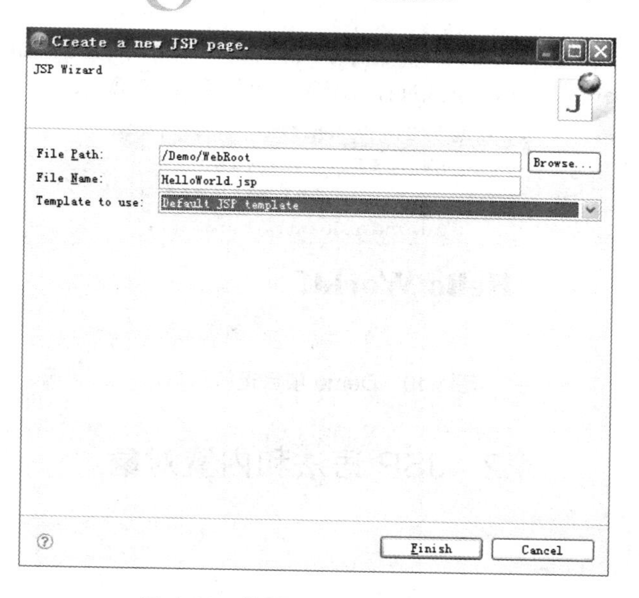

图 1.16　设置 JSP 模板和文件名

步骤四：部署 Demo。单击部署按钮 ，选择 Demo 项目，如图 1.17 所示。单击 Add 按钮，在打开的窗口中选择 Tomcat 6.x 服务器，如图 1.18 所示。单击 Finish 按钮。

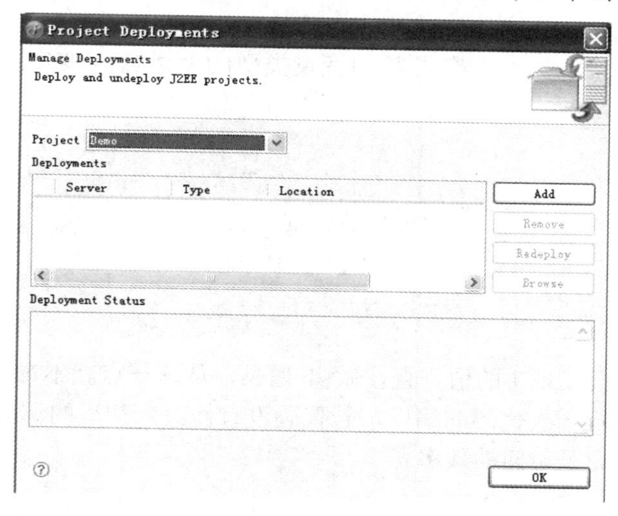

图 1.17　部署 JavaEE

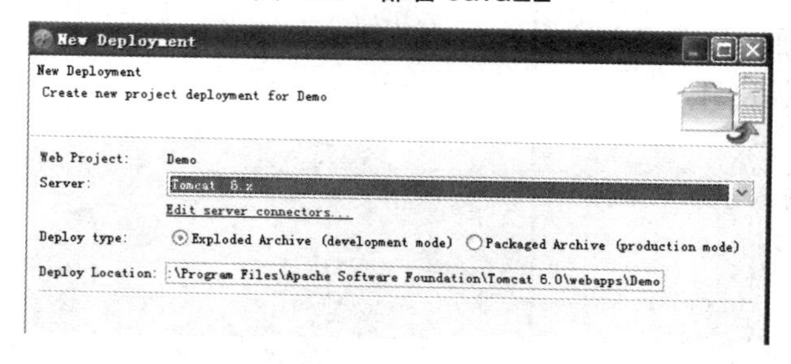

图 1.18　选择 Tomcat 6.x 服务器

步骤五：单击 按钮启动 Tomcat 服务器，在 IE 或其他浏览器的地址栏中输入：http://localhost:8080/Demo/HelloWorld.jsp，出现界面如图 1.19 所示。

图 1.19　Demo 项目运行结果

1.2　JSP 语法和内置对象

1.2.1　JSP 页面结构

1. 声明变量与方法

JSP 中变量与方法的声明类似于 Java，不同的是，由于 JSP 是内嵌到 HTML 中的，所以需要将代码包裹在特殊的标签<%!…%>中。

1) 声明的变量

JSP 变量声明与 Java 类似，格式为：[变量类型] [变量名]=[变量的值]。新建一个 JSP 页面，输入以下代码：

```
<%!
    int i=0;
%>
<%
    out.println("i="+i++);
%>
```

刷新页面几次，会发现 i 的值一直在做+1 增长，从这一点就不难看出，JSP 页面首次运行时在服务器端进行一次代码的编译，若代码没有修改，往后的访问便可以直接调用编译好的代码，大大提高了访问的效率。

2) 方法的声明

同 Java 类似，JSP 中方法的格式如下：

[方法权限] [返回值类型] [方法名]([参数类型] [参数名]){
    return [返回值名];
}

在 JSP 页面中输入以下代码：

```
<%!
    public int max(int a, int b){
        if(a>b){
            return a;
```

```
        }
        return b;
    }
%>
<%
    out.println("<h1>3 和 5 中较大的是"+max(3,5)+"</h1>");
%>
```

将上面变量和方法的声明写在out.println();代码段之后，再访问编写的JSP页面，还可以发现，JSP页面中变量和方法的顺序对结果也没有影响。

2. JSP 表达式

在JSP页面中输入以下代码：

```
<h1><%=max(3,5)%></h1>
<h1><%=(i+a+c)/3 %></h1>
<h1><%=date.toString()%></h1>
<%!
    public int max(int a, int b){
        if(a>b){
            return a;
        }
        return b;
    }
    int i = 3, a = 5, c=4;
    Date date = new Date();
%>
```

通过上面的代码的运行结果可以看出，JSP表达式与Java的规则是相同。

3. JSP 代码段

在JSP页面中输入以下代码：

```
<%
    int grade = 80;
    switch(grade/10){
    case 10:;
    case 9:
   %>
    <h1>你的成绩为优秀！</h1>
   <%
    break;
    case 8:;
    case 7:
   %>
    <h1>你的成绩为良好！</h1>
   <%
    break;
```

```
    case 6:
    %>
     <h1>你的成绩为及格！</h1>
    <%
     break;
     default:
    %>
     <h1>你的成绩为不及格！</h1>
    <%} %>
```

在 JSP 中，<% %>中的代码段，无论写在多少个分离的<% %>标签中，都必须完整，即符合 Java 语法，如大括号必须匹配等。

4. JSP 注释

不同于 Java，JSP 页面的代码注释类似于 HTML，可用<!--…-->对代码进行注释。

```
<!--
    <%=new Date().toString()%>
-->
```

1.2.2 JSP 指令

通过 include 指令，可以将外部文档引用到 JSP 页面，包括方法和界面的显示内容等，从而可以降低代码的冗余度，使代码实现更多的重用。

如有名为 include.jsp 的 JSP 页面，代码如下：

```
<% int a=5, b=8, c=6;
%>
```

可以通过添加以下一行代码在新的页面中实现对 include.jsp 的引用：

```
<%@ include file="include.jsp" %>
```

然后，就可以在新的页面中使用 include.jsp 页面的变量，如

```
<%=a+b+c %>
```

1.2.3 JSP 动作

1. include 动作

与 include 指令类似，include 动作也可以实现对外部文档的引用。引用代码如下：

```
<jsp:include page="include.jsp"></jsp:include>
```

但要注意的是，两者虽然名称相同，但也存在着本质的区别，include 指令在页面转换期间被激活，而 include 动作则在请求期间被激活，两者的差异也造成了使用上的区别，使用 include 指令的页面比使用 include 动作的页面更难于维护，这就要求程序员结合实际合理地选择使用。

2. forward 动作

通过 forward 动作，可以很轻易地实现页面的跳转，如使用以下代码：

```
<jsp:forward page="forwarded.jsp"></jsp:forward>
```

便可以跳转到 forwarded.jsp 页面。

3. useBean 动作

useBean 动作用于在 JSP 页面中引用或实例化一个 JavaBean，代码如下：

```
<jsp:useBean id="stu" class="edu.njit.cs.test.Student"></jsp:useBean>
```

其中，id 命名引用该 JavaBean 的变量，如果已存在与该 id 相同的 JavaBean 实例，useBean 动作将使用已有实例而不是创建新的实例。class 指定 JavaBean 的完整包名。

(1) 在项目的 src 目录下新建 edu.njit.cs.test 包，并在该包中新建类 Student，并输入以下代码：

```
public class Student {

private Long id;
private String name;

//getters and setters…

}
```

(2) 编写 StudentInfo.jsp 页面，输入以下内容：

```
<form action="StudentInfoHandle.jsp">
学号：<input type="text" name="id"/><br/>
姓名：<input type="text" name="name"/><br/>
<input type="submit" value="提交"/>
</form>
```

(3) 编写 StudentInfoHandle.jsp，输入以下内容：

```
<jsp:useBean id="stu" class="edu.njit.cs.test.Student"></jsp:useBean>
<jsp:setProperty name="stu" property="*"/>
<h1>学生信息</h1>
学号：<jsp:getProperty name="stu" property="id"/><br/>
姓名：<jsp:getProperty name="stu" property="name"/><br/>
```

(4) 运行 StudentInfo.jsp，输入学号和姓名并提交，观察结果。

(5) 观察 Tomcat 服务器 webapps 目录下的 JavaEE 项目文件夹的结构，Student.class 在什么文件夹下？由此可以得出什么结论？

注意： 为了能够输入中文，需要对 Tomcat 配置文件作修改，在 Tomcat 安装目录\conf\server.xml 中找到以下内容：

```
<Connector port="8080" protocol="HTTP/1.1"
connectionTimeout="20000"
redirectPort="8443"/>
```

并在其中添加如下代码：

```
URIEncoding="utf-8"。
```

4. setProperty 动作和 getProperty 动作

与 useBean 动作紧密相连的是 setProperty 和 getProperty 动作，这两个动作通过 JavaBean 给定的 setter 和 getter 方法，设置或获取 JavaBean 的属性值，代码如下：

```
<jsp:setProperty name="stu" property="*"/>
<jsp:getProperty name="stu" property="id"/>
<jsp:getProperty name="stu" property="name"/>
```

其中，name 值为通过 useBean 获取到的 JavaBean 的实例名，property 为 JavaBean 的属性，值为“*”代表全部属性，如果为空，则无对应属性。

注意：由于 setProperty 和 getProperty 是对 JavaBean 实例进行操作的动作，所以一定要出现在 useBean 动作之后，并与之搭配使用。

1.3 JSP 文件上传与下载

在 JSP 中实现文件上传与下载，主要依赖于包 jspSmartUpload.jar，通过包里提供的封装好的方法，可以轻松地实现文件的上传与下载操作。

1.3.1 文件上传

下面通过实例来演示 JSP 文件上传的操作。

例 1.2 文件上传。

首先，需要下载 jspSmartUpload.jar 包并放在项目的 WEB-INF/lib/目录下。

步骤一：新建 FileUpload.jsp 文件，输入以下代码：

```
<form action="FileUploadHandle.jsp" method="post"
enctype="multipart/form-data">
    <p>选择上传文件</p>
    <p>上传文件:<input type="file" name="myFile"/></p>
    <p><input type="submit" value="上传"/></p>
  </form>
```

步骤二：新建 FileUploadHandle.jsp 文件，实现文件上传，代码如下：

```
<!-- 使用 page 指令导入所需要的包 -->
<%@ page import="com.jspsmart.upload.*" %>
<%
    SmartUpload myUpload = new SmartUpload();
```

```
    //上传文件初始化
    myUpload.initialize(pageContext);
    //设置上传文件最大限制 100Kb
    myUpload.setMaxFileSize(100*1024);
    //设置允许上传的文件类型
    myUpload.setAllowedFilesList("jpg,txt");
    //设置禁止上传的文件类型
    myUpload.setDeniedFilesList("exe,bat,jsp");
    //实现文件上传
    myUpload.upload();
    //保存上传的文件
    int count = myUpload.save("/upload");

    //上传文件的信息
    for(int i=0; i<myUpload.getFiles().getCount();i++){
        File file = myUpload.getFiles().getFile(i);
        out.println("表单项名称："+file.getFieldName()+
                "，文件长度："+file.getSize()+
                "，文件名："+file.getFilePathName()+
                "，扩展名："+file.getFileExt()+
                "，文件全名"+file.getFilePathName());
    }
%>
```

步骤三：在 WebRoot 目录下新建 upload 文件夹。

步骤四：执行 FileUpload.jsp，在 upload 目录下观察结果。

注意：

(1) 新建 upload 文件夹后，要重新部署项目，以使该文件夹复制到项目运行时的 WebRoot 目录。

(2) 上传成功的文件保存在 Tomcat 安装目录\webapps\项目名\upload 文件夹中，而不是保存在项目的 WebRoot\upload 文件夹中。

(3) 本上传组件不支持中文文件名，中文文件名文件能够成功上传，但文件名乱码。若要支持中文文件名，必须下载支持中文的 jspSmartUpload.jar 包。

1.3.2　文件下载

例 1.3　文件下载。

步骤一：新建 FileDownload.jsp 页面，输入以下代码：

```
<p>文件下载</p>
    <p>请点击<a href="FileDownloadHandle.jsp">此处</a>下载文件</p>
```

步骤二：新建 FileDownloadHandle.jsp 页面，输入以下代码：

```
<%@ page import="com.jspsmart.upload.*" %>
<%
```

```
        out.clear();
        //out = pageContext.pushBody();
        SmartUpload myUpload = new SmartUpload();
        //初始化 SmartUpload 对象
        myUpload.initialize(pageContext);
        //禁止浏览器自动打开文件，若要在浏览器中打开文件，可不设此项
        myUpload.setContentDisposition(null);
        //下载文件
        myUpload.downloadFile("upload/Test.txt");
%>
```

步骤三：在 Tomcat 安装目录\webapps\项目名\upload 文件夹下，新建名为 Test.txt 的作为准备下载的文件。然后运行项目开始下载。

注意：jspSmartUpload 不支持下载工具，使用下载工具将会使程序崩溃。

1.4 Servlet 应用

Servlet 是一种服务器端的 Java 应用程序，具有独立于平台和协议的特性，可以生成动态的 Web 页面。它担当客户请求(Web 浏览器或其他 HTTP 客户程序)与服务器响应(HTTP 服务器上的数据库或应用程序)的中间层。Servlet 是位于 Web 服务器内部的服务器端的 Java 应用程序，与传统的从命令行启动的 Java 应用程序不同，Servlet 由 Web 服务器进行加载，该 Web 服务器必须包含支持 Servlet 的 Java 虚拟机。

例 1.4 编写第一个 Servlet。

步骤一：在 edu.njit.cs.test 包下新建一个类 FirstServlet，并使它继承 HttpServlet 类，写入以下代码。选择 Source->Override/Implements methods 命令下要覆盖的基类中的方法。

```
package edu.njit.cs.test;
import java.io.IOException;
import javax.servlet.ServletException;
import javax.servlet.http.HttpServlet;
import javax.servlet.http.HttpServletRequest;
import javax.servlet.http.HttpServletResponse;

public class FirstServlet extends HttpServlet {
    @Override
    protected void doGet(HttpServletRequest req, HttpServletResponse resp)
            throws ServletException, IOException {
        doPost(req, resp);
    }
    @Override
    protected void doPost(HttpServletRequest req, HttpServletResponse resp)
            throws ServletException, IOException {
        String userName = req.getParameter("userName");
```

```
        userName = "Hello "+userName;
        req.setAttribute("userName",userName);
        req.getRequestDispatcher("/Success.jsp").forward(req, resp);
    }
}
```

步骤二：新建 ServletReq.jsp 页面，输入以下代码：

```
<form action="firstServlet">
        <p>姓名：<input type="text" name="userName"/></p>
        <p><input type="submit" value="提交"/></p>
</form>
```

步骤三：新建 Success.jsp 页面，作为 Servlet 执行完毕后跳转的目标页面。

```
<h1><%=request.getAttribute("userName")%></h1>
```

步骤四：在项目的 WebRoot\WEB-INF\web.xml 文件中，添加以下代码：

```
<servlet>
        <servlet-name>FirstServlet</servlet-name>
        <servlet-class>edu.njit.cs.test.FirstServlet</servlet-class>
    </servlet>

    <servlet-mapping>
        <servlet-name>FirstServlet</servlet-name>
        <url-pattern>/firstServlet</url-pattern>
    </servlet-mapping>
```

步骤五：部署项目，启动服务器，访问 ServletReq.jsp 页面。

注意：只要修改了配置文件，就要重新部署项目，并重启服务器。

本 章 小 结

本章介绍了 JSP 程序设计的入门知识，进一步讲解了 Servlet，并通过实例让读者进一步了解 JSP+Servlet 的开发过程，为以后的深入学习打下基础。

习题与思考

(1) 用 count 来记录网页的访问量时，在不同机器用不同浏览器刷新页面都会使 count+1，这意味着什么？JSP 是怎么实现这个功能的？

(2) HTML、JSP 和 Servlet 三者有什么联系？

(3) Servlet 是在客户端执行还是在服务器端执行？

Struts2 技术的基本使用

教学目标

(1) 了解 Struts2 的功能。
(2) 掌握 Struts2 的基本使用方法。
(3) 会使用 MyEclipse 开发 Struts2 应用。

知识结构

本章知识结构如图 2.1 所示。

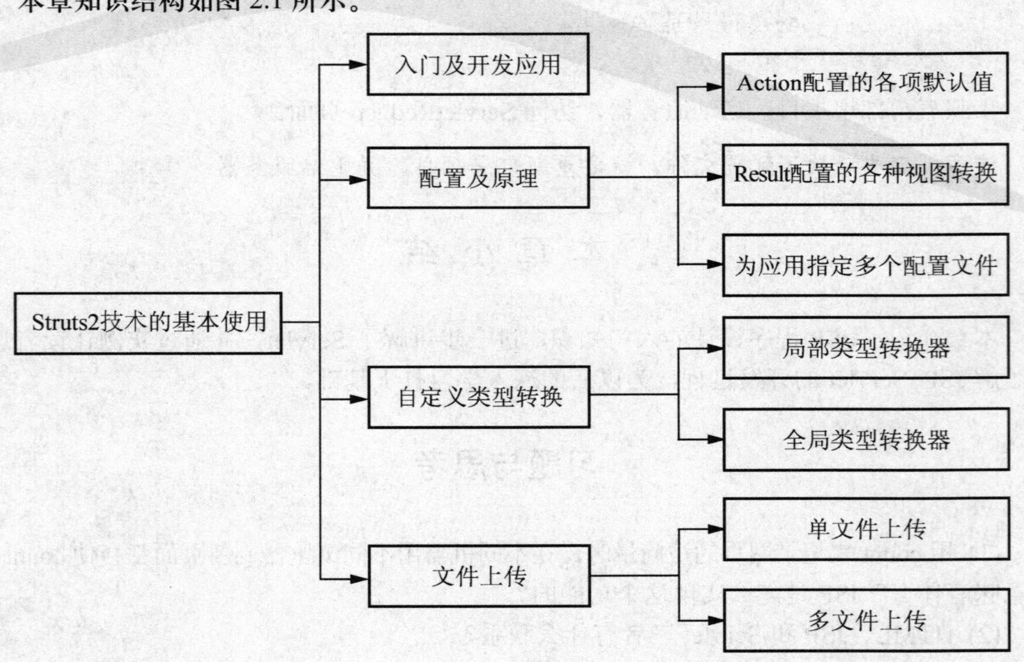

图 2.1　第 2 章知识结构图

2.1 Struts2 概述

Struts2 是在 WebWork 的基础上发展过来的，与 Struts1 不同的是，Struts2 的应用可以不依赖于 Servelt API 和 Struts API，属于无侵入式设计。Struts2 提供了拦截器和类型转换器，利用拦截器可以进行 AOP 编程，实现权限拦截等功能，而利用类型转换器可以把特殊的请求参数转换成需要的类型。

Struts2 提供支持多种表现的技术，如 JSP、freeMaker、Velocity 等(其中 Velocity 完全可以取代 JSP 做视图的展示)。Struts1 是对 extends 里的所有方法进行校验，而有些情况并不需要对 extends 里的所有方法进行校验，而 Struts2 的输入校验可以对指定方法进行校验，解决了 Struts1 的长久之痛。此外，Struts2 还提供了全局范围、包范围和 Action 范围的国际化资源文件管理方式。

在开发第一个 Struts2 应用前，需要先配置 Struts2 的开发环境。

1. 添加 Struts2 应用必需的 JAR 包。

步骤一：启动 MyEclipse 程序，创建一个 Web 项目，项目命名为 Struts2，如图 2.2 所示。

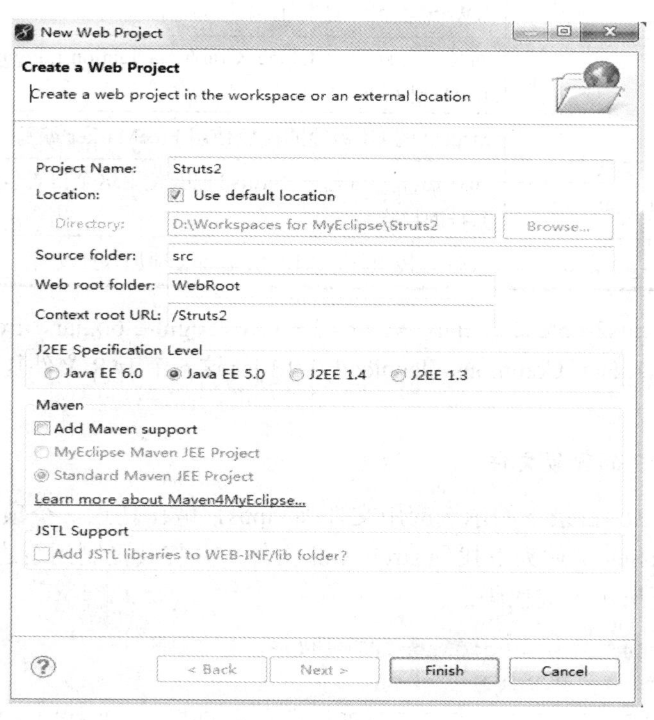

图 2.2 创建 Web 项目

步骤二：单击 Finish 按钮，此时 Struts2 项目的目录结构如图 2.3 所示。

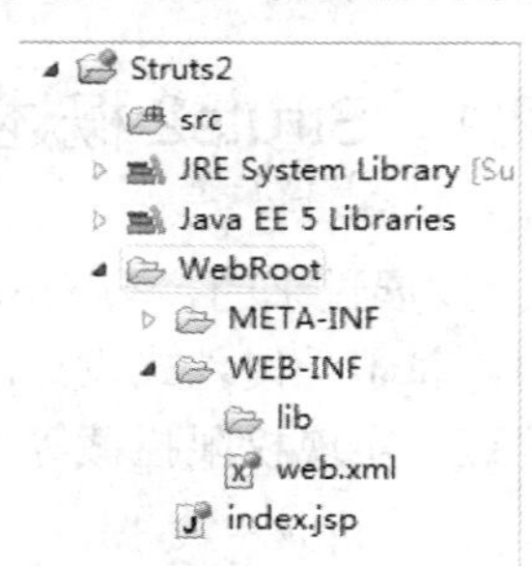

图 2.3　Struts2 项目的目录结构

步骤三：在网页 http://struts.apache.org/download.cgi#struts2014 上下载 struts-2.x.x-all.zip。解压文件后，目录下 lib 文件夹内下即为开发 Struts2 应用需要的所有的 JAR 包。不同的应用需要的 JAR 包是不同的。开发 Struts2 程序至少需要的 JAR 包见表 2-1。

表 2-1　开发 Struts2 程序至少需要的 JAR 包

包　名	说　明
struts2-core-2.x.x.jar	Struts2 框架的核心类库
xwork-2.x.x.jar	XWork 类库，在其上构建 Struts2
ognl-2.6.x.jar	对象图导航语言(Object Graph Navigation Language)，Struts2 框架使用的一种表达式语言
freemarker-2.3.x.jar	Struts2 的 UI 标签的模板使用 FreeMarker 编写
commons-logging-1.1.x.jar	ASF 出品的日志包，Struts2 框架使用这个日志包来支持 Log4J 和 JDK 1.4+的日志记录
Commons-fileupload -1.2.1.jar	文件上传组件，2.1.6 版本后必须加入此文件

步骤四：将 struts2-core-2.x.x.jar、xwork-2.x.x.jar、ognl-2.6.x.jar、freemarker-2.3.x.jar、commons-logging-1.1.x.jar、Commons-fileupload -1.2.1.jar 这 6 个 JAR 文件复制到项目 WEB-INF 中的 lib 目录下。

2. 编写 Struts2 的配置文件

打开 struts-2.1.8 目录下的示例应用文件夹 apps，解压任意一个项目文件，从项目的 WEB-INF 中的 classes 文件夹下找到 struts.xml 文件，并将其复制到新建项目 Struts2 的 src 目录下，保留如下所示关键代码：

```
<?xml version="1.0" encoding="UTF-8" ?>
<!DOCTYPE struts PUBLIC
    "-//Apache Software Foundation//DTD Struts Configuration 2.0//EN"
    "http://struts.apache.org/dtds/struts-2.0.dtd">
<struts>
    </struts>
```

3. 在Web.xml文件中加入Struts MVC框架启动配置

打开struts-2.1.8目录下示例应用的WEB-INF目录下的web.xml文件，复制如下所示代码到项目Struts2的Web.xml配置文件中。

```
    <filter>
        <filter-name>struts2</filter-name>
        <filter-class>org.apache.struts2.dispatcher.ng.filter.StrutsPrepareA
ndExecuteFilter</filter-class>
    </filter>
    <filter-mapping>
            <filter-name>struts2</filter-name>
            <url-pattern>/*</url-pattern>
    </filter-mapping>
```

最后测试开发环境配置是否成功。右击Struts2项目，选择Run As MyEclipse Server Application项目。若Console标签页没有警告或错误信息提示，如图2.4所示，则说明项目环境搭建成功。

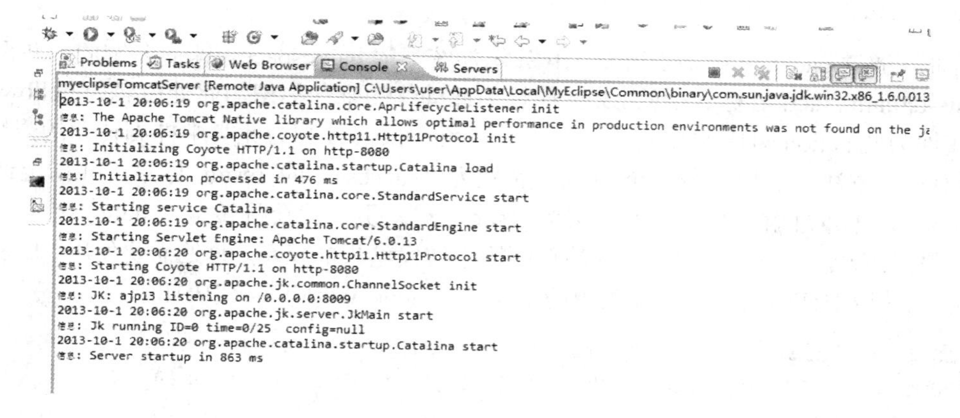

图2.4 Console标签页提示信息

2.2 第一个Struts2应用开发

本节将开始介绍Struts2框架下如何实现Hello World。首先，根据上一节的内容，搭建一个Struts项目环境，下面将通过实例来演示第一个Struts项目。

例2.1 第一个Struts项目Hello World。

步骤一：搭建好项目开发环境，在src目录下新建包edu.njit.struts2.action，然后在包下新建一个名为HelloWorldAction的Java类。声明私有String类型变量hello，用于存放“Hello World!”，并添加setter和getter方法，声明sayHello方法用于控制转发。代码如下：

```
public class HelloWorldAction {
    private String hello;
    public String getHello(){
        return hello;
```

```
    }
    public void setHello(String hello){
        this.hello = hello;
    }
    public String sayHello(){
        hello="Hello World!";
        return "success";
    }
}
```

步骤二：在 Struts2 的配置文件 struts.xml 中配置 HelloWorldAction 的转发结果。添加如下配置代码：

```
<package name="njit" namespace="/hello" extends="struts-dafault">
    <action name="helloworld" class="edu.njit.struts2.action.HelloWorldAction"
method="sayHello">
            <result name="success">/hello.jsp</result>
    </action>
</package>
```

首先，通过 package 标签给所有 action 添加统一的 namespace，即命名空间，并设置继承 struts-dafault。action 标签中的 name 属性为此动作的唯一标识，此处命名为 helloworld，class 属性为此 action 对应的控制转发类的全路径，method 则为此类中控制转发的方法名，即 sayHello 方法。然后添加一个 name 属性为“success”的 result 标签，并指定结果为“/hello.jsp”，不难理解，如果返回结果为“success”，页面就会跳转至“/hello.jsp”。

步骤三：新建一个名为 hello.jsp 的页面用于转发结果的显示。此处需要使用 EL 表达式 ${hello}来获取 HelloWorldAction 类中的字符串“Hello World!”。代码如下：

```
<%@ page language="java" import="java.util.*" pageEncoding="UTF-8"%>
<!DOCTYPE HTML PUBLIC "-//W3C//DTD HTML 4.01 Transitional//EN">
<html>
    <head>
  <meta http-equiv="pragma" content="no-cache">
  <meta http-equiv="cache-control" content="no-cache">
  <meta http-equiv="expires" content="0">
  <meta http-equiv="keywords" content="keyword1,keyword2,keyword3">
  <meta http-equiv="description" content="This is my page">
    </head>
    <body>
${hello}
    </body>
</html>
```

步骤四：运行项目，在浏览器中输入 http://localhost:8080/Struts2/hello/helloworld 即可访问 action，结果如图 2.5 所示。

图 2.5 运行结果

2.3 action 名称的搜索顺序

action 名称的搜索步骤如下。

(1) 获得请求路径的 URI，如 http://server/struts2/path1/path2/path3/test.action。

(2) 首先寻找 namespace 为/path1/path2/path3 的 package，如果不存在这个 package 则执行步骤(3)，如果存在这个 package,则在这个 package 中寻找名为 test 的 action，当在该 package 中寻找不到 action 时，会直接去默认 namespace 的 package 里面寻找 action(默认的命名空间为空字符串)，如果还是找不到，页面会提示找不到 action。

(3) 寻找 namespace 为/path1/path2 的 package，如果不存在这个 package 则执行步骤(4)，如果存在这个 package，则在这个 package 中寻找名为 test 的 action，当在该 package 中寻找不到 action 时，会直接去默认 namespace 的 package 里面寻找 action，如果还是找不到，页面会提示找不到 action。

(4) 寻找 namespace 为/path1 的 package，如果不存在这个 package 则执行步骤(5)，如果存在这个 package，则在这个 package 中寻找名为 test 的 action，当在该 package 中寻找不到 action 时，会直接去默认 namespace 的 package 里面寻找 action，如果还是找不到，页面会提示找不到 action。

(5) 寻找 namespace 为/的 package，如果存在这个 package,则在这个 package 中寻找名为 test 的 action，当在 package 中寻找不到 action 或者不存在这个 package 时，会去默认 namespace 的 package 里面寻找 action，如果还是找不到，页面会提示找不到 action。

2.4 action 配置的各项默认值

action 配置的各项默认值如下。

(1) 如果没有为 action 指定 class，默认是 ActionSupport。

(2) 如果没有为 action 指定 method，默认执行 action 中的 execute()方法。

(3) 如果没有指定 result 的 name 属性，默认值为 success。

2.5 result 配置的各种视图转发类型

Struts2 提供了多种 result 结果类型，这里介绍最常用的几种类型：dispatcher(默认值)、redirect、redirectAction 和 plainText。

(1) dispatcher 是采用了内部请求转换的方式定义到某一个页面，dispatcher 类型是最常用的结果类型，也是 struts 框架默认的结果类型,前面的 action 就是用此类型。配置代码如下：

```
<result name="success" type="dispatcher"> /hello.jsp</result>
```

(2) redirect 是采用浏览器重定向的方法定义到某一个 JSP 页面，要注意的是此时的 JSP 页面不能放在 WEB-INF 目录中，因为浏览器重定向是指引导用户的浏览器访问某一个路径，而用户的浏览器是不能访问 WEB-INF 的，如果用 redirect 类型，则在 reuqest 作用域的值不能传递到前台。配置代码如下：

```
<result name="success" type="redirect">/hello.jsp</result>
```

(3) redirectAction 是把结果类型重定义到某个 action。配置代码如下：

```
<result name="success" type="redirectAction">/helloworld.action</result>
```

(4) plainText 用于原样输出视图的代码，例如，当需要原样显示 JSP 文件源代码的时候，可以使用此类型。配置代码如下：

```
<result name="success" type="plainText"> /hello.jsp</result>
```

2.6 常见的 Struts2 配置常量

Struts 配置文件提供了可以自行配置的常量属性，通过合理地配置这些属性，可以体验到更好的开发效果。下面介绍几种常用的 Struts2 配置文件中的常量用途及用法。

1. <constantname="struts.i18n.encoding" value="UTF-8"/>

指定默认编码集，作用于 HttpServletRequest 的 setCharacterEncoding 方法和 freemarker、velocity 的输出。

2. <constantname="struts.action.extension" value="do"/>

该属性指定需要 Struts2 处理的请求后缀，该属性的默认值是 action，即所有匹配*.action 的请求都由 Struts2 处理。如果用户需要指定多个请求后缀，则多个后缀之间以英文逗号(,)隔开。

3. <constantname="struts.serve.static.browserCacher" value="false"/>

设置浏览器是否缓存静态内容、默认值为 true(生产环境下使用)，开发阶段最好关闭。

4. <constantname="struts.configuration.xmlreload" value="true"/>

设置当 Struts 的配置文件修改后，系统是否自动重新加载该文件，默认值为 false(生产环境下使用)，开发阶段最好打开。

5. <constantname="struts.deMode" value="true"/>

开发模式下使用，这样可以打印出更详细的错误信息。

6. <constantname="struts.objectFactory" value="spring"/>

与 spring 集成时，指定由 spring 负责 action 对象的创建。

7. <constantname="struts.enable.DynamicMethodlnvocation" value="false"/>

该属性设置 Struts2 是否支持动态方法调用，默认值是 true。如果需要关闭动态方法调用，则可设置该属性为 false。

8. <constantname="struts.multipart.maxSize" value="10701096"/>

设置上传文件的大小限制。

常量可以在 struts.xml 文件或 struts.properties 中配置(建议在 struts.xml 文件中配置)，两种配置方式如下。

在 struts.xml 文件中配置常量，代码如下：

```
<struts>
    <constant name="struts.action.extension" value="do"/>
</struts>
```

在 struts.properties 中配置常量，代码如下：

```
struts.action.extension=do
```

因为常量可以在多个配置文件中进行定义，所以需要了解 Struts2 加载常量的搜索顺序。其搜索顺序先后如下所示(从上到下)。

Struts-default.xml

Struts-plugin.xml

Struts.xml

Struts.propertise

Web.xml

注意：如果在多个文件中配置了同一个常量，则后面文件配置的常量值会覆盖前面文件中配置的常量值。

2.7 为应用指定多个配置文件

在大部分应用里，随着应用规模的增加，系统中 action 的数量也会大量增加，导致 struts.xml 配置文件变得非常臃肿。为了避免 struts.xml 文件过于庞大、臃肿，提高 struts.xml 文件的可读性，可以将一个 struts.xml 配置文件分解成多个配置文件，然后在 struts.xml 文件中包含其他配置文件。如创建新的配置文件名为 temp-struts.xml，只需通过 include 标签将其引入到 struts.xml 文件中即可。代码如下：

```
<?xml version="1.0" encoding="UTF-8"?>
<!DOCTYPE struts PUBLIC
    "-//Apache Software Foundation//DTD Struts Configuration 2.1.7//EN"
    "http://struts.apache.org/dtds/struts-2.1.7.dtd">
<struts>
    <include file="/temp-struts.xml"></include>
</struts>
```

注意：所有子配置文件必须引入到 struts.xml 文件里才能生效。

2.8 请求参数的接收类型

在 action 中定义一个与请求参数同名的属性，Struts2 便能自动接收请求参数并赋予同名属性。Struts2 通过反射技术使用属性的 setter 和 getter 方法来获取请求参数值。这个属性既可以是基本类型，也可以是用户的自定义类。下面介绍基本属性与自定义类的反射方法。

1. 采用基本类型发送、接收请求参数

例 2.2 基本类型的发送与接收。

步骤一：在 WebRoot 目录下新建 JSP 页面 login.jsp 来模拟登录操作，代码如下：

```
<%@ page language="java" import="java.util.*" pageEncoding="UTF-8"%>
<html>
  <head>
    <meta http-equiv="pragma" content="no-cache">
    <meta http-equiv="cache-control" content="no-cache">
    <meta http-equiv="expires" content="0">
    <meta http-equiv="keywords" content="keyword1,keyword2,keyword3">
    <meta http-equiv="description" content="This is my page">
  </head>
  <body>
    <form action="<%=request.getContextPath()%>/login.action" method="post">
            邮箱：<input id="text" type="text" name="email"><br>
            密码：<input id="text" type="text" name="password"><br>
            <input type="submit" value="登录">
    </form>
```

```
    </body>
  </html>
```

步骤二：新建类 LoginAction.java，声明 String 类型的变量 email 和 password，添加 setter、getter 方法和控制转发的 login 方法。代码如下：

```
public class LoginAction{
    private String email;
    private String password;
    public String getEmail(){
        return email;
    }
    public void setEmail(String email){
        this.email = email;
    }
    public String getPassword(){
        return password;
    }
    public void setPassword(String password){
        this.password = password;
    }

    public String login(){
        return "success";
    }
}
```

步骤三：新建 success.jsp 页面，用于登录跳转并显示登录页面中用户输入的邮箱及密码。代码如下：

```
<%@ page language="java" import="java.util.*" pageEncoding="UTF-8"%>
<!DOCTYPE HTML PUBLIC "-//W3C//DTD HTML 4.01 Transitional//EN">
<html>
  <head>
    <meta http-equiv="pragma" content="no-cache">
    <meta http-equiv="cache-control" content="no-cache">
    <meta http-equiv="expires" content="0">
  </head>
    <body>
  email=${email}<br/>
  password=${password}
  </body>
</html>
```

步骤四：配置 struts.xml 文件，让动作 login 结果直接跳转到 success.jsp 页面。代码如下：

```
<action name="login" class="cn.njit.action.LoginAction" method="login">
    <result name="success">
        <param name="location">/success.jsp</param>
```

```
    </result>
</action>
```

步骤五：运行项目，进入 login.jsp 页面，输入邮箱密码，单击“登录”按钮跳转到 success 页面，成功获取到登录页面的 email 和 password 属性。

2. 采用复合类型发送、接收请求参数

例 2.3 复合类型的发送与接收。

步骤一：在上一实例的基础之上新建一个 User 类，包含属性 email 和 password，并添加 setter 和 getter 方法。代码如下:

```
public class User {
    private String email;
    private String password;
    public String getEmail(){
        return email;
    }
    public void setEmail(String email){
        this.email = email;
    }
    public String getPassword(){
        return password;
    }
    public void setPassword(String password){
        this.password = password;
    }
}
```

步骤二：重写 LoginAction 类。用 user 对象代替原有的 email 和 password 属性，同样给 user 对象添加 setter 和 getter 方法。代码如下：

```
public class LoginAction{
    private User user;
    public User getUser(){
        return user;
    }
    public void setUser(User user){
        this.user = user;
    }
    public String login(){
        return "success";
    }
}
```

步骤三：修改 login.jsp 和 success.jsp 页面的属性名，将原有的 email 和 password 更改为复合类型 user.email 和 user.password。代码如下：

```
<%@ page language="java" import="java.util.*" pageEncoding="UTF-8"%>
```

```
<html>
  <head>
    <meta http-equiv="pragma" content="no-cache">
    <meta http-equiv="cache-control" content="no-cache">
    <meta http-equiv="expires" content="0">
    <meta http-equiv="keywords" content="keyword1,keyword2,keyword3">
    <meta http-equiv="description" content="This is my page">
</head>
<body>
    <form action="<%=request.getContextPath()%>/login.action" method="post">
            邮箱：<input id="text" type="text" name="user.email"><br>
            密码：<input id="text" type="text" name=" user.password"><br>
            <input type="submit" value="登录">
    </form>
  </body>
  </html>
```

```
<%@ page language="java" import="java.util.*" pageEncoding="UTF-8"%>
<!DOCTYPE HTML PUBLIC "-//W3C//DTD HTML 4.01 Transitional//EN">
<html>
  <head>
    <meta http-equiv="pragma" content="no-cache">
    <meta http-equiv="cache-control" content="no-cache">
    <meta http-equiv="expires" content="0">
  </head>
    <body>
    email=${user.email}<br/>
    password=${user.password}
  </body>
</html>
```

步骤四：运行项目，进入 login.jsp 页面，输入邮箱密码后登录，效果与例 2.2 相同。

2.9 自定义类型转换器

有时需要接收或发送 20080808 这种格式的日期类型参数，如果直接发送或接收，Struts 会把它当作 String 类型来处理，而不是需要的日期格式。这时就需要用到 Struts 的类型转换器。

Struts2 提供了两种类型转换器：局部类型转换器和全局类型转换器。首先介绍局部类型转换器。

首先定义一个类型转换器。创建一个名为 DateTypeConverter 的类。代码如下：

```
public class DateTypeConverter extends DefaultTypeConverter {
    @Override
```

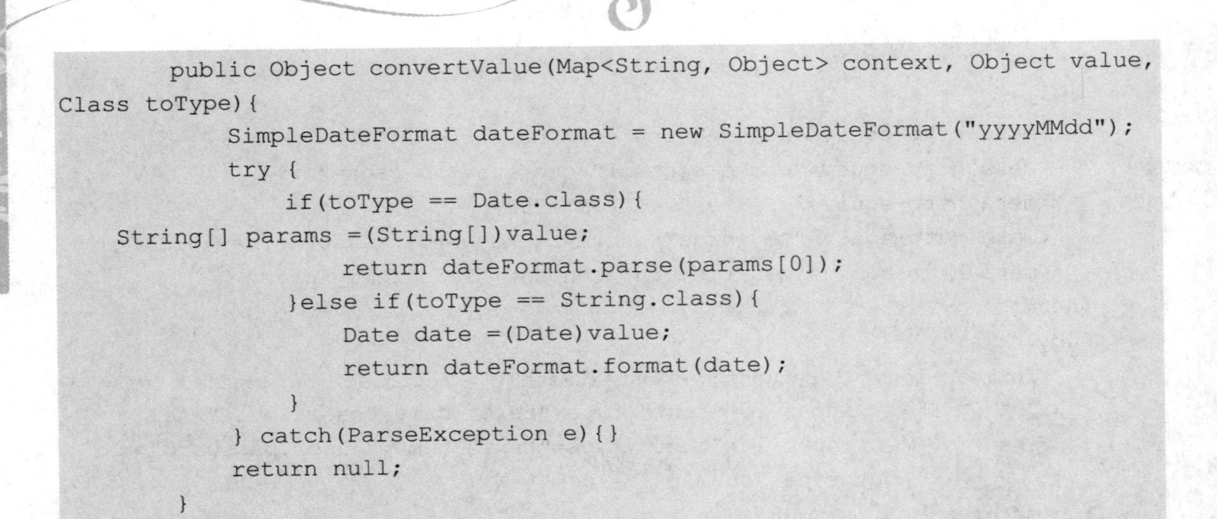

```
        public Object convertValue(Map<String, Object> context, Object value,
Class toType){
            SimpleDateFormat dateFormat = new SimpleDateFormat("yyyyMMdd");
            try {
                if(toType == Date.class){
    String[] params =(String[])value;
                    return dateFormat.parse(params[0]);
                }else if(toType == String.class){
                    Date date =(Date)value;
                    return dateFormat.format(date);
                }
            } catch(ParseException e){}
            return null;
        }
    }
```

然后将上述的类型转换器注册为局部类型转换器。在 action 类所在的包下新建 ActionClassName-conversion.propertise 文件，其中，ActionClassName 是 action 的类名，-conversion. propertise 是固定的写法，对于本例而言，文件名称应为 HelloWorldAction-conversion.propertise。在 propertise 文件中所需配置的代码为：[属性名称]=[类型转换器的名称]，就本例而言即 birthday =edu.njit.conversion.DateConverter。这样，便可以把 20080808 这种格式参数当作日期来使用了。

如果要采用全局类型转换器，也需要同上面一样先定义一个类型转换器，但是对全局类型转换器的注册要修改为在 WEB-INF/classes 目录下放置 xwork-conversion.propertise 文件。配置内容为：[待转换的类型]=[类型转换器的全类名]，如 java.util.Date=edu.njit.conversion. DateConverter。

2.10 访问或添加 request、session、application 属性

有时也需要在 Struts 应用中使用到 request、session 或者 application 属性，那么如何通过代码获取这些实例呢？有如下两种方式可以实现。

1. 通过 ActionContext 类获取

通过 ActionContext 的 getContext 方法获取 ActionContext 实例，然后通过 ActionContext 实例来获取 request、session 或者 application 属性。示例代码如下：

```
ActionContext actionContext = ActionContext.getContext();
actionContext.put("req", "request 范围");
actionContext.getSession().put("ses", "session 范围");
actionContext.getApplication().put("app", "application 范围");
```

2. 通过 ServletActionContext 类直接获取

通过 ServletActionContext 的 getRequest 方法可以直接获取到 request 实例，也可以通过

getServletContext 方法直接获取到 ServletContext，以此来获取 request、session 或者 application 属性。示例代码如下：

```
HttpServletRequest request = ServletActionContext.getRequest();
ServletContext servletContext = ServletActionContext.getServletContext();
request.setAttribute("req", "request 范围");
request.getSession().setAttribute("ses", "session 范围");
servletContext.setAttribute("app", "application 范围");
```

2.11 文 件 上 传

例 2.4 单文件上传。

步骤一：创建名为 fileupload 的 Web 项目，添加 Struts2 支持，然后再将名为：commons-fileupload-1.2.1.jar、commons-io-1.3.2.jar 的两个 JAR 文件一同复制到 WEB-INF/lib 目录下。这两个 JAR 文件可以从网页 http://commons.apache.org/上下载。

步骤二：新建文件上传的 upload.jsp 页面，给 form 表单添加属性 enctype，值为：multipart/form-data，代码如下：

```
<!DOCTYPE HTML PUBLIC "-//W3C//DTD HTML 4.01 Transitional//EN">
<html>
  <head>
    <meta http-equiv="pragma" content="no-cache">
    <meta http-equiv="cache-control" content="no-cache">
    <meta http-equiv="expires" content="0">
  </head>
  <body>
    <form action="${pageContext.request.contextPath}/control/employee/list_execute.
action" enctype="multipart/form-data" method="post">
    文件:<input type="file" name="image">
    <input type="submit" value="上传"/>
    </form>
  </body>
</html>
```

步骤三：新建 uploadAction 类，声明 File 类型的 image 用于存放上传的图片文件，名为 imageFileName 的字符串存放文件名。代码如下：

```
public class uploadAction{
    private File image;
    private String imageFileName;
    public String getImageFileName(){
        return imageFileName;
    }
    public void setImageFileName(String imageFileName){
        this.imageFileName = imageFileName;
```

```
    }
    public File getImage(){
        return image;
    }
    public void setImage(File image){
        this.image = image;
    }
    public String execute()throws Exception{
        String realpath = ServletActionContext.getServletContext().getRealPath
("/images");
        System.out.println(realpath);
        if(image!=null){
            File savefile = new File(new File(realpath), imageFileName);
            if(!savefile.getParentFile().exists())savefile.getParentFile().mkdirs();
            FileUtils.copyFile(image, savefile);
            ActionContext.getContext().put("message", "上传成功");
        }
        return "success";
    }
}
```

步骤四：运行项目，如图 2.6 所示选择文件进行上传。上传文件则被保存在 WebRoot 目录下的 image 文件夹里。

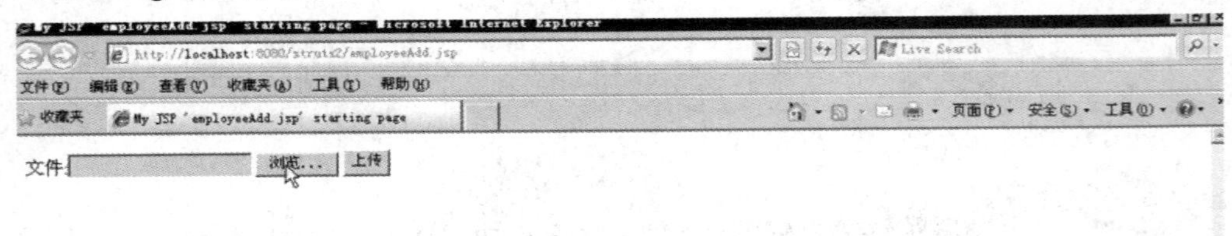

图 2.6　例 2.14 运行结果

2.12　多文件上传

例 2.5　多文件上传。

多文件上传与单文件上传类似，只需做如下两个方面的更改。

步骤一：对 upload.jsp 页面做如下修改。

```
<%@ page language="java" import="java.util.*" pageEncoding="UTF-8"%>
<html>
  <head>
    <meta http-equiv="pragma" content="no-cache">
    <meta http-equiv="cache-control" content="no-cache">
    <meta http-equiv="expires" content="0">
  </head>
  <body>
```

```
        <form action="${pageContext.request.contextPath}/control/employee/list_execute.
action" enctype="multipart/form-data" method="post">
         文件 1:<input type="file" name="image"><br/>
         文件 2:<input type="file" name="image"><br/>
         文件 3:<input type="file" name="image"><br/>
         <input type="submit" value="上传"/>
        </form>
      </body>
    </html>
```

步骤二：将 uploadAction 类中的 File 改为数组类型，就可接收到反射的多个文件，代码如下：

```
    public class uploadAction{
        private File[] image;
        private String[] imageFileName;
        public File[] getImage(){
            return image;
        }
        public void setImage(File[] image){
            this.image = image;
        }
        public String[] getImageFileName(){
            return imageFileName;
        }
        public void setImageFileName(String[] imageFileName){
            this.imageFileName = imageFileName;
        }
        public String execute()throws Exception{
            String   realpath   =   ServletActionContext.getServletContext().
getRealPath("/images");
            System.out.println(realpath);
            if(image!=null){
                File savedir = new File(realpath);
                if(!savedir.exists())savedir.mkdirs();
                for(int i = 0 ; i<image.length ; i++){
                    File savefile = new File(savedir, imageFileName[i]);
                    FileUtils.copyFile(image[i], savefile);
                }
                ActionContext.getContext().put("message", "上传成功");
            }
            return "success";
        }
    }
```

步骤三：运行项目，如图 2.7 所示，分别选择三个文件并上传，三个文件都将保存至 image 目录下。

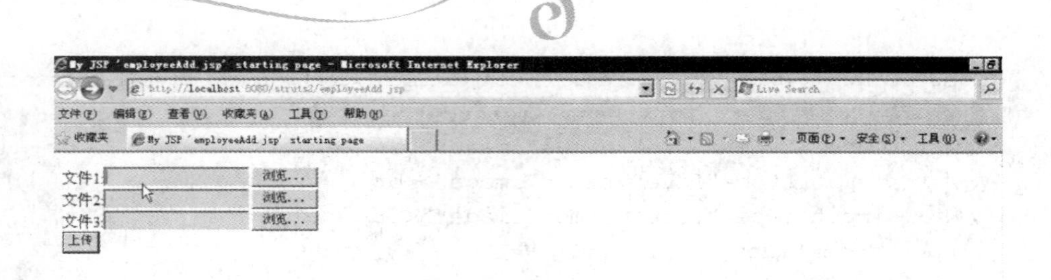

图 2.7　例 2.15 运行结果

本 章 小 结

本章介绍了 Struts2 技术的基本操作，通过案例掌握 Struts2 的基本用法，并进一步讲述了以下内容。

(1) Struts2 的基本概念：是在 Struts1 和 WebWork 的技术基础上进行了合并的全新 MVC 框架，实质上以 WebWork 为核心的，采用拦截器的机制来处理用户的请求。

(2) Struts2 的处理流程：当 Web 容器收到用户请求时，Filter 会过滤用户的请求，请求进入 Struts 框架处理时会先经过一系列的拦截器，然后确定请求哪个 action，接下来从配置文件(struts.xml)中读取配置信息，创建 ActionInvocation 对象，result 会调用一些模板，显示页面。

(3) Struts2 提供的两种类型转换器：局部类型转换器和全局类型转换器，以及可进行单文件和多文件的上传。

习题与思考

(1) action 的 extends 里面调用的是什么？

(2) 如果不写 action 的后面的 method 值，默认的调用方法是什么？

(3) 根据自己的理解，谈谈自定义类型转换器的方法。

Struts2 的深入了解

教学目标

(1) 学习如何对 action 进行输入校验。
(2) 了解国际化应用和各种标签的使用。
(3) 掌握 OGNL 表达式的使用方法。

知识结构

本章知识结构如图 3.1 所示。

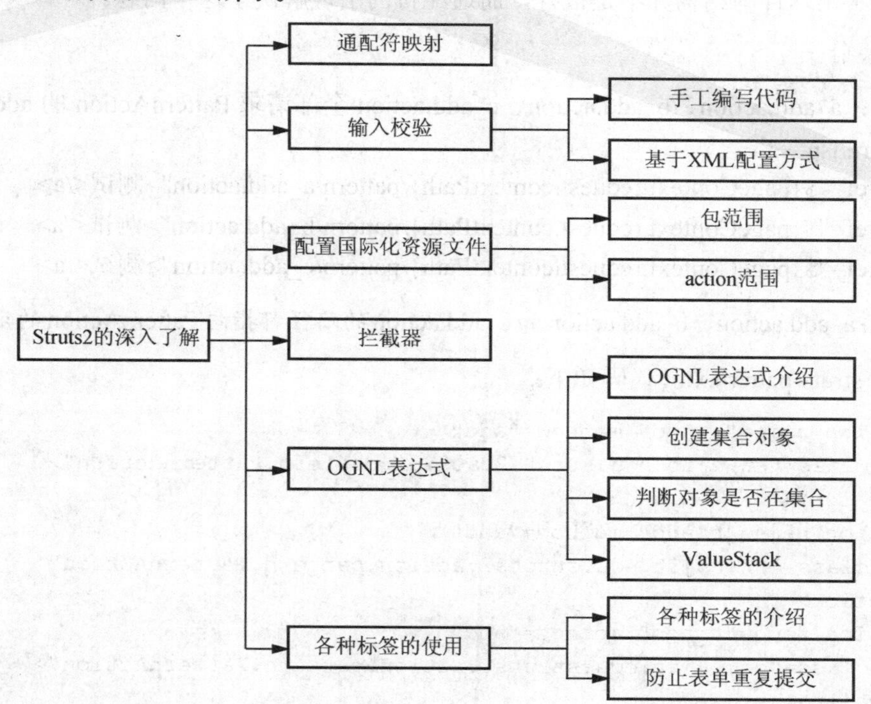

图 3.1　第 3 章知识结构图

3.1 通配符映射

假设有这样的需求：有一个 action 为 PersonAction。在 PersonAction 中要实现增、删、改、查 4 种方法。但是在 action 中方法的入口只有一个 execute 方法，要想完成这样的功能，有一种方法就是在 url 链接中添加参数。那么在 action 中的代码可能是这样的：

```
PatternAction
public class PatternAction extends ActionSupport{
    private String method;
    public String execute(){
        if(method.equals("add")){
            //增加操作
        }else if(method.equals("update")){
            //修改操作
        }else if(method.equals("delete")){
            //删除操作
        }else{
            //查询操作
        }
        return "";
    }
```

可以看出这样写结构并不是很好，而通配符的出现解决了这个问题。

1. 映射一

需求：a_add.action、b_add.action、c_add.action 全部请求 PatternAction 的 add 方法

Pattern.jsp

<a href="${pageContext.request.contextPath}/pattern/a_add.action">测试</a>
<a href="${pageContext.request.contextPath}/pattern/b_add.action">测试</a>
<a href="${pageContext.request.contextPath}/pattern/c_add.action">测试</a>

说明：a_add.action、b_add.action 和 c_add.action 的路径都指向 PatternAction 的 add 方法。

文件 struts-pattern.xml 代码如下：

```
<action name="a_add" method="add"
    class="cn.njit.edu.struts2.action.pattern.PatternAction">
</action>
<action name="b_add" method="add"
    class="cn. njit.edu.struts2.action.pattern.PatternAction">
</action>
<action name="c_add" method="add"
    class="cn. njit.edu.struts2.action.pattern.PatternAction">
</action>
```

上述结构是很差的，经过改进如下：

```
<action name="*_add" method="add"
    class="cn. njit.edu.struts2.action.pattern.PatternAction">
</action>
```

2. 映射二

请求 personAction 和 studentAction 的 add 方法。
文件 Pattern.jsp 代码如下：

```
    <ahref="${pageContext.request.contextPath}/pattern/personAction_add.action">
请求 personAction 的 add 方法</a>
    <ahref="${pageContext.request.contextPath}/pattern/studentAction_add.action">
请求 studentAction 的 add 方法</a>
```

文件 Struts-pattern.xml 代码如下：

```
    <action name="personAction_add"method="add" class="cn. njit.edu.struts2.
action.pattern.PersonAction"></action>
    <actionname="studentAction_add"method="add" class="cn. njit.edu.struts2.
action.pattern.StudentAction"></action>
```

改进如下：

<action name="*_add" method="add" class=" cn.itcast.struts2.action.pattern.{1}"/>

说明： *和{1}是相对应的关系。

3. 映射三

需求：在 teacherAction 中有增、删、改、查的方法。这个时候配置文件怎么写比较简单？
文件 Pattern.jsp 代码如下：

```
    <ahref="${pageContext.request.contextPath}/pattern/PersonAction_add.action"> 请 求
teacherAction 的 add 方法</a>
    <ahref="${pageContext.request.contextPath}/pattern/StudentAction_update.action">
请求 teacherAction 的 update 方法</a>
    <ahref="${pageContext.request.contextPath}/pattern/StudentAction_delete.action">
请求 teacherAction 的 delete 方法</a>
    <ahref="${pageContext.request.contextPath}/pattern/StudentAction_query.action"> 请
求 teacherAction 的 query 方法</a>
```

文件 struts-pattern.xml 代码如下：

```
<action name="teacherAction_*" method="{1}"
    class="cn.njit.edu.struts2.action.pattern.TeacherAction">
</action>
```

说明： *和 method 的属性值保持一致。

延伸代码如下：

```
<action name="*_*" method="{2}"
    class="cn.njit.edu.struts2.action.pattern.{1}">
</action>
```

第一个*匹配{1}，第二个*匹配{2}。

3.2 拦　截　器

在 aciton 的一个方法中要进行权限的控制：如果是 admin 用户登入，就执行该方法；如果不是 admin 用户登入，就不能执行该方法。如果权限的判断很复杂或者业务逻辑很复杂会造成后期维护的困难。并且如果很多 action 中的很多方法都需要这种控制，会导致大量的重复代码的编写。在 Struts2 中，用拦截器(Interceptor)完美地解决了这一问题。在 struts2 中，内置了很多拦截器，在 struts-default.xml 文件中可以看出。用户还可以自定义自己的拦截器。自定义拦截器需要注意以下几点。

1．在配置文件中

包括两个部分：声明拦截器栈和使用拦截器栈。

文件 struts-interceptor.xml 代码如下：

```
<!-- 声明拦截器-->
<interceptors>
    <!-- 定义自己的拦截器-->
    <interceptor name="accessInterceptor"
        class="cn.njit.edu.struts2.action.interceptor.PrivilegeInterceptor">
    </interceptor>
        <!-- 声明拦截器栈-->
    <interceptor-stack name="accessInterceptorStack">
            <!-- 引用自定义的拦截器-->
        <interceptor-ref name="accessInterceptor"></interceptor-ref>
            <!-- 引用 struts2 内部的拦截器栈-->
        <interceptor-ref name="defaultStack"></interceptor-ref>
    </interceptor-stack>
</interceptors>
```

说明：浅色代码字体是 Struts2 内部的拦截器。可以从 struts-default.xml 文件中得到内容。自定义的栈必须引入 Struts2 默认的栈。因为在访问 action 时，属性的赋值等一些工作都是由内部的栈完成的。如果不这么写，Struts2 的功能将发挥不出来。用 debug 进行调试也能得出结论。

```
<!-- 使用拦截器-->
<default-interceptor-ref name="accessInterceptorStack"></default-interceptor-ref>
```

说明：使用拦截器栈。从上面声明部分可以看出，accessInterceptorStack栈既包括了自定义的拦截器，又包括了Struts2内部的拦截器栈。

2. 在拦截器类中

一个类如果是拦截器，必须实现Interceptor接口。

```
public class PrivilegeInterceptor implements Interceptor{
    public void destroy(){
        // TODO Auto-generated method stub
    }
    public void init(){
        // TODO Auto-generated method stub
    }
    public String intercept(ActionInvocation invocation)throws Exception {
        // TODO Auto-generated method stub
        System.out.println("aaaa");
        //得到当前正在访问的action
        System.out.println(invocation.getAction().toString());
        //得到OGNL值栈
    System.out.println(invocation.getInvocationContext().getValueStack());
        //请求路径action的名称，包括方法
        System.out.println(invocation.getProxy().getActionName());
        //方法名称
        System.out.println(invocation.getProxy().getMethod());
        //命名空间
        System.out.println(invocation.getProxy().getNamespace());
        String method = invocation.invoke();
        return null;
    }
}
```

说明：

(1) 这个类中 init、intercept 和 destroy 三个方法说明了一个拦截器的生命周期。在interceptor方法中的参数invocation执行action的上下文可以从这里得到正在访问的action、OGNL值栈、请求路径、方法名称、命名空间等信息。以帮助程序员在拦截器中做相应的处理工作。

(2) 浅色部分是关键部分，即调用action的方法。这里可以成为目标类的目标方法。

3.3 采用手工编写代码实现对action中所有方法进行输入校验

在Struts2中，可以实现对action的所有方法进行校验或者对action的指定方法进行校验。对于输入校验Struts提供了两种实现方法：采用手工编写代码实现和基于XML配置方式实现，现在先介绍采用手工编写代码的方法。

通过重写 validate()方法实现，validate()方法会校验 action 中所有与 execute 方法签名相同的方法。当某个数据校验失败时，应该调用 addFieldError()方法向系统的 fieldErrors 添加校验失败信息(为了使用 addFieldError()方法，action 可以继承 ActionSupport)，如果系统的 fieldErrors 包含失败信息，Struts2 会将请求转发到名为 input 的 result。在 input 视图中通过<s:fielderror/>显示失败信息。

例 3.1 输入用户名和手机号。

本例要求输入用户名和手机号，其中要求用户名不能为空，手机号也不能为空，并且要求符合手机号的格式。

步骤一：新建一个 Web 项目，项目名为 validate。将 Struts 项目中的 JAR 文件导入 validate 项目中的 lib 文件，再复制 struts.xml 文件，将 web.xml 文件中关于 Struts2 的启动配置项复制到新建项目的 web.xml 文件中。

步骤二：继承 ActionSupport 的 PersonAction.java 代码如下：

```
package edu.njit.cs;
import java.util.regex.Pattern;
import com.opensymphony.xwork2.ActionContext;
import com.opensymphony.xwork2.ActionSupport;
public class PersonAction extends ActionSupport{
    private String username;
    private String mobile;
    public String getUsername(){
        return username;
    }
    public void setUsername(String username){
        this.username = username;
    }
    public String getMobile(){
        return mobile;
    }
    public void setMobile(String mobile){
        this.mobile = mobile;
    }
    public String update(){
        ActionContext.getContext().put("message", "更新成功");
        return "message";
    }
    public String save(){
        ActionContext.getContext().put("message", "保存成功");
        return "message";
    }
    @Override
    public void validate(){//会对 action 中的所有方法校验
        if(this.username==null || "".equals(this.username.trim())){
            this.addFieldError("username", "用户名不能为空");
        }
```

```
            if(this.mobile==null || "".equals(this.mobile.trim())){
                this.addFieldError("mobile", "手机号不能为空");
            }else{            if(!Pattern.compile("^1[358]\\d{9}$").matcher
(this.mobile).matches()){
                    this.addFieldError("mobile", "手机号格式不正确");
                }
            }
        }
    }
```

步骤三：在 struts.xml 文件中配置 input 视图，struts.xml 代码如下：

```
    <?xml version="1.0" encoding="UTF-8" ?>
    <!DOCTYPE struts PUBLIC
        "-//Apache Software Foundation//DTD Struts Configuration 2.0//EN"
        "http://struts.apache.org/dtds/struts-2.0.dtd">
    <struts>
    <package name="person" namespace="/person" extends="struts-default">
            <action name="manage_*" class="cn.njit.edu.PersonAction"
                method="{1}">
                <result name="input">/index.jsp</result>
                <result name="message">message.jsp</result>
            </action>
        </package>
    </struts>
```

步骤四：在 index.jsp 文件中引用 Struts2 的标签来把字段错误信息表示出来，index.jsp 文件的代码如下：

```
    <%@ page language="java" pageEncoding="UTF-8"%>
    <%@ taglib uri="/struts-tags" prefix="s"%>        //struts2 的标签，默认为 s
    <!DOCTYPE HTML PUBLIC "-//W3C//DTD HTML 4.01 Transitional//EN">
    <html>
      <head>
        <title>输入校验</title>
        <meta http-equiv="pragma" content="no-cache">
        <meta http-equiv="cache-control" content="no-cache">
        <meta http-equiv="expires" content="0">
      </head>
      <body>
       <s:fielderror/>
       <form action="${pageContext.request.contextPath}/person/manage_update.
action" method="post">
            用户名:<input type="text" name="username"/>不能为空<br/>
            手机号:<input type="text" name="mobile"/>不能为空,并且要符合手机号的格
式 1,3/5/8,后面是 9 个数字<br/>
            <input type="submit" value="提 交"/></form>
```

```
    </body>
</html>
```

步骤五：重新发布和访问后，如图 3.2 所示，若直接提交，页面上会显示用户名不能为空和手机号不能为空的提示信息。

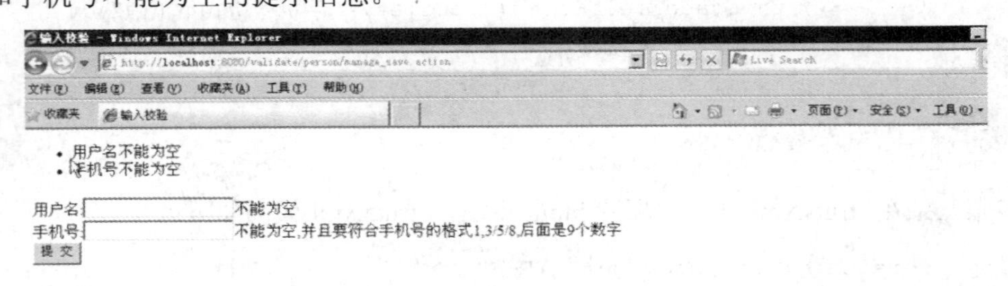

图 3.2　运行结果 1

如果输入不正确的手机号，则会出现如图 3.3 所示结果。

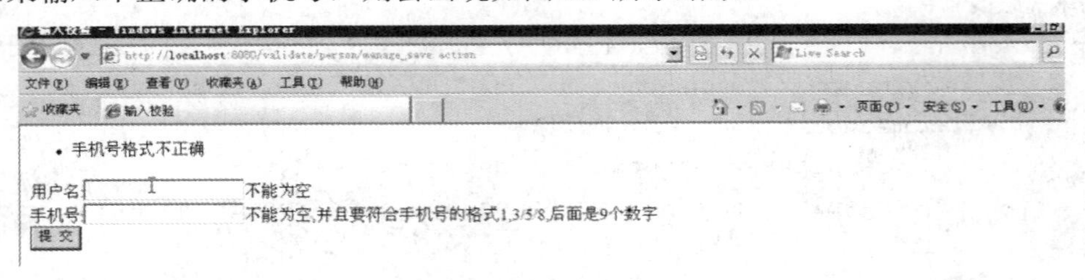

图 3.3　运行结果 2

如果用户名和手机号输入都正确，则会出现如图 3.4 所示结果。

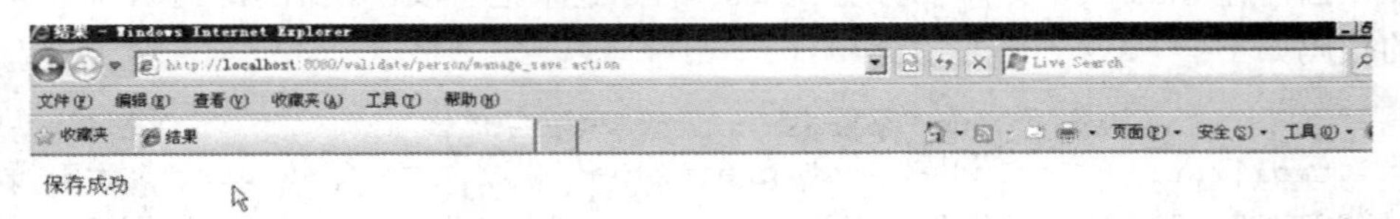

图 3.4　运行结果 3

3.4　采用手工编写代码实现对 action 指定方法进行校验

通过 validateXxx()方法实现，validateXxx()只会校验 action 中方法名为 Xxx 的方法，其中 Xxx 的第一个字母要大写。当某个数据校验失败时，应该调用 addFieldError()方法往系统的 fieldErrors 添加校验失败信息(为了使用 addFieldError()方法，action 可以继承 ActionSupport)，如果系统的 fieldErrors 包含失败信息，Struts2 会将请求转发到名为 input 的 result。在 input 视图中通过<s:fielderror/>显示失败信息。

现在对 Update 方法进行校验，只需对 PersonAction.java 中代码做如下修改：

```
package edu.njit.cs;
import java.util.regex.Pattern;
```

```
import com.opensymphony.xwork2.ActionContext;
import com.opensymphony.xwork2.ActionSupport;
public class PersonAction extends ActionSupport{
    private String username;
    private String mobile;
    public String getUsername(){
        return username;
    }
    public void setUsername(String username){
        this.username = username;
    }
    public String getMobile(){
        return mobile;
    }
    public void setMobile(String mobile){
        this.mobile = mobile;
    }
    public String update(){
        ActionContext.getContext().put("message", "更新成功");
        return "message";
    }
    public String save(){
        ActionContext.getContext().put("message", "保存成功");
        return "message";
    }
    public void validateUpdate(){//对update()方法校验  //Update的首字母大写
        if(this.username==null || "".equals(this.username.trim())){
            this.addFieldError("username", "用户名不能为空");
        }
        if(this.mobile==null || "".equals(this.mobile.trim())){
            this.addFieldError("mobile", "手机号不能为空");
        }else{      if(!Pattern.compile("^1[358]\\d{9}$").matcher(this.
mobile).matches()){   this.addFieldError("mobile", "手机号格式不正确");
            }
        }
    }
}
```

重新发布和访问后，校验成功。

3.5 输入校验的流程

输入检验的流程如下。

(1) 类型转换器对请求参数执行类型转换，并把转换后的值赋给action中的属性。

(2) 如果在执行类型转换的过程中出现异常，系统会将异常信息保存到ActionContext，

conversionError 拦截器将异常信息添加到 fieldErrors 里。不管类型转换是否出现异常，都会进入第 3 步。

(3) 系统通过反射技术先调用 action 中的 validateXxx()方法，Xxx 为方法名。

(4) 再调用 action 中的 validate()方法。

(5) 经过上面 4 步，如果系统中的 fieldErrors 存在错误信息(即存放错误信息的集合的 size 大于 0)，系统自动将请求转发至名为 input 的视图。如果系统中的 fieldErrors 没有任何错误信息，系统将执行 action 中的处理方法。

注意： 类型转换失败和校验方法失败都会进入 input 视图。

例 3.2 输入用户名和手机号，观察类型转换失败后进入 input 视图的情况。

步骤一：对 PersonAction.java 中 validateUpdate()不提供任何代码，代码如下：

```
package edu.njit.cs;
import java.util.Date;
import java.util.regex.Pattern;
import com.opensymphony.xwork2.ActionContext;
import com.opensymphony.xwork2.ActionSupport;

public class PersonAction extends ActionSupport{
    private String username;
    private String mobile;
    private Date birthday;    //提供一个新的参数
    public Date getBirthday(){
        return birthday;
    }
    public void setBirthday(Date birthday){
        this.birthday = birthday;
    }
    public String getUsername(){
        return username;
    }
    public void setUsername(String username){
        this.username = username;
    }
    public String getMobile(){
        return mobile;
    }
    public void setMobile(String mobile){
        this.mobile = mobile;
    }
    public String update(){
        ActionContext.getContext().put("message", "更新成功");
        return "message";
    }
    public String save(){
```

```
            ActionContext.getContext().put("message", "保存成功");
            return "message";
        }
        public void validateUpdate(){//对update()方法校验，不提供任何代码

        }

    }
```

步骤二：对 index.jsp 做如下修改：

```
    <%@ page language="java" pageEncoding="UTF-8"%>
    <%@ taglib uri="/struts-tags" prefix="s"%>
    <!DOCTYPE HTML PUBLIC "-//W3C//DTD HTML 4.01 Transitional//EN">
    <html>
      <head>
        <title>输入校验</title>
        <meta http-equiv="pragma" content="no-cache">
        <meta http-equiv="cache-control" content="no-cache">
        <meta http-equiv="expires" content="0">
      </head>

      <body>
       <s:fielderror/>
       <form action="${pageContext.request.contextPath}/person/manage_save.action"
method="post">
            用户名:<input type="text" name="username"/>不能为空<br/>
            生日:<input type="text" name="birthday"/><br/>
            手机号:<input type="text" name="mobile"/>不能为空,并且要符合手机号的格
式1,3/5/8,后面是9个数字<br/>
            <input type="submit" value="提交"/></form>
    </body>
    </html>
```

步骤三：重新发布和访问后，在生日栏中输入错误信息，单击“提交”按钮，会发现如图 3.5 所示，显示字段的值无效。

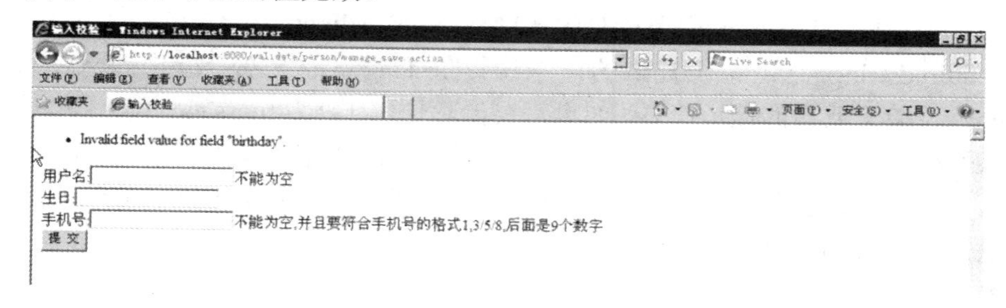

图 3.5　例 3.2 运行结果

3.6 基于 XML 配置方式实现对 action 的所有方法进行校验

使用基于 XML 配置方式实现输入校验时，action 也需要继承 ActionSupport，并且提供校验文件，校验文件和 action 类放在同一个包下，文件的取名格式为：ActionClassName-validation.xml，其中 ActionClassName 为 action 的简单类名，-validation 为固定写法。如果 action 类为 edu.njit.UserAction，那么该文件的取名应为：UserAction-validation.xml。

例 3.3 输入用户名和手机号，基于 XML 配置方式实现输入校验。

步骤一：在 action 所在的包中新建 PersonAction-validation.xml 文件，代码如下：

```
<?xml version="1.0" encoding="UTF-8"?>
<!DOCTYPE validators PUBLIC "-//OpenSymphony Group//XWork Validator 1.0.3//EN"
    "http:www.opensymphony.com/xwork/xwork-validator-1.0.3.dtd">
<!-- 对所有方法进行校验 -- 命名格式 ActionClassName-Validation.xml>
<validators>
    <field name="username">
        <field-validator type="requiredstring">
            <param name="trim">true</param>
            <message>用户名不能为空</message>
        </field-validator>
    </field>
    <field name="moblie">
        <field-validator type="requiredstring">
            <message>手机号码不能为空</message>
        </field-validator>
        <field-validator type="regex">
            <param name="expression"><![CDATA[^1[358]\d{9}$]]></param>
            <message>手机号格式不正确</message>
        </field-validator>
    </field>
</validators>
```

其中，<field>指定 action 中要校验的属性，<field-validator>指定校验器，上面指定的校验器 requiredstring 是由系统提供的，系统提供了能满足大部分验证要求的校验器，<message>为校验失败后的提示信息，如果需要国际化，可以为 message 指定 key 属性，key 的值为资源文件中的 key。在这个校验文件中，对 action 中字符串类型的 username 的属性进行验证，首先要求调用 trim()方法去掉空格，然后判断用户名是否为空。regex 为正则表达式校验器，用于判断手机号的格式。

步骤二：在 struts.xml 文件中提供一个名为 input 的视图，代码如下：

```
<result name="input">/index.jsp</result>
```

步骤三：在 input 视图(index.jsp)中通过<s:fielderror/>将错误信息打印在页面上。

步骤四：重新发布和访问后，校验结果如图 3.6 所示，校验成功。

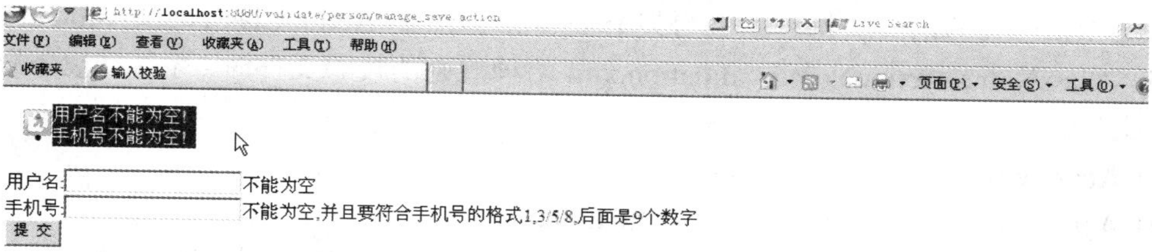

图 3.6 检验结果

3.7 基于 XML 配置方式实现对指定 action 方法进行校验

如果只需要对 action 中的某个 action 方法实施校验，那么，校验文件的取名应为：ActionClassName-ActionName-validation.xml，其中 ActionName 为 struts.xml 文件中 action 的名称。

例 3.4 输入用户名和手机号，观察是否能对 update()方法进行校验。

步骤一：提供校验文件 PersonAction-manage_update-validation.xml，代码不需要修改。

步骤二：在 struts.xml 文件中提供 input 视图，代码如下：

```
<result name="input">/index.jsp</result>
```

步骤三：对 index.jsp 做如下修改：

```
<%@ page language="java" pageEncoding="UTF-8"%>
<%@ taglib uri="/struts-tags" prefix="s"%>
<!DOCTYPE HTML PUBLIC "-//W3C//DTD HTML 4.01 Transitional//EN">
<html>
  <head>
    <title>输入校验</title>
     <meta http-equiv="pragma" content="no-cache">
     <meta http-equiv="cache-control" content="no-cache">
     <meta http-equiv="expires" content="0">
  </head>

  <body>
    <s:fielderror/>          //通过标签输出错误信息
    <form action="${pageContext.request.contextPath}/person/manage_update.action"
method="post">
                                        //action 的文件名
        用户名:<input type="text" name="username"/>不能为空<br/>
        手机号:<input type="text" name="mobile"/>不能为空,并且要符合手机号的格
式 1,3/5/8,后面是 9 个数字<br/>
        <input type="submit" value="提 交"/></form>
  </body>
</html>
```

重新发布和访问后，校验成功。

基于 XML 校验的一些特点：当为某个 action 提供了 ActionClassName-validation.xml 和 ActionClassName-ActionName-validation.xml 两种规则的校验文件时，系统按以下顺序寻找校验文件。

(1) ActionClassName-validation.xml。

(2) ActionClassName-ActionName-validation.xml。

系统寻找到第一个检验文件时还会继续搜索后面的校验文件，当搜索到所有校验文件时，会把校验文件里的所有校验规则汇总，然后全部应用于 action 方法的校验。如果两个校验文件中指定的校验规则冲突，则只使用后面文件中的校验规则。

当 action 继承了另一个 action，父类 action 的校验文件会先被搜索到。

3.8　配置国际化全局资源文件、输出国际化信息

准备资源文件，资源文件的命名格式如下：

baseName_language_country.properties

baseName_language.properties

baseName.properties

其中，baseName 是资源文件的基本名，可以自定义，但 language 和 country 必须是 java 支持的语言和国家。如

中国大陆：baseName_zh_CN.properties

美国：baseName_en_US.properties

先配置一个全局范围的资源文件：首先建立一个名为 native 的项目，将 Struts 项目中的 JAR 文件导入 native 项目中的 lib 文件，再复制来 struts.xml 文件，将 web.xml 文件中关于 Struts2 的启动配置项，复制到新建项目的 web.xml 中。

现在在 src 目录中为应用添加两个资源文件。第一个存放中文：njit_zh_CN.properties，内容为：welcome=欢迎来到南京工程学院；第二个存放英语(美国)：njit_en_US.properties，内容为：welcome=welcome to njit。

注意：对于中文的属性文件，编写好后应该使用 jdk 提供的 native2ascii 命令把文件转换为 unicode 编码的文件。命令的使用方式如下：native2ascii 源文件.properties 目标文件.properties。

准备好资源文件后，可以从 struts.xml 文件中通过 struts.custom.i18n.resource 常量把资源文件定义为全局资源文件，代码如下：

```
<constant name="struts.custom.i18n.resource"value="njit"/>
```

可以在页面中访问国际化信息：在 JSP 页面中使用<s:text name=""/>标签输出国际化信息，index.jsp 的代码如下：

```
<%@ page language="java" import="java.util.*" pageEncoding="UTF-8"%>
<%@ taglib uri="/struts-tags"  prefix="s" %>
```

```
<!DOCTYPE HTML PUBLIC "-//W3C//DTD HTML 4.01 Transitional//EN">
<html>
  <head>
    <title>国际化</title>
     <meta http-equiv="pragma" content="no-cache">
     <meta http-equiv="cache-control" content="no-cache">
     <meta http-equiv="expires" content="0">
  </head>
  <body>
  <s:text name="welcome"></s:text>
  </body>
</html>
```

重新发布和访问后，即可输出中文。如果需要输出英文，可以选择“工具”→“Internet选项”→“语言首选项”命令，将语言改为英文即可。

还可以在action中访问国际化信息：在action类中继承ActionSupport，使用getText()方法得到国际化信息，该方法的第一个参数用于指定资源文件中的key。

对struts.xml文件进行处理，关键代码如下：

```
<package name="person" namespace="/person" extends="struts-default">
        <action name="manage_*" class="cn.njit.edu.PersonAction"
            method="{1}">
            <result name="message">/WEB-INF/Page/message.jsp</result>
        </action>
    </package>
</struts>
```

对PersonManageAction.java的代码处理如下：

```
package edu.njit.cs;
import com.opensymphony.xwork2.ActionContext
import com.opensymphony.xwork2.ActionSupport;
Public class PersonManageAction extends ActionSupport{
    @Override
    public String execute()throws Exception{
       ActionContext.getContext().put("message",this.getText("welcome"));
        return "message";
    }
}
```

重新发布和访问后，即可输出国际化信息。

3.9 输出带占位符的国际化信息

首先在两个资源文件中加入占位符。如在中文资源文件中的内容为：welcome={0}，欢迎来到南京工程学院{1}。

其次在 JSP 页面中输出带占位符的国际化信息，index.jsp 文件中的关键代码如下：

```
<%@ page language="java" import="java.util.*" pageEncoding="UTF-8"%>
<%@ taglib uri="/struts-tags"  prefix="s" %>
<!DOCTYPE HTML PUBLIC "-//W3C//DTD HTML 4.01 Transitional//EN">
<html>
  <head>
    <title>国际化</title>
     <meta http-equiv="pragma" content="no-cache">
     <meta http-equiv="cache-control" content="no-cache">
     <meta http-equiv="expires" content="0">
  </head>
  <body>
    <s:text name="welcome">
     <s:param>liming</s:param>
     <s:param>study</s:param>
  </s:text>
  </body>
</html>
```

重新发布和访问后可以输出带占位符的国际化信息：liming 欢迎来到南京工程学院 study。

3.10　配置包范围和 action 范围国际化资源文件

1. 配置包范围国际化资源文件

在 Java 的包下放置 package_language_country.properties 资源文件，package 为固定写法，处于该包及子包下的 action 都可以访问该资源。当查找指定 key 的消息时，系统会先从 package 资源文件查找，当找不到对应的 key 时，才会从常量 struts.custom.i18n.resources 指定的资源文件中寻找。

现在在 edu.njit.cs 这个包下放置以下两个资源文件：

package_zh_CN.properties

package_en_US.properties

其他操作同上。

2. 配置 action 范围国际化资源文件

在 action 类所在的路径放置 ActionClassName_language_country.properties 资源文件，ActionClassName 为 action 类的简单名称。

现在在 PersonManageAction.java 中放置以下两个资源文件：

ActionClassName_zh_CN.properties

ActionClassName_en_US.properties

其他操作同上。

3.11 OGNL 表达式

OGNL 指对象图导航语言。它是一个开源项目。Struts2 框架使用 OGNL 作为默认的表达式语言。相对 EL 表达式，它提供了平时需要的一些功能，如

(1) 支持对象方法调用，如 xxx.sayHello()。

(2) 支持类静态方法调用和值访问，表达式的格式为@[类全名(包括包路径)]@[方法名|值名]。例如，@java.lang.String@format('foo %s','bar')或@edu.njit.Constant@APP-NAME。

(3) 操作集合对象。

OGNL 有一个上下文(context)概念，所谓上下文就是一个 MAP 结构，它实现了 java.utils.Map 接口，在 Struts2 中上下文的实现为 ActionContext 类，ognl context 中对象有 ValueStack(值栈，它是根对象)、parameters、request、session、application 和 attr。当 Struts2 接受一个请求时，会迅速创建 ActionContext、ValueStack 和 action。然后把 action 存放进 ValueStack，所以 action 的实例变量可以被 OGNL 访问。

访问上下文中的对象需要使用#符号标注命名空间，如#application、#session。

另外，OGNL 会设定一个根对象(root 对象)，在 Struts2 中根对象就是 ValueStack(值栈)。如果要访问根对象中对象的属性，则可以省略#命名空间，直接访问该对象的属性即可。

在 Struts 中，根对象 ValueStack 的实现类为 OgnlValueStack，该对象不只存放单个值，而是存放一组对象，在 OgnlValueStack 类里有一个 List 类型的 root 变量，就是使用它存放一组对象，即 OgnlValueStack root 变量[action, OgnlUtil…]

在 root 变量中处于第一位的对象叫栈顶对象。通常在 OGNL 表达式里直接写上属性的名称即可访问 root 变量里对象的属性，搜索顺序是从栈顶对象开始寻找，如果栈顶对象不存在该属性，就会从第二个对象寻找，如果没有找到就从第三个对象寻找，依次往下访问，直到找到为止。

注意：Struts2 中，OGNL 表达式需要配合 Struts 标签才可以使用，直到找到为止。

由于 ValueStack 是 Struts2 中 OGNL 的根对象，如果用户需要访问值栈中的对象，在 JSP 页面可以直接通过以下 EL 表达式访问 ValueStack 中对象的属性：${foo} //获得值栈中某个对象的 foo 属性。

访问其他 context 中的对象，需要添加#前缀。下面分别作介绍。

(1) application 对象：用于访问 ServletContext，如#application.userName 或者#application ['userName']，相当于调用 ServletContext 的 getAttribute("username")。

(2) session 对象：用来访问 HttpSession，如#session.userName 或者#session['userName']，相当于调用 session.getAttribute("username")。

(3) request 对象：用来访问 HttpServletRequest 属性(attribute)的 Map，如#request.userName 或者#request['userName']，相当于调用 request.getAttribute("username")。

(4) parameters 对象：用于访问 HTTP 的请求参数，如#parameters.userName 或者#parameters ['userName']，相当于调用 request.getParameter("username")。

(5) attr 对象：用于按 page->request->session->application 顺序访问其属性。

例 3.5 输出 njit。

步骤一：创建一个名为 ognl 的 Web 项目。

步骤二：搭建 Struts2 的开发环境。

(1) 将 JAR 文件复制到 WEB-INF 中的 lib 目录中。

(2) 复制 struts.xml 文件。

(3) 在 web.xml 文件中将用于启动 Struts2 框架的 filter 复制到 ognl 中的 web.xml 文件中。

(4) 将 struts.xml 中的配置删除，保留一个空的配置文件。

步骤三：进行测试。打开 index.jsp 文件，代码如下：

```
<%@ page language="java" import="java.util.*" pageEncoding="UTF-8"%>
<%@ taglib uri="/struts-tags" prefix="s"%>     //引入标签
<%
request.setAttribute("user", "njit");    //访问 context 中的 request 对象
%>

<!DOCTYPE HTML PUBLIC "-//W3C//DTD HTML 4.01 Transitional//EN">
<html>
  <head>
    <title>My JSP 'index.jsp' starting page</title>
     <meta http-equiv="pragma" content="no-cache">
     <meta http-equiv="cache-control" content="no-cache">
     <meta http-equiv="expires" content="0">
  </head>

  <body>
    <s:property value="#request.user"/>    //OGNL 表达式
  </body>
</html>
```

重新发布和访问后，在浏览器上输出 njit。

例 3.6 访问 ValueStack 对象，输出人名。

步骤一：在 struts.xml 文件中配置一个 action，关键代码如下：

```
<?xml version="1.0" encoding="UTF-8" ?>
<!DOCTYPE struts PUBLIC
    "-//Apache Software Foundation//DTD Struts Configuration 2.0//EN"
    "http://struts.apache.org/dtds/struts-2.0.dtd">
<struts>
<package name="njit" namespace="/njit" extends="struts-default">
        <action name="list" class="cn.njit.edu.PersonListAction"
            method="{1}">
            <result name="message">/WEB-INF/Page/personlist.jsp</result>
        </action>
   </package>
```

步骤二：创建名为edu.njit.cs的包，新建PersonListAction类，PersonListAction.java文件代码如下：

```
package edu.njit.cs;
import java.util.ArrayList;
import java.util.List;
import edu.njit.bean.Book;
public class PersonListAction {
    private String name;
    private List<Book> books;
    public List<Book> getBooks(){
        return books;
    }
    public void setBooks(List<Book> books){
        this.books = books;
    }
    public String getName(){
        return name;
    }
    public void setName(String name){
        this.name = name;
    }
    public String execute(){
        books = new ArrayList<Book>();
        books.add(new Book(56, "javaweb", 90));
        books.add(new Book(80, "ejb", 78));
        books.add(new Book(23, "spring", 50));
        name = "小张";
        return "list";
    }
}
```

步骤三：在WEB-INF目录中新建person.jsp文件，代码如下：

```
<%@ page language="java" import="java.util.*" pageEncoding="UTF-8"%>
<%@ taglib uri="/struts-tags" prefix="s"%>
<!DOCTYPE HTML PUBLIC "-//W3C//DTD HTML 4.01 Transitional//EN">
<html>
  <head>
    <title>My JSP 'personlist.jsp' starting page</title>
     <meta http-equiv="pragma" content="no-cache">
     <meta http-equiv="cache-control" content="no-cache">
     <meta http-equiv="expires" content="0">
  </head>
  <body>
     <s:property value="name"/>
  </body>
</html>
```

重新发布和访问，结果如图 3.7 所示。

图 3.7 例 3.6 运行结果

1. 采用 ognl 表达式创建 List/Map 集合对象

如果需要一个集合元素的时候(如 List 对象或者 Map 对象)，可以使用 OGNL 中与集合相关的表达式。

使用如下代码直接生成一个 List 对象：

```
<s:set name="list" value="{'zhangming','xiaoi','liming'}"/>
<s:iterator value="#list" >
   <s:property/><br>
</s:iterator>
```

set 标签用于将某个值放入指定范围。

Scope：指定变量被放置的范围，该属性可以接收 application、session、request、page 或 action。如果没有设置该属性，则默认放置在 ognl context 中。

value：赋给变量的值，如果没有设置该属性，则将 ValueStack 栈顶的值赋给变量。

例 3.7 输出 key 值。

步骤一：index.jsp 文件的代码如下：

```
<%@ page language="java" import="java.util.*" pageEncoding="UTF-8"%>
<%@ taglib uri="/struts-tags" prefix="s"%>
<%
request.setAttribute("user", "njit");
request.getSession().setAttribute("employee", "小线");
%>
<!DOCTYPE HTML PUBLIC "-//W3C//DTD HTML 4.01 Transitional//EN">
<html>
  <head>
    <title>My JSP 'index.jsp' starting page</title>
     <meta http-equiv="pragma" content="no-cache">
     <meta http-equiv="cache-control" content="no-cache">
     <meta http-equiv="expires" content="0">
  </head>
  <body>
     <s:property value="#request.user"/>  <br/>
     <s:property value="#session.employee"/> <Br/>
     <s:set var="list" value="{'第一个','第二个','第三个'}"/>
     <!-- s:iterator 标签在迭代集合时有一个特点:会把当前迭代的对象放在值栈的栈顶-->
     <s:iterator value="#list" >
```

```
        <s:property/><br>                    //产生一个 List 对象
    </s:iterator>
  </body>
</html>
```

产生一个 Map 对象的代码如下：

```
<s:set name="foobar" value="#{'foo1':' bar1' , 'foo2':' bar2'  }"/>
<s:iterator value="#foobar" >
    <s:property value="key"/> = <s:property value="value"/><br>
</s:iterator>
```

步骤二：在上面的 index.jsp 文件中再创建一个 Map 对象，代码如下：

```
<%@page language="java" import="java.util.*" pageEncoding="UTF-8"%>
<%@ taglib uri="/struts-tags" prefix="s"%>
<%
request.setAttribute("user", "njit");
request.getSession().setAttribute("employee", "小线");
%>
<!DOCTYPE HTML PUBLIC "-//W3C//DTD HTML 4.01 Transitional//EN">
<html>
  <head>
    <title>My JSP 'index.jsp' starting page</title>
     <meta http-equiv="pragma" content="no-cache">
     <meta http-equiv="cache-control" content="no-cache">
     <meta http-equiv="expires" content="0">
  </head>
  <body>
     <s:property value="#request.user"/>  <br/>
     <s:property value="#session.employee"/> <Br/>
     <s:set var="list" value="{'第一个','第二个','第三个'}"/>
     <!-- s:iterator 标签在迭代集合时有一个特点:会把当前迭代的对象放在值栈的栈顶 -->
     <s:iterator value="#list" >
         <s:property/><br>
     </s:iterator>
     <s:set var="maps" value="#{'key1':90, 'key2':35, 'key3':12}"/>
     <!-- s:iterator     标签在迭代集合时有一个特点:会把当前迭代的对象放在值栈的栈顶-->
     <s:iterator value="#maps" >
         <s:property value="key"/> = <s:property value="value"/><br>
     </s:iterator>
         //产生一个 Map 对象
     </body>
</html>
```

重新发布和访问后，结果如图 3.8 所示。

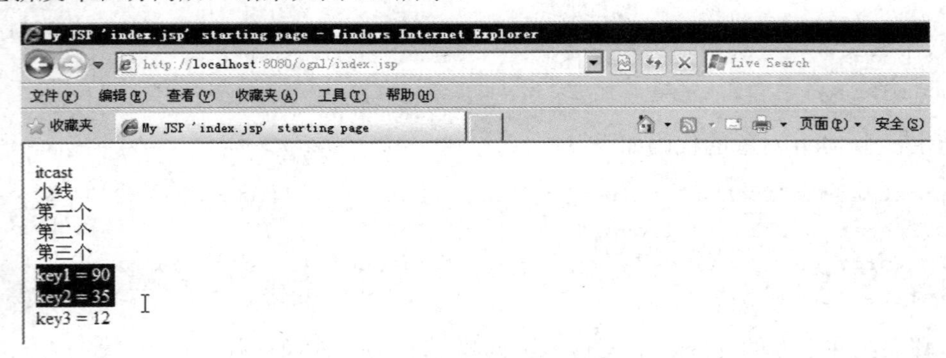

图 3.8 例 3.7 运行结果

2. 采用 OGNL 表达式判断对象是否存在于集合中

对于集合类型，OGNL 表达式可以使用 in 和 not in 两个元素符号。其中，in 表达式用来判断某个元素是否在指定的集合对象中；not in 判断某个元素是否不在指定的集合对象中。

in 表达式：

```
<s:if test="'foo' in {'foo','bar'}">
     在
   </s:if>
   <s:else>
      不在
   </s:else>
```

not in 表达式：

```
<s:if test="'foo' not in {'foo','bar'}">
     不在
   </s:if>
   <s:else>
      在
   </s:else>
```

例 3.8 输出 key 值。对例 3.7 进行修改，在 index.jsp 文件中添加如下代码：

```
<%@ page language="java" import="java.util.*" pageEncoding="UTF-8"%>
<%@ taglib uri="/struts-tags" prefix="s"%>
<%
request.setAttribute("user", "njit");
request.getSession().setAttribute("employee", "小线");
%>
<!DOCTYPE HTML PUBLIC "-//W3C//DTD HTML 4.01 Transitional//EN">
<html>
  <head>
    <title>My JSP 'index.jsp' starting page</title>
    <meta http-equiv="pragma" content="no-cache">
```

```
    <meta http-equiv="cache-control" content="no-cache">
    <meta http-equiv="expires" content="0">
  </head>
  <body>
    <s:property value="#request.user"/> <br/>
    <s:property value="#session.employee"/> <Br/>
    <s:set var="list" value="{'第一个','第二个','第三个'}"/>
    <!-- s:iterator 标签在迭代集合时有一个特点:会把当前迭代的对象放在值栈的栈顶 -->
    <s:iterator value="#list" >
        <s:property/><br>
    </s:iterator>
    <s:set var="maps" value="#{'key1':90, 'key2':35, 'key3':12}"/>
    <!-- s:iterator 标签在迭代集合时有一个特点:会把当前迭代的对象放在值栈的栈顶 -->
    <s:iterator value="#maps" >
        <s:property value="key"/> = <s:property value="value"/><br>
    </s:iterator>
    <br>=====================<br/>
    <s:if test="'foo' not in {'xxx','bar'}">          //List 集合
      不在
    </s:if>
    <s:else>                                        //if 标签
      在
    </s:else>
  </body>
</html>
```

重新发布和访问后，结果如图 3.9 所示。

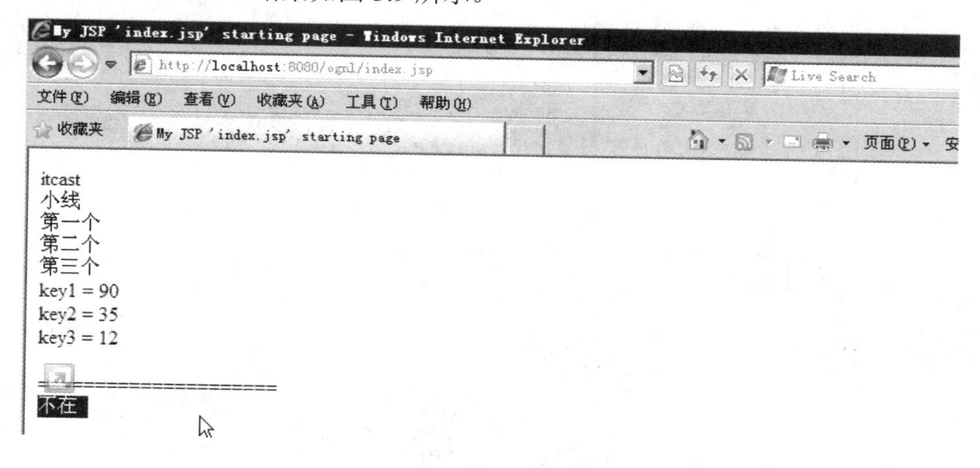

图 3.9　例 3.8 运行结果

3. OGNL 表达式的投影功能

OGNL 允许使用某个规则获得集合对象的子集，常用的有以下 3 个相关操作符。

?：获得所有符合逻辑的元素。

^：获得符合逻辑的第一个元素。

$：获得符合逻辑的最后一个元素。

例如，

```
<s:iterator value="books.{?#this.price>60}">      //子集合
    <s:property value="name"/>,价格:<s:property value="price"/><br/>  //换行
    </s:iterator>
```

直接在集合后紧跟.{}运算符表明用于取出该集合的子集，{}内的表达式用于获取符合条件的元素，this 指的是为了从大集合 books 筛选数据到小集合，需要对大集合 books 进行迭代，this 代表当前迭代的元素。

例 3.9 输出书的三个属性。

步骤一：建一个名为 edu.njit.bean 的包，新建 Book.java 文件。

步骤二：在 Book.java 文件中放入 bookid、name 和 price 这三个属性，并生成它们的 get 方法和 set 方法。

步骤三：提供一个构造器，选择 source→Generate Connstructor using Fields 命令，单击 OK 按钮，则 Book.java 文件的代码如下：

```
package edu.njit.bean;
public class Book {
    private Integer bookid;
    private String name;
    private Integer price;
    public Integer getBookid(){
        return bookid;
    }
    public void setBookid(Integer bookid){
        this.bookid = bookid;
    }
    public String getName(){
        return name;
    }
    public void setName(String name){
        this.name = name;
    }
    public Integer getPrice(){
        return price;
    }
    public void setPrice(Integer price){
        this.price = price;
    }
    public Book(Integer bookid, String name, Integer price){
        this.bookid = bookid;
        this.name = name;                      //构造器
        this.price = price;
```

```
        }
    }
```

步骤四：在 action 中添加 List 属性，有效元素为 Book，并生成它的 get 方法，则 PersonListAction.java 文件代码如下：

```
package edu.njit.cs;
import java.util.ArrayList;
import java.util.List;
import edu.njit.bean.Book;
public class PersonListAction {
    private String name;
    private List<Book> books;
    public List<Book> getBooks(){
        return books;
    }
    public void setBooks(List<Book> books){
        this.books = books;
    }
    public String getName(){
        return name;
    }
    public void setName(String name){
        this.name = name;
    }
    public String execute(){
        books = new ArrayList<Book>();
        books.add(new Book(56, "javaweb", 90));
        books.add(new Book(80, "ejb", 78));
        books.add(new Book(23, "spring", 50));
        name = "小张";
        return "list";
    }
}
```

步骤五：在 personlist.jsp 文件中显示数据，代码如下：

```
<%@ page language="java" import="java.util.*" pageEncoding="UTF-8"%>
<%@ taglib uri="/struts-tags" prefix="s"%>
<!DOCTYPE HTML PUBLIC "-//W3C//DTD HTML 4.01 Transitional//EN">
<html>
  <head>
    <title>My JSP 'personlist.jsp' starting page</title>
    <meta http-equiv="pragma" content="no-cache">
    <meta http-equiv="cache-control" content="no-cache">
    <meta http-equiv="expires" content="0">
  </head>
```

```
  <body>
    <s:property value="name"/><br/>
    ${name}<br/>
    ================会把 Book 放在值栈的栈顶========= <br/>
    <s:iterator value="books.{?#this.price>60}">      //子集合
    <s:property value="name"/>,价格:<s:property value="price"/><br/>    //换行
    </s:iterator>
  </body>
</html>
```

重新发布和访问后，结果如图 3.10 所示。

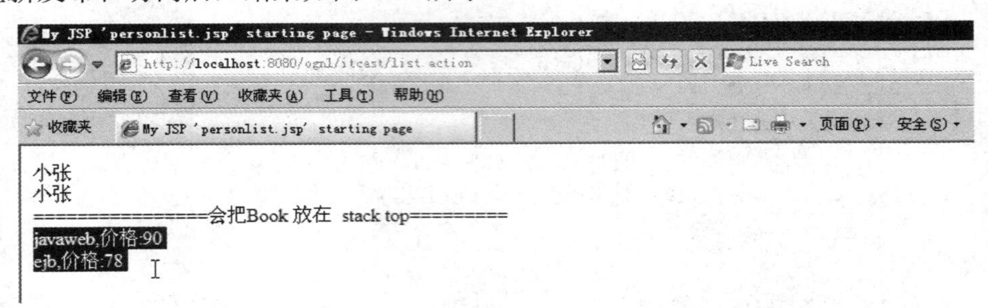

图 3.10 例 3.9 运行结果

3.12 ValueStack

ValueStack 是一个接口，在 Struts2 中使用 OGNL 表达式实际上是使用实现了 ValueStack 接口的类 OgnlValueStack，这个类是 OgnlValueStack 的基础。

ValueStack 贯穿整个 action 的生命周期。每一个 action 实例都拥有一个 ValueStack 对象。其中保存了当前 action 对象和其他相关对象。

Struts2 把 ValueStack 对象保存在名为 struts.valueStack 的 request 域中。

ValueStack 的内存图和组织结构如图 3.11 和图 3.12 所示。

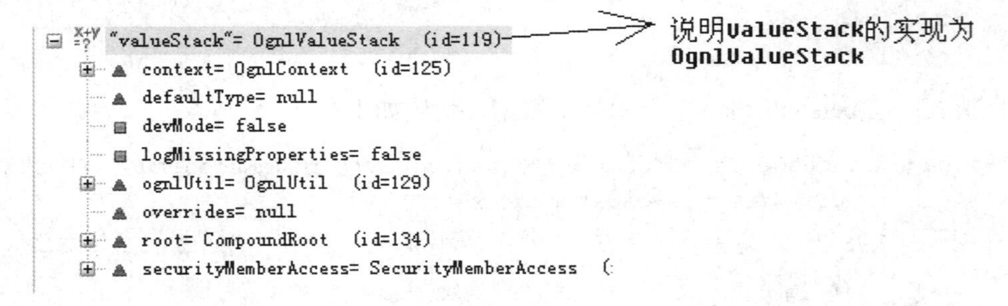

图 3.11 ValueStack 内存图

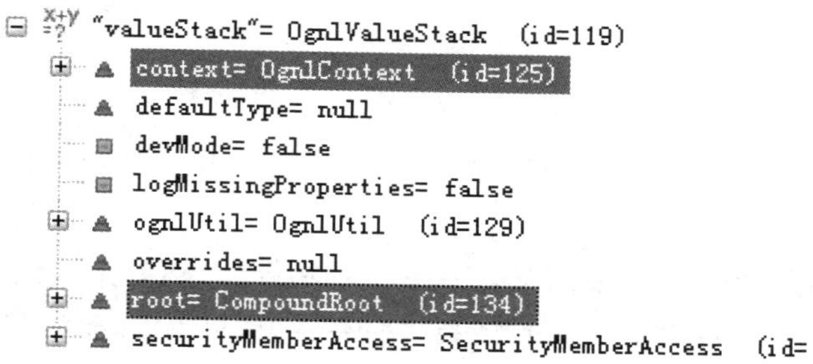

```
"valueStack"= OgnlValueStack  (id=119)
  context= OgnlContext  (id=125)
  defaultType= null
  devMode= false
  logMissingProperties= false
  ognlUtil= OgnlUtil  (id=129)
  overrides= null
  root= CompoundRoot  (id=134)
  securityMemberAccess= SecurityMemberAccess  (id=
```

图 3.12 ValueStack 组织结构

从图上可以看出，要用到的 OgnlValueStack 的内容有两部分：OgnlContext 和 CompoundRoot。下面详细分析这两部分。

1. OgnlContext 组织结构

```
public class OgnlContent implements Map
{
    private Object_root;
    private Map_values=new HashMap(23);
}
```

从上述代码可以看出，OgnlContext 实际上有一部分功能是 Map。所以_values 就是一个 Map 属性。代码如下：

```
//在 request 域中设置一个参数
ServletActionContext.getRequest().setAttribute("req_username","req_username");
//在 request 域中设置一个参数
ServletActionContext.getRequest().setAttribute("req_psw", "req_psw");
//在 session 域中设置一个参数
ActionContext.getContext().getSession().put("session_username", "session_
username");
//在 session 域中设置一个参数
ActionContext.getContext().getSession().put("session_psw", "session_psw");
//获取 OGNL 值栈
ValueStack valueStack = ActionContext.getContext().getValueStack();
```

在_values 的 Map 中的 Key-value 见表 3-1。

表 3-1 values 的 Map 中的 Key-value

key	value
application	ApplicationMap
request	RequestMap
action	自己写的 action
com.opensymphony.xwork2.ActionContext.session	SessionMap

而 request 中的值为

```
{
    req_psw=req_psw,
    req_username=req_username,
    __cleanup_recursion_counter=1,
    struts.valueStack=com.opensymphony.xwork2.ognl.OgnlValueStack@3d58b2,
    struts.actionMapping=org.apache.struts2.dispatcher.mapper.ActionMapping@1f713ed
}
```

可以看出，在程序中存放在 request 作用域的值被放入到了_values 的 request 域中。而 com.opensymphony.xwork2.ActionContext.session 的值为

```
{session_username=session_username, session_psw=session_psw}
```

从图 3.11 和图 3.12 中可以看出，在程序中被加入到 session 的值在_values 中也体现出来。

2. CompoundRoot 组织结构(图 3.13)

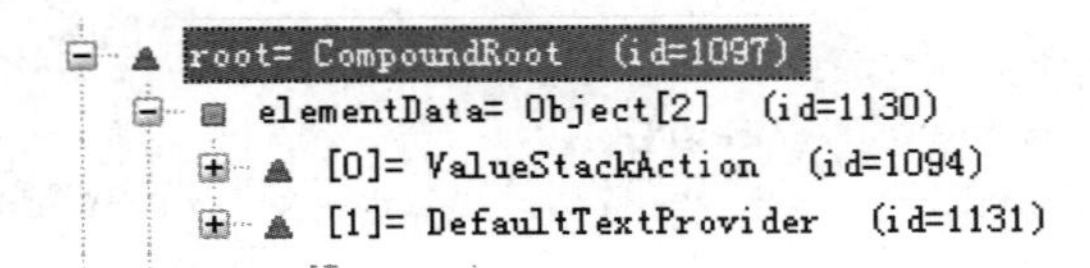

图 3.13 CompoundRoot 的组织结构

从图 3.13 中可以看出，_root 实际上是 CompoundRoot 类，这个类实际上是继承了 ArrayList 类，也就是说这个类具有集合的功能。而且在默认情况下，集合类的第一个为 ValueStackAction，也就是用户自己写的 action。

总图如图 3.14 所示。

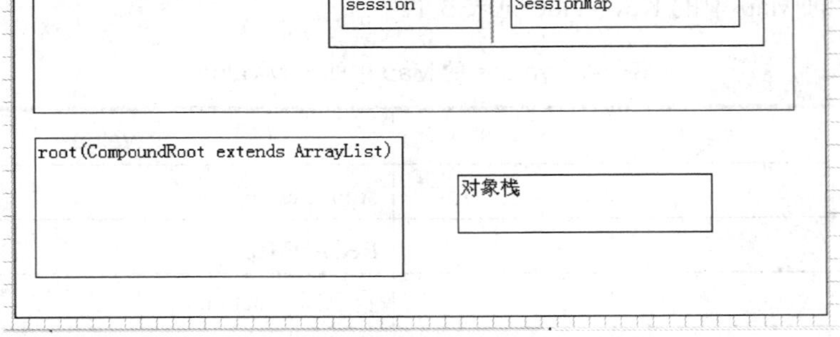

ValueStack(reqeust.getAttribute("struts.valueStack"))
context(OgnlContext)
_root(CompoundRoot)
_values(Map)
key
value
application
ApplicationMap
request
RequestMap
session
SessionMap
root(CompoundRoot extends ArrayList)
对象栈

图 3.14 总图

说明：图 3.14 是 OGNL 完整的数据结构图，可以清晰地看出数据的组成。Context 中的_root 和 ValueStack 中的 root(对象栈)里的数据结构和值是一样的。这就意味着只需要操作 OgnlContext 就可以完成对数据的存和取的操作。

ValueStack 内部有两个逻辑的组成部分。

(1) ObjectStack。Struts 会把动作和相关的对象压入到 ObjectStack 中。

(2) ContextMap。Struts 会把一些映射关系压入到 ContextMap 中。

3.13 Struts2 常用标签

1. property 标签使用介绍

property 标签用于输出指定值，代码如下：

```
<s:set name="name"value='"kk"'/>
<s:property value="#name"/>
```

default：可选属性，如果需要输出的属性值为 null，则显示该属性指定的值。

escape：可选属性，指定是否格式化 HTML 代码。

value：可选属性，指定需要输出的属性值，如果没有指定该属性，则默认输出 ValueStack 栈顶的值。

id：可选属性，指定该元素的标识。

2. iterator 标签使用介绍

Iterator 标签用于对集合进行迭代，这里的集合包含 list、set 和数组。

```
<s:set name="list" value="{'zhangming','xiaoi','liming'}"/>
<s:iterator value="#list" status="st">
  <font color=<s:if test="#st.odd">red</s:if><s:else>blue</s:else>>
    <s:property/></front><br>
</s:iterator>
```

value：可选属性，指定需要迭代的属性值，如果没有设置该属性，则默认输出 ValueStack 栈顶的值。

id：可选属性，指定集合里元素的 id。

status：可选属性，该属性指定迭代时的 IteratorStatus 实例。该实例包含以下几个方法。

int getCount()，返回当前迭代了几个元素。

int getIndex()，返回当前迭代元素的索引。

boolean isEven()，返回当前被迭代元素的索引是否是偶数。

boolean isOdd()，返回当前被迭代元素的索引是否是奇数。

boolean isFirst()，返回当前被迭代元素的索引是否是第一个元素。

boolean isLast()，返回当前被迭代元素的索引是否是最后一个元素。

如果使用上述代码，因为该代码使用了 boolean isOdd()方法，所以会出现如图 3.15 所示结果，奇数部分标记为红色，偶数部分标记为蓝色。

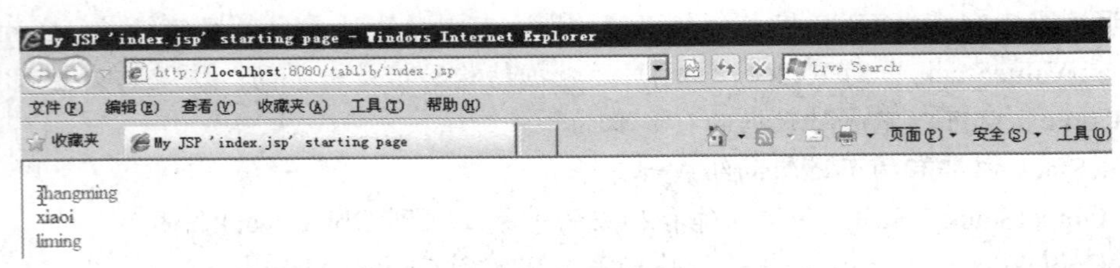

图 3.15 运行结果

3. url 标签的使用介绍

```
<s:url action="helloworld_add"namespace="/test"><s:param name="personlid"
value="23"/></s:url>
```

生成类似如下路径:

```
/struts/test/helloworld_add.action?personid=23
```

红色部分为内容路径。

注意: 当标签的属性值作为字符串处理时, “%” 的用途是计算 OGNL 表达式的值。代码如下:

```
<s:set name="myurl"value="'http://www.foshanshop.net'"/>
<s:url value="#myurl" /><br>       //默认为普通字符串
<s:url value="%{#myurl}"/><br>  //作为 OGNL 表达式处理
```

输出结果如下:

#myurl

http://www.foshanshop.net

4. 表单标签_checkboxlist 复选框的使用介绍

如果集合为 list

<s:checkboxlist name="list"list="{'Java','.Net','RoR','PHP'}"value="{'Java','.Net'}">

如果 list 集合里有当前 value 集合中的值，就会在复选框中勾选出 value 中的选项。生成如下 HTML 代码，仅会勾选前两个复选框。

```
<input type="checkbox"name="list"value="Java"checked="checked"/>
<label>Java</label>
<input type="checkbox"name="list"value=".Net"checked="checked"/>
<label>.Net</label>
<input type="checkbox"name="list"value="RoR"/><label>RoR</label>
<input type="checkbox"name="list"value="PHP"/><label>PHP</label>
```

上述标签运行的结果如图 3.16 所示。

====================
☑ Java ☑ .Net ☐ RoR ☐ PHP

图 3.16 运行结果

如果集合为 map

<s:checkboxlist name="map"list="#{1:'瑜伽用品',2:'户外用品',3:'球类',4:'自行车'}" listkey="key"listValue="value"value="{1,2,3}"/>

对当前 map 元素进行迭代，即会生成如下 HTML 代码：

```
<input type="checkbox"name="map"value="1"checked="checked"/>
<label>瑜伽用品</label>
<input type="checkbox"name="map"value="2"checked="checked"/>
<label>户外用品</label>
<input type="checkbox"name="map"value="3"checked="checked"/>
<label>球类</label>
<input type="checkbox"name="map"value="4"/><label>自行车</label>
```

将此标签添加到 index.jsp 文件中，运行结果如图 3.17 所示，勾选了前三个复选框。

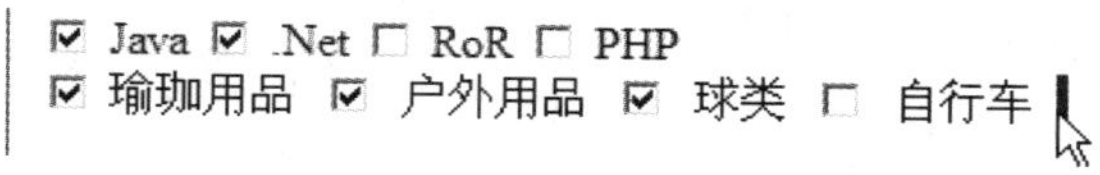

☑ Java ☑ .Net ☐ RoR ☐ PHP
☑ 瑜珈用品 ☑ 户外用品 ☑ 球类 ☐ 自行车

图 3.17 运行结果

如果集合里存放的是 javaBean，代码如下：

```
<%
Person person1=new Person(1,"第一个");
Person person2=new Person(2,"第二个");
List<Person>list=new ArrayList<Person>();
list.add(person1);
list.add(person2);
request.setAttribute("persons",list);
%>
<s:checkboxlist name="beans"list="#request.persons"listKey="personid"listValue=
"name"/>
```

personid 和 name 为 person 的属性，生成如下 HTML 代码：

```
<input type="checkbox"name="beans"value="1"/><label>第一个</label>
<input type="checkbox"name="beans"value="2"/><label>第二个</label>
```

表单标签_radio 单选框及 select 下拉列表框的使用和 checkboxlist 复选框相同，只需要将标签代码中的 checkboxlist 改为 radio、select 即可。

3.14 使用标签防止表单重复提交

Struts2 中会引发表单重复提交的问题，而造成表单重复提交主要的两个原因。

(1) 服务器处理时间长。当用户在表单中填完信息，单击“提交”按钮后，由于服务器反应时间过长没能及时看到响应信息，或者出于其他目的，再次单击“提交”按钮，从而导致在服务器端接收到两条或多条相同的信息。如果信息需要存储到后台数据库中，就会产生数据库操作异常提示信息，以至于给用户带来错误信息提示，从而给用户的使用带来不便。

(2) forward 跳转引起的重复提交。当用户将信息提交到服务器，服务器响应采用 forward 方式跳转到下一个页面后，此时地址栏中显示的是上一个页面的 URL，若刷新当前页面，浏览器将会再次提交用户先前输入的数据，就会再次出现表单重复提交的问题。

可以使用<s:token/>标签防止重复提交。

例 3.10 设置姓名文本框并发送。

步骤一：新建一个名为 token 的项目。

步骤二：搭建 Struts2 环境。

步骤三：修改 index.jsp 文件，代码如下：

```
<%@ page language="java" import="java.util.*" pageEncoding="UTF-8"%>
<%@ taglib uri="/struts-tags" prefix="s"%>
<!DOCTYPE HTML PUBLIC "-//W3C//DTD HTML 4.01 Transitional//EN">
<html>
  <head>
    <title>My JSP 'index.jsp' starting page</title>
     <meta http-equiv="pragma" content="no-cache">
     <meta http-equiv="cache-control" content="no-cache">
     <meta http-equiv="expires" content="0">
  </head>
  <body>
      <s:form action="njit" namespace="/test" method="post">
         姓名:<s:textfield name="name"/><s:token></s:token>
//文本文档
         <input type="submit" value="发送"/>
      </s:form>
  </body>
</html>
```

步骤四：修改 struts.xml 文件，代码如下：

```
<?xml version="1.0" encoding="UTF-8" ?>
<!DOCTYPE struts PUBLIC
    "-//Apache Software Foundation//DTD Struts Configuration 2.0//EN"
    "http://struts.apache.org/dtds/struts-2.0.dtd">
<struts>
<package name="njit" namespace="/test" extends="struts-default">
        <action name="njit" class="cn.njit.edu.PersonAction"
            method="{1}">
            <interceptor-ref name="defaultStack"/>
            <interceptor-ref name="token"/>
            <result name="invalid.token">/index.jsp</result>
            <result name="message">/WEB-INF/Page/personlist.jsp</result>
        </action>
    </package>
</struts>
```

步骤五：新建 PersonAction.java 文件，代码如下：

```
package edu.njit.cs;
public class PersonAction {
    private String name;
    public String getName(){
        return name;
    }
    public void setName(String name){
        this.name = name;
    }
    public String execute(){
            //保存数据到数据库
        return "success";
    }
}
```

步骤六：新建 message.java 文件，代码如下：

```
<%@ page language="java" import="java.util.*" pageEncoding="UTF-8"%>
<%@ taglib uri="/struts-tags" prefix="s"%>
<!DOCTYPE HTML PUBLIC "-//W3C//DTD HTML 4.01 Transitional//EN">
<html>
  <head>

    <title>My JSP 'index.jsp' starting page</title>
    <meta http-equiv="pragma" content="no-cache">
    <meta http-equiv="cache-control" content="no-cache">
    <meta http-equiv="expires" content="0">
  </head>

  <body>
     <s:property value="name"/>
     <br/><%=new Date()%>
  </body>
</html>
```

重新发布，访问 index.jsp 页面，运行结果如图 3.18 所示。

图 3.18　例 3.10 运行结果

输入信息后，单击“发送”按钮，出现当前日期，此时单击“刷新”按钮，页面就会回到图 3.18 所示界面。

本 章 小 结

本章通过各种案例，进一步深入介绍 Struts2，主要有以下两方面内容。

(1) Struts2 通过重写 validate()方法和 validateXxx()方法，可以分别对 action 所有方法和指定方法进行校验。

(2) 相对于 Struts1 的 EL 表达式，Struts2 使用 OGNL(对象导航语言)作为默认的表达式语言，能提供更多的功能。

习题与思考

(1) 如果同时使用两种配置方式实现输入校验，寻找检验文件的顺序是什么？

(2) Struts2 中，OGNL 表达式是否需要配合 struts 标签使用？

(3) 假设在 request 中存在名为 user 的属性，通过 OGNL 访问该属性，正确的代码是什么？

Hibernate 的基本使用

教学目标

(1) 理解 Hibernate 原理。
(2) 掌握 Hibernate 开发的相关知识。
(3) 能使用 Hibernate 进行实际项目开发。

知识结构

本章知识结构如图 4.1 所示。

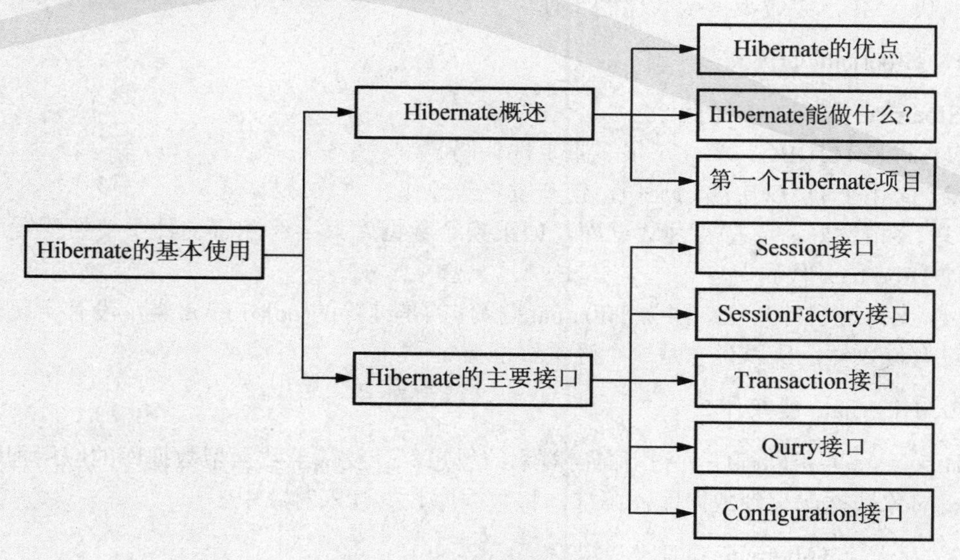

图 4.1　第 4 章知识结构图

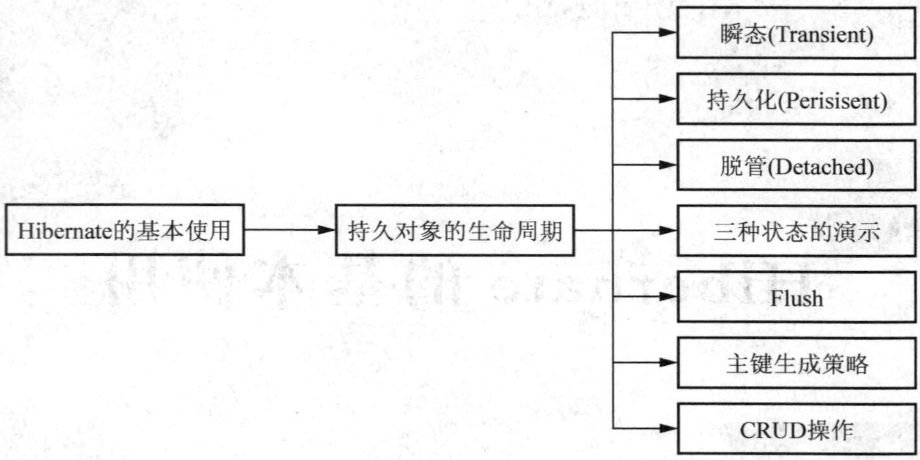

Hibernate的基本使用 → 持久对象的生命周期 →
- 瞬态(Transient)
- 持久化(Perisisent)
- 脱管(Detached)
- 三种状态的演示
- Flush
- 主键生成策略
- CRUD操作

图 4.1　第 4 章知识结构图(续)

4.1　Hibernate 概述

Hibernate 是一个开放源代码的对象关系映射框架，它对 JDBC 进行了非常轻量级的对象封装，使得 Java 程序员可以随心所欲地使用面向对象编程思维来操纵数据库。Hibernate 可以应用在任何使用 JDBC 的场合，既可以在 Java 的客户端程序使用，也可以在 Servlet/JSP 的 Web 应用中使用，最具革命意义的是，Hibernate 可以在应用 EJB 的 J2EE 架构中取代 CMP，完成数据持久化的重任。

1. Hibernate 的优点

Hibernate 具有以下优点。

(1) 封装了 JDBC，简化了很多重复性代码。

(2) 简化了 DAO 层编码工作，使开发更对象化。

(3) 移植性好，支持各种数据库，如果换个数据库只要在配置文件中变换配置即不需要修改 Hibernate 代码。

(4) 支持透明持久化，因为 Hibernate 操作的是纯粹的(pojo) Java 类，没有实现任何接口，没有侵入性。所以说它是一个轻量级框架。

2. Hibernate 能做什么

Hibernate 能帮助程序员利用面向对象的思想，开发基于数据型数据库的应用程序：第一，将对象数据保存到数据库；第二，将数据库数据读入对象中。

3. 第一个 Hibernate 项目

了解 Hibernate 的优点和 Hibernate 能做什么之后，现在来开发第一个 Hibernate 项目来进一步了解 Hibernate 的使用，本项目的功能是创建一张数据库表，具体步骤如下。

步骤一：启动 MyEclipse 程序，创建一个名为 hibernate_first 的 Java 项目，用于存放相关 Java 代码，如图 4.2 所示。

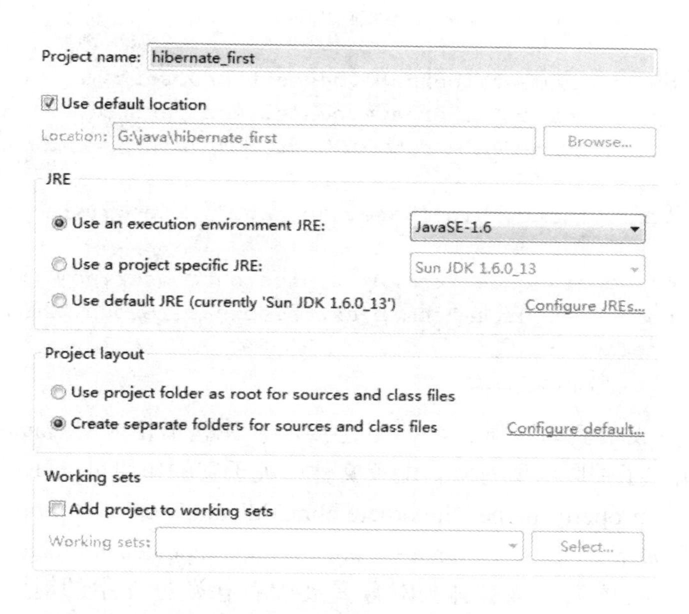

图 4.2 创建一个 Java 项目

步骤二：创建一个 UserLibrary 库，将 Hibernate 核心库 hibernate3.jar、hibernate /lib/*jar，以及 MYSQL 的 JDBC 驱动 mysql-connector-java-3.1.13-bin.jar 加入库中，然后引入到 Java 项目中，以后的程序中不需要重新构造，只需引入这个库即可，创建步骤为，选择 Window→Preferences→Java→Build Path→User Library→New User Library 命令，输入 UserLibrary 的名字，可以随意命名(注意不要勾选 System Library 复选框)单击 OK 按钮，单击 Add JARs 按钮导入 Hibernate 的核心库 hibernate3.jar，MYSQL 的 JDBC 驱动 mysql-connector-java-3.1.13-bin.jar，以及 hibernate /lib/*jar 等价包，单击 OK 按钮，在所创建的 Java 项目上右击鼠标选择 Properties→Java Build Path→Libraries→Add Library 命令，选择刚刚命名的 UserLibrary，单击 OK 按钮，这样就创建了 UserLibrary 并将其导入到工程中了，以后再创建工程只需引入此库即可。

步骤三：创建 Hibernate 配置文件 hibernate.cfg.xml，将 Hibernate 与数据库连接起来，在 hibernate.cfg.xml 文件中配置数据库，最好在 src 目录中添加配置文件 log4j.properties，通过 log4j.properties 可以看详细的输出，也便于调试，代码如下：

```
<!DOCTYPE hibernate-configuration PUBLIC
    "-//Hibernate/Hibernate Configuration DTD 3.0//EN"
    "http://hibernate.sourceforge.net/hibernate-configuration-3.0.dtd">

<hibernate-configuration>
    <session-factory>
        <property name="hibernate.connection.url">jdbc:mysql://localhost/
hibernate_many2one</property>
```

```
            <property name="hibernate.connection.driver_class">com.mysql.jdbc.
Driver</property>
            <property name="hibernate.connection.username">root</property>
            <property name="hibernate.connection.password">123456</property>
            <property name="hibernate.dialect">org.hibernate.dialect.MySQLDialect<
/property>
            <property name="hibernate.show_sql">true</property>

            <mapping resource="com/njit/hibernate/User.hbm.xml"/>
            <mapping resource="com/bjsxt/hibernate/Group.hbm.xml"/>
        </session-factory>
    </hibernate-configuration>
```

主配置文件完成了驱动注册、数据库连接，并关联了相应的 Java 对象配置文件，<mapping>具体指定了关联的所有实体配置文件，关于它的作用可以注释掉此属性看效果。另外，还可以通过<property name="hibernate.hbm2ddl.auto">create</property>指定根据实体配置文件来自动生成表，其中包括 create、create-drop、update、validate 4 种可选方式。

步骤四：定义实体类，该实体类对象是要保存在数据库中的对象，创建一个 Java Package，命名为 edu.njit.cs.hibernate，如图 4.3 所示。然后创建一个实体类 User，并创建类的相关属性。实体类定义规则：Domain object(Java 对象)必须要有构造方法，同时建议有一个 id 属性，为了加载，这个 Java 类的声明最好不用 final。

图 4.3　创建 Java Package

User 类的代码如下：

```
public class User {
    private String id;

    private String name;
```

```
    private String password;

    private Date createTime;

    private Date expireTime;

    public String getId(){
        return id;
    }

    public void setId(String id){
        this.id = id;
    }

    public String getName(){
        return name;
    }

    public void setName(String name){
        this.name = name;
    }

    public String getPassword(){
        return password;
    }

    public void setPassword(String password){
        this.password = password;
    }

    public Date getCreateTime(){
        return createTime;
    }

    public void setCreateTime(Date createTime){
        this.createTime = createTime;
    }

    public Date getExpireTime(){
        return expireTime;
    }

    public void setExpireTime(Date expireTime){
        this.expireTime = expireTime;
    }
}
```

步骤五：编写 User 类的映射文件 User.hbm.xml，它和 User.java 文件放在同一个包下，这个映射文件是用来描述实体类的类属性之间的关系的，相关代码如下：

```
<hibernate-mapping>
    <class name="edu.njit.hibernate.User">
        <id name="id">
            <generator class="uuid"/>
        </id>
        <property name="name"/>
        <property name="password"/>
        <property name="createTime"/>
<property name="expireTime"/>
    </class>
</hibernate-mapping>
```

此配置文件是用来为 User.java 文件进行配置的，以后称这种文件为实体配置文件(或持久化类映射文件)，其中<class>标签用来关联一个 Java 类，<class>标签一般建议至少有两个属性：name 属性用来关联一个 Java 类，如这里关联了 User 类；table 属性用来指定这个类所对应的表文件，如果不指定，系统会自动命名指定的类文件并进行关联(如上述代码实际是：<class name=" edu.njit.hibernate.User " table="user" >)。

<class>标签下的子标签有以下两种。

(1) <id>子标签实际就是用来映射主键，<id>标签下的 name 就是用来指 Java 类中的 id 属性，而它可以有一个 column 属性用来指定表中的主键。同时注意在此标签下有一个<generator class="native"/>标签，它是用来指定主键的生成方式的。

(2) <property>子标签，就是用来指定 Java 类的属性映射到表中的一个字段，默认情况下此标签没有指定 column 属性，即它会把 name 所关联的属性名作为字段名。如果不想把 Java 类中的某些属性映射到表中，只要不用这个标签来关联这些属性即可。

总结：上面的<class>、<id>、<property>标签的 name 属性都分别指定了 Java 类、Java 类的属性。而 table、column 用来指定表、字段名。

步骤六：配置文件 hibernate.cfg.xml，放在当前的项目的根目录下，将 User.hbm.xml 文件加入到 hibernate.cfg.xml 文件中，让 Hibernate 知道这个文件的存在，通过这个文件 Hibernate 可以分析出 User 要映射成什么表，添加文件的相关代码如下：

```
<mapping resource="edu./njit/cs/hibernate/User.hbm.xml"/>
```

步骤七：编写 hbm2ddl 工具类 ExportDB，将实体类生成数据库表，实际上其作用就是将 hbm 映射文件转换成 ddl，相关代码如下：

```
public class ExportDB {

    public static void main(String[] args){

        //读取 hibernate.cfg.xml 文件
        Configuration cfg = new Configuration().configure();
```

```
        SchemaExport export = new SchemaExport(cfg);

        export.create(true, true);
    }
}
```

步骤八：开发客户端，创建一个实例Client，为了方便跟踪SQL执行，在hibernate.cfg.xml文件中加入<property name="hibernate.show_sql">true</property>，Client中的代码如下：

```
public class Client {
    public static void main(String[] args){
        //读取hibernate.cfg.xml文件
        Configuration cfg = new Configuration().configure();
        //创建SessionFactory
        SessionFactory factory = cfg.buildSessionFactory();
        Session session = null;
        try {
            session = factory.openSession();
            //开启事务
            session.beginTransaction();
            User user = new User();
            user.setName("张三");
            user.setPassword("123");
            user.setCreateTime(new Date());
            user.setExpireTime(new Date());
            //保存数据
            session.save(user);
            //提交事务
            session.getTransaction().commit();
        }catch(Exception e){
            e.printStackTrace();
            //回滚事务
            session.getTransaction().rollback();
        }finally {
            if(session != null){
                if(session.isOpen()){
                    //关闭session
                    session.close();
                }
            }
}
    }
}
```

Transaction tx=s.beginTransaction()和 tx.commit()方法是提交事务的，支持提交事务意味着支持数据回滚，说明通常情况下很多数据库都默认支持提交事务。编写测试代码的大致步骤如下。

第一步：获取 SessionFactory 对象，它会首先构建一个 Configuration 对象，此对象可以调用 configure()和 configure(String resource)这两种方法，这两种方法在 Configuration 中的源代码如下：

```
public Configuration configure()throws HibernateException {
        configure("/hibernate.cfg.xml");
        return this;
    }
public Configuration configure(String resource)throws HibernateException {
        log.info("configuring from resource: " + resource);
        InputStream stream = getConfigurationInputStream(resource);
        return doConfigure(stream, resource);
    }
```

分析这两种方式的源代码可以知道：无参调用最终也是调用有参数的方法，所以也可以直接传参数调用。现在的重点是读配置文件，这个配置文件一般放在 Eclipse 的 scr 根目录下，而当 Eclipse 编译时会自动把这个目录下的文件编译到 bin 目录下，而这个 bin 目录下是被配置成 classpath 的环境变量，而 configure 方法就是在 classpath 环境变量下查找配置文件。无参调用 configure 方法时，默认的是传递 hibernate.cfg.xml 配置文件，所以只有取名为 hibernate.cfg.xml 的配置文件，才可以调用无参的 configure 方法，如果是其他名字的配置文件，则调用含参的配置文件，并且这个参数名应为这个配置文件的名字。配置文件后的 Configuration 对象才是一个真正意义上可操控的实例对象。然后，再用这个对象来构建一个 SessionFactory 对象。强调说明，这一步操作最好是放在类的静态代码块中，因为它只在该类被加载时执行一次。

第二步：得到一个 Session 实例，以进行数据库 CRUD 操作。

第三步：实例化一个 Java 类。

第四步：持久化操作。

第五步：后续操作，主要是关闭连接。

基本步骤总结：环境搭建(导入相关包等)→实体类及配置文件→主配置文件(完成了数据库的配置及通过设置属性创建了相应的表)→得到 Session 测试应用。

运行结果如图 4.4 所示。

```
mysql> select * from user;
+----------------------------------+------+----------+---------------------+---------------------+
| id                               | name | password | createTime          | expireTime          |
+----------------------------------+------+----------+---------------------+---------------------+
| 402880d01b9aed0f011b9aed11820001 | 张三 | 123      | 2008-08-07 10:09:32 | 2008-08-07 10:09:32 |
+----------------------------------+------+----------+---------------------+---------------------+
1 row in set (0.00 sec)
```

图 4.4　运行结果

4.2 Hibernate 的主要接口

Hibernate 的核心接口一共有 6 个，分别为：Session、SessionFactory、Transaction、Query、Configuration 和 Criteria。这 6 个核心接口在任何开发中都会用到。通过这些接口，不仅可以对持久化对象进行存取，还能够进行事务控制。

1. Session

Session 接口负责执行被持久化对象的 CRUD 操作(CRUD 的任务是完成与数据库的交流，包含了很多常见的 SQL 语句)、管理数据库连接、管理缓存。但需要注意的是，Session 对象是非线程安全的，在使用完毕的时候要关闭。同时，Hibernate 的 Session 不同于 JSP 应用中的 HttpSession。这里当使用 Session 这个术语时，其实指的是 Hibernate 中的 Session，和 HttpSession 没有关系。Session 是轻量级的，创建和销毁它都不会占用很多资源，因此可以会不断地创建以及销毁 Session 对象。Session 是非线程安全的，最好是一个线程只创建一个 Session 对象。

Session 中主要有以下几种方法。

1) 保存数据

保存数据的方法有 save()和 presist()。这两种方法的主要区别主要体现在未开启事务时。如果没有开启事务，Save()方法会执行相关 SQL 语句，随后再回滚；而 presist()方法根本就不执行这些 SQL 语句。

2) 删除对象

删除对象的方法为 delete()，只要有 OID 就可以执行 delete()方法，即使跨 Session，或数据库中的记录但是没有纳入 Session 的缓存管理。执行 delete()方法之后，对象进入 transient 状态。

3) 更新数据

更新数据的方法为 update()，如果更新的时候数据库中没有记录将会出现异常。

4) 查找数据

查找数据的方法有 get()和 load()，get()方法立刻访问数据库而 load()方法返回的是代理，不会立即访问数据库。

5) 选择操作

选择操作的方法有 saveOrUpdate()和 merge()，在执行 saveOrUpdate()方法时要根据 id 和 version 的值来确定是执行 save 操作还是执行 update 操作。saveOrUpdate 方法足以把瞬时对象或脱管对象转成持久对象，而不需要具体判断对象是处在瞬时态或是脱管态来选择 save 或 update 操作来让对象变成持久态。只要调用此方法就能由 id 和 version 来灵活选择是保存或更新。而执行 merge()方法后，对象仍是脱管态。

6) 持久对象

持久对象的方法为 lock()，此方法把对象变成持久对象，但不会同步对象的状态。

2. SessionFactory

SessionFactory 接口负责初始化 Hibernate。它充当数据存储源的代理，并负责创建

Session 对象。需要注意的是 SessionFactory 并不是轻量级的，创建一个对象会耗费时间并且会占用大量内存空间，所以一般情况下，一个项目只需要一个 SessionFactory，当需要操作多个数据库时，可以为每个数据库指定一个 SessionFactory。

SessionFactory 是线程安全的，可以多个线程访问一个对象。SessionFactory 作为 Session 的“工厂”，它控制并且维护着非常多的资源。其设计意图就是与用户的应用程序尽量保持同等的生命周期，更何况创建一次 SessionFactory 实例的成本是很高的，所以用户根本没有必要随时手动关闭它。如果对象的缓存很大，就称为重量级对象。如果对象占用的内存空间很小，就称为轻量级对象。SessionFactory 就是一个重量级对象，如果应用只有一个数据存储源，只需创建一个 SessionFactory 实例，因为随意地创建 SessionFactory 实例会占用大量内存空间。

示例代码如下：

```
/**
*@param str
*@param int
*更新 String 类型的字段
*/
public int updateDm_bm(String str){
int resu=0;
//获取 SessionFactory
SessionFactory sf=this.getSessionFactory();
//获取 SessionFactory 的会话
Session session=
(Session)this.getSessionFactory().getCurrentSession();
sf.openSession();
//开始事务
Transaction t=session.beginTransaction();
Query query =session.createQuery(str);
//提交事务
resu=query.executeUpdate();
// Query.executeUpdate()方法返回的整型值表明了受此操作影响
return resu;
}
```

如果传入一条数据修改语句，就可以直接执行此方法，返回成功与否的结果。而此处的 SessionFactory 一旦声明，就不必去估计数据库连接的问题，很方便。

3. Transaction

Transaction 接口负责事务相关的操作。它是可选的，开发人员也可以设计编写自己的底层事务处理代码。它将应用代码从底层的事务实现中抽象出来，这可能是一个 JDBC 事务、一个 JTA 用户事务或者甚至是一个公共对象请求代理结构(CORBA)，允许应用通过一组一致的 API 控制事务边界。这有助于保持 Hibernate 应用在不同类型的执行环境或容器中的可移植性。

Transaction 默认不是自动提交，一个 Transaction 对应一个 Session，通常被 Session.beginTransaction()这个方法实例化。

4. Qurry

Query 接口负责执行各种数据库查询，如 HQL、SQL、QBC、QBE 等，Query 接口也是轻量级的，它不能在 Session 之外使用。

Query 接口让用户方便地对数据库及持久对象进行查询，它可以有两种表达方式：HQL 语言或本地数据库的 SQL 语句。Query 经常被用来绑定查询参数、限制查询记录数量，并最终执行查询操作。

5. Configuration

Configuration 接口负责配置并启动 Hibernate，创建 SessionFactory 对象。在 Hibernate 的启动的过程中，Configuration 类的实例首先定位映射文档位置、读取配置，然后创建 SessionFactory 对象。默认读取 hibernate.properties 文件，调用 configure()方法读取 hibernate.cfg.xml 文件。

Configuration 对象除了有读取配置文件的功能外，还能创建 SessionFactory 对象。通常，一个应用程序会创建一个 Configuration 对象，然后利用 Configuration 实例建立唯一的 SessionFactory 实例，这就意味着 Configuration 对象只存在于系统的初始化阶段，然后所有的持久化操作都能通过这个唯一的 SessionFactory 实例来进行。

Configuration 对象只有在 Hibernate 进行初始化的时候才需要创建，当使用 Configuration 对象的实例创建了 SessionFactory 对象的实例后，其配置信息已经绑定在返回的 SessionFactory 对象实例中。因此，一般情况下，得到 SessionFactory 对象后，Configuration 对象的使命就结束了。

4.3 持久对象的生命周期

在 Hibernate 中，持久化对象在操作过程中可以分为三个时期，这三个时期是与 Session 的周期相关的，因为 Hibernate 中的操作都是基于 Session 完成的。所以 Session 对象的生命周期也关系着持久化对象的生命周期。持久化对象的三种生命周期分别是瞬时态(Transient)、持久态(Persistent)和脱管态(Detached)。

1. 瞬时态

瞬时态的对象是刚刚用 new 关键字创建出来的，还没有进入 Session 管理，此时的对象没有和数据库中的记录对应，从未与任何持久化上下文关联过，没有持久化标识(相当于主键值)。

示例代码如下：

```
User user = new User();
user.setName("Sarin");
user.setCity("大连");
user.setDepartment("研发部");
user.setPhone("15912345678");
user.setHireTime(new java.util.Date());
```

此时 user 就是处于瞬时态的持久化对象。

瞬时态的特征如下。

(1) 在数据库中没有与之匹配的数据。

(2) 没有纳入 Session 的管理。

2. 持久态

通过 Session 对象的 save()、persist()或者 saveOrUpdate()方法保存处于瞬时态的对象后，该对象就变为持久态，此时 Session 中已经存在该对象，并且对应数据库中的一条记录。

该实例目前与某个持久化上下文有关联。它拥有持久化标识(相当于主键值)，并且可能在数据库中有一个对应的行。对于某一个特定的持久化上下文，Hibernate 保证持久化标识与 Java 标识(其值代表对象在内存中的位置)等价。

示例代码如下：

```
SessionFactory sessionFactory = config.buildSessionFactory();
Session session = sessionFactory.getCurrentSession();
Transaction tx = session.beginTransaction();
User user = new User();
user.setName("Sarin");
user.setCity("大连");
user.setDepartment("研发部");
user.setPhone("15912345678");
user.setHireTime(new java.util.Date());
session.save(user);   //持久化
tx.commit();
```

在调用 save()方法后，持久化对象 user 就变为持久态，但是执行了 commit()方法之后，数据库操作才会执行，所以在数据库操作执行之前 Hibernate 可以感知对持久化对象的修改。而且 Session 对象的 get()和 load()方法也可以返回一个持久态的对象，这个对象代表数据库表中的一条记录。

持久态的特征如下。

(1) 对象在数据库中有与之匹配的数据。

(2) 纳入了 Session 的管理。

(3) 在清理缓存(脏数据检查)的时候，会和数据库同步。即在 Session 对象失效之前，对持久态对象的任何修改，在调用Session对象的close()方法或者Transaction对象的commit()方法之后，数据库表中对应的数据会同时更新。

3. 脱管态

脱管态，不是托管态，是离开 Session 管理的状态。处于脱管态的持久化对象的标识符属性和数据库表中某条记录的主键对应，但是它脱离了 Session 的管理，再次对其操作时，Hibernate 无法感知其变化。

实例曾经与某个持久化上下文发生过关联，只是那个上下文被关闭了，或者这个实例被序列化(Serialize)到另外的进程。它拥有持久化标识，并且在数据库中可能存在一个对应的行。对于脱管的状态的实例，Hibernate 不保证任何持久化标识和 Java 标识的关系。

示例代码如下：

```
SessionFactory sessionFactory = config.buildSessionFactory();
Session session = sessionFactory.getCurrentSession();
Transaction tx = session.beginTransaction();
User user = new User();
user.setName("Sarin");
user.setCity("大连");
user.setDepartment("研发部");
user.setPhone("15912345678");
user.setHireTime(new java.util.Date());
session.save(user);
tx.commit();
user.setCity("北京");
```

虽然后来又修改了 user 对象的 city 属性，但是是在脱管态修改的，程序结束也不能再影响数据库中数据的变化。处于脱管态的对象可以重新调用 Session 对象的 update()方法回到持久态，否则 Java 虚拟机会在适当时间进行垃圾收集。

重新持久化对象的过程如下：

```
SessionFactory sessionFactory = config.buildSessionFactory();
    Session session = sessionFactory.getCurrentSession();
    Transaction tx = session.beginTransaction();
    User user = new User();
    user.setName("Sarin");
    user.setCity("大连");
    user.setDepartment("研发部");
    user.setPhone("15912345678");
    user.setHireTime(new java.util.Date());
    session.save(user);
    tx.commit();
    user.setCity("北京");
    session = sessionFactory.getCurrentSession();
    tx = session.beginTransaction();
    session.update(user);   //重新持久化
    tx.commit();
```

使用 Session 对象的 delete()方法删除数据后，处于持久态的对象失去与数据库数据的对应关系，此时的持久化对象将在适当时间被 Java 虚拟机作为垃圾收集的对象。

```
SessionFactory sessionFactory = config.buildSessionFactory();
Session session = sessionFactory.getCurrentSession();
Transaction tx = session.beginTransaction();
User user =(User)session.get(User.class, new Integer(1));
session.delete(user);
tx.commit();
```

脱管态的特征如下。

(1) 在数据库中有与之匹配的数据。

(2) 没有纳入 Session 管理。

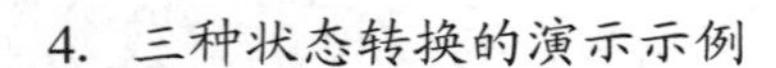

4. 三种状态转换的演示示例

如果一个对象被创建出来的时候处于瞬时态的，此时调用 save()或 update()方法可以将对象变为持久态，处于持久态的对象调用 close、clear、evict()方法可以转换为脱管态，具体的转换过程如图 4.5 所示。以下通过创建一个实例来详细讲解三种状态之间的转换，实例步骤如下。

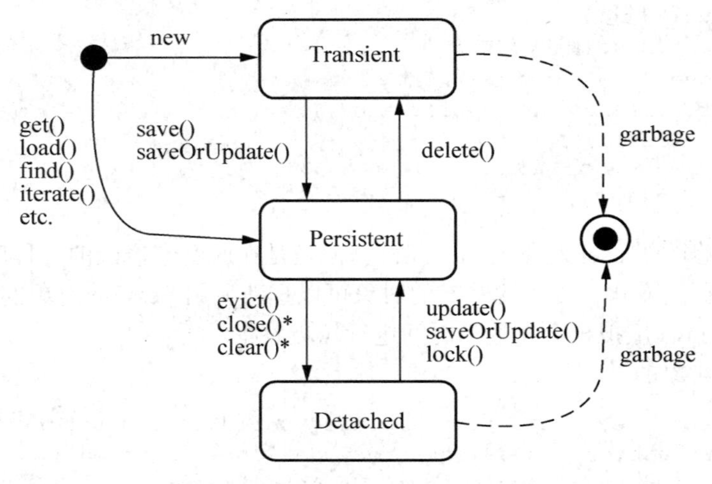

图 4.5 三种状态的转换过程

步骤一：创建一个 Java 项目，命名为 hibernate_session，为方便处理，直接将 hibernate_first 中的 ExportDB 导出文件、实体类文件 User.java、映射文件 User.hbm.xml 导入到 hibernate_session 的 src 包中，并将 Library 库导入，导入结果如图 4.6 所示。

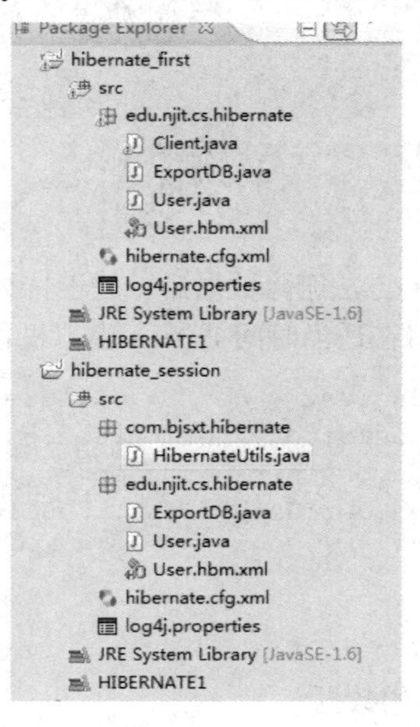

图 4.6 导入结果

步骤二：创建数据库，创建方式如图 4.7 所示。

```
mysql> create database hibernate_session;
Query OK, 1 row affected (0.05 sec)

mysql> use hibernate_session;
Database changed
mysql>
```

图 4.7 创建数据库的方式

步骤三：运行 ExportDB 导出文件，将映射文件导出为表，通过数据库查看表和表的结构，结果如图 4.8 所示。

```
MySQL Command Line Client
Query OK, 1 row affected (0.05 sec)

mysql> use hibernate_session;
Database changed
mysql> show tables;
+---------------------------+
| Tables_in_hibernate_session |
+---------------------------+
| user                      |
+---------------------------+
1 row in set (0.00 sec)

mysql> desc user;
+------------+--------------+------+-----+---------+-------+
| Field      | Type         | Null | Key | Default | Extra |
+------------+--------------+------+-----+---------+-------+
| id         | varchar(255) | NO   | PRI | NULL    |       |
| name       | varchar(255) | YES  |     | NULL    |       |
| password   | varchar(255) | YES  |     | NULL    |       |
| createTime | datetime     | YES  |     | NULL    |       |
| expireTime | datetime     | YES  |     | NULL    |       |
+------------+--------------+------+-----+---------+-------+
5 rows in set (0.03 sec)

mysql>
```

图 4.8 运行结果

步骤四：建立测试文件 SessionTest.java，写入测试代码进行测试，代码如下：

```
public void testSave(){
        Session session=null;
        Transaction xt=null;
        User user=null;
        try{
            session=HibernateUtils.getSession();
            xt=session.beginTransaction();      //开启事务
            user=new User();//一个对象刚创建时是 Transient 状态(瞬时态)
            user.setName("李四");
            user.setPassword("123");
            user.setCreateTime(new Date());
            user.setExpireTime(new Date());
            session.save(user);
//保存之后是 Persistent 状态，当属性发生改变时，Hibernate 会自动和数据库同步
            xt.commit();
        }catch(Exception e){
```

```
                e.printStackTrace();
                xt.rollback();
            }finally{
                HibernateUtils.closeSession(session);
    }
            //Session 已经关闭，此时是 Detached 状态
            user.setName("龙哥");
            try{
                 session=HibernateUtils.getSession();   //得到一个 Session
                 session.beginTransaction();            //开启
                 session.getTransaction().commit();     //提交
                }catch(Exception e){
                e.printStackTrace();
                session.getTransaction().rollback();    //回滚
                }finally{
                    HibernateUtils.closeSession(session);
                }
    //将 user 定义为全局变量，Session 关闭之后的 user 是 Detached 状态，再对其 Name 属性进
行修改，即对保存在数据库中的 user 进行修改
    //Session 已经关闭，即 Session 已经将其清除
            //不再对它进行管理，但是还存在数据库中，此时是对数据库中的 user 进行修改
            user.setName("龙哥");
            try{
                 session=HibernateUtils.getSession();   //得到一个 Session
                 session.beginTransaction();            //开启
                 //对 user 更新之后又会变成 Persistent 状态
                 session.update(user);
                 session.getTransaction().commit();     //提交
            }catch(Exception e){
                e.printStackTrace();
                session.getTransaction().rollback();    //回滚
                }finally{
                HibernateUtils.closeSession(session);
            }
    }
```

对象被创建的时候处于 Transient 状态，对象被保存之后是 Persistent 状态，如果在保存之后提交之前再进行 update 操作，那么最后保存到数据库中的对象是被更新之后的对象。如果在 Session 被销毁之后再对对象进行更新，Session 被销毁之后对象虽然是处于 Detached 状态的，但是 Detached 状态是不受 Session 管理的并且在数据库中是有与之对应的记录的，所以是可以更新成功的，因为此时相当于直接对数据库中的数据进行更新。

至此 Hibernate 中持久化对象的三种状态介绍完毕。综上所述，处于瞬时态和脱管态的对象不在 Hibernate 的 Session 管理中，这时无论怎样修改对象的属性都不会影响数据库中的数据。而处于持久态的对象在 Session 对象执行 close()方法或 Transaction 对象执行 commit()方法时，数据库中数据会同步更新，这也是 Hibernate 对对象的“脏”数据进行检查的一种方式。

4.4 Flush

1. flush 简介

Session 中的 flush 方法的作用是将一级缓存与数据库同步，通常在查询数据或者提交数据前(可能会采取批量更新的方式提交到数据库)会实现同步，这样可有效保证一级缓存中的数据是有效的数据。这个方法是由 Hibernate 自身来维护调用的，因为它的调用意味着与数据库交互，所以不建议手工调用，而事实上 Hibernate 对它的调用主要是为了提升性能和保证数据的有效性且 Hibernate 自身的对它的维护调用已近完美。

2. 巧用 flush 解决内存溢出问题

进行类似 for(int i = 0; i < 10000000; i++)s.save(obj);的操作时，当 i 足够大到内存不足以承受时，便会出现内存溢出问题，对此可以这样解决：

```
for(int i = 0; i < 10000000; i++){
    s.save(obj);
    if(i % 30 == 0){
    s.flush();
    s.clear();
    }
}
```

每保存 30 个数据，便清除一级缓存中的内容，但是在清除内容前必须让一级缓存中的数据与数据库进行一次交互，这样可以保证数据能被保存到数据库中。如果不使用 flush，那么在一级缓存中的数据是不能同步到数据库中的，所以这里 flush 是非常重要的。

4.5 主键生成策略

数据库中靠主键区分记录，JVM 中靠内存地址区别对象，在 Hibernate 应用中，Hibernate 依靠对象标识符(OID)来区分不同的持久化对象，Hibernate 设计了不同的 ID 生成器，所有的生成器都实现 org.hibernate.id.IdentifierGenerator 接口，这是一个非常简单的接口，某些应用程序可以选择提供它们自己特定的实现。

在 Hibernate 的映射文件(*.hbm.xml)文件中，<id>元素定义了持久化类的标识符属性的名称、类型和数据库表中字段的映射，<id>元素中的<generator>子元素则用来设置当前持久化类的标识符属性的生成策略。在<generator>标签中有一个 class 属性，class 属性取不同的值，则表示为其制定不同的主键生成策略。下面将详细讲解 Hibernate 提供的几种常用的主键生成策略。

1. increment 主键生成策略

Increment 策略用于为 long、short 或者 int 类型生成唯一标识。只有在没有其他进程往同一张表中插入数据时才能使用，在集群下不能使用。因为这是由 Hibernate 在内存中生成

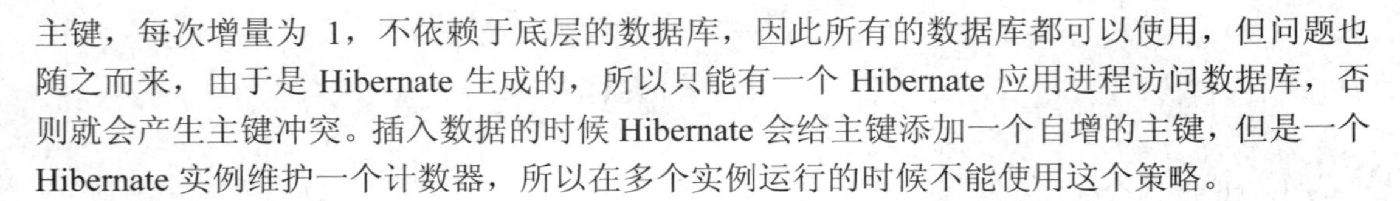

主键，每次增量为 1，不依赖于底层的数据库，因此所有的数据库都可以使用，但问题也随之而来，由于是 Hibernate 生成的，所以只能有一个 Hibernate 应用进程访问数据库，否则就会产生主键冲突。插入数据的时候 Hibernate 会给主键添加一个自增的主键，但是一个 Hibernate 实例维护一个计数器，所以在多个实例运行的时候不能使用这个策略。

2. identity 主键生成策略

identity 策略是自动增长、采用数据库生成的主键，用于为 long、short、int 类型生成唯一标识，这种方式对于插入一个新的对象需要两次 SQL 查询，适用于 MySQL、DB2、MS SQL Server 等数据库。

3. sequence 主键生成策略

sequence 策略是 DB2、Oracle 均支持的，用于为 long、short 或 int 类型生成唯一标识，这种方式对于插入一个新的对象需要两次 SQL 查询。

在使用 sequence 主键生成策略的时候，如果没有指定 sequence 参数，则 Hibernate 会访问一个默认的 sequence，即 hibernate_sequence，用户也需要在数据库中建立这个 sequence。调用数据库的 sequence 来生成主键，要设定序列名，否则 Hibernate 无法找到：<param name="sequence">NAME_SEQ</param>(Oracle 中很常用)。

4. hilo 主键生成策略

hilo 策略使用一个高/低位算法高效地生成 long、short 或者 int 类型的标识符。给定一个表和字段作为高位值的来源。高/低位算法生成的标识符只在一个特定的数据库中是唯一的。

5. seqhilo 主键生成策略

seqhilo 策略使用一个高/低位算法来高效地生成 long、short 或者 int 类型的标识符，给定一个数据库序列(sequence)的名字。

6. uuid 主键生成策略

uuid 策略用一个 128 位的 UUID 算法生成字符串类型的标识符，这在一个网络中是唯一的(使用了 IP 地址)。UUID 被编码为一个 32 位十六进制数字的字符串。

7. native 主键生成策略

native 策略根据底层数据库的能力选择 identity、sequence 或者 hilo 中的一个，灵活性更强，但此时如果选择 sequence 或者 hilo，则所有的表的主键都会从 Hibernate 默认的 sequence 或者 hilo 表中获取。并且，有的数据库对于默认情况主键生成测试的支持，效率并不是很高。对于 Oracle 采用 sequence 方式，对于 MySQL 和 SQL Server 采用 identity 方式(自增主键生成机制)，native 就是将主键的生成工作交由数据库完成，Hibernate 不参与(很常用)。

8. assigned 主键生成策略

如果需要应用程序分配一个标示符(而非由 Hibernate 生成)，则可以使用 assigned 生成器。这种特殊的生成器会使用已经分配给对象的标识符属性的标识符值，让应用程序在save()之前为对象分配一个标识符。这是<generator>元素没有指定时的默认生成策略。

当选择 assigned 生成器时，除非有一个 version 或 timestamp 属性，或者定义了Interceptor.isUnsaved()，否则需要让 Hiberante 使用 unsaved-value="undefined"，强制Hibernatet 查询数据库来确定一个实例是瞬时态(Transient)还是脱管态(Detached)。

9. foreign 主键生成策略

foreign 策略使用另外一个相关联的对象的标识符。通常和<one-to-one>联合起来使用。

4.6　CRUD 操作

CRUD 的作用是完成与数据库的交流，即执行 get()、load()、update()、delete()等方法。

1. 保存(Save)

当对象创建出来的时候是 Transient 状态，处于 Transient 状态的对象才可以调用 save()方法保存，被保存之后就变成了 Persistent 状态，处于 Persistent 状态的对象，对其属性进行修改的时候，Hibernate 会自动和数据库同步，即更新数据库。

```
public void testSave1(){
        Session session = null;
        Transaction tx = null;
        User user = null;
        try {
// HibernateUtils 是用户封装的一个类
            session = HibernateUtils.getSession();
            tx = session.beginTransaction();
            //Transient 状态
            user = new User();
            user.setName("李四");
            user.setPassword("123");
            user.setCreateTime(new Date());
            user.setExpireTime(new Date());
            //Persistent 状态，当属性发生改变的时候，Hibernate 会自动和数据库同步
            session.save(user);
            user.setName("王五");
            tx.commit();
        }catch(Exception e){
            e.printStackTrace();
            tx.rollback();
        }finally {
            HibernateUtils.closeSession(session);
        }
        //Detached 状态
        user.setName("张三");
```

```
        try {
            session = HibernateUtils.getSession();
            session.beginTransaction();
            //Persistent 状态
            session.update(user);
            session.getTransaction().commit();
        }catch(Exception e){
            e.printStackTrace();
            session.getTransaction().rollback();
        }finally {
            HibernateUtils.closeSession(session);
        }
    }
```

HibernateUtils 类也使用上述封装的工具类，相关代码如下：

```
public class HibernateUtils {

    private static SessionFactory factory;

    static {
        try {
            Configuration cfg = new Configuration().configure();
            factory = cfg.buildSessionFactory();
        }catch(Exception e){
            e.printStackTrace();
        }
    }

    public static SessionFactory getSessionFactory(){
        return factory;
    }

    public static Session getSession(){
        return factory.openSession();
    }

    public static void closeSession(Session session){
        if(session != null){
            if(session.isOpen()){
                session.close();
            }
        }
    }
}
```

2. 加载

Hibernate 提供了两种加载方法，分别为 Get 方法和 Load 方法，Get 和 Load 的区别如下。

(1) Get 在默认情况下是不支持 lazy 的，Load 是支持 lazy 的(lazy 是懒加载，即只有在使用的时候才加载)。

(2) 在查询数据时，如果数据库中不存在相应的数据，Get 是返回一个 null，而 Load 则抛出异常。

1) Get 方法加载

使用 Get 方法加载一个数据库中有的数据，当开启 Session 之后会立即发出 SQL 查询加载对象，由于此时数据是存在的，所以 Get 方法返回的是一个对象，如果数据不存在，Get 方法会返回 null，并且加载对象后再对对象的属性进行改动，相应的数据会立即同步到数据库，相关代码如下：

```
public void testReadByGetMethod1(){
        Session  session=null;
        try{
         session=HibernateUtils.getSession();
         session.beginTransaction();
         //马上发出查询 SQL，加载 User 对象
         User user=(User)session.get(User.class,"402880d01b9bf2a2ff0001");
         System.out.println("user.name="+user.getName());
         //Persistent 状态，当属性发生改变时，Hibernate 会自动和数据库同步
         user.setName("张三");
         session.getTransaction().commit();
        }catch(Exception e){
        e.printStackTrace();
        session.getTransaction().rollback();
        }finally{Hibernatelltils.close Session(session);}
}
```

使用 Get 方法加载一个数据库中没有的数据，Session 开启之后就会立即发出 SQL 查询，由于此数据不存在，所以 Get 方法会返回一个 null，相关代码如下：

```
public void testReadByGetMethod2(){
    Session session = null;
    try {
        session = HibernateUtils.getSession();
        session.beginTransaction();

    //采用 Get 方法加载数据，如果数据库中不存在相应的数据，Hibernate 返回 null
        User user =(User)session.get(User.class, "asdfsafsdfdsf");
        session.getTransaction().commit();
    }catch(Exception e){
        e.printStackTrace();
        session.getTransaction().rollback();
    }finally {HibernateUtils.closeSession(session);}
```

```
}
```

2) Load 方法加载

Load 方法加载数据库中已经存在的数据，由于 Load 是支持懒加载的，所以 Session 开启之后不会立即发出 SQL 查询，只有当真正使用这个对象的时候才会发出 SQL 查询加载对象，加载对象之后再对对象的属性进行改动时，相应的数据会自动更新到数据库中，相关代码如下：

```
public void testReadByLoadMethod1(){
        Session session = null;
        try {
            session = HibernateUtils.getSession();
            session.beginTransaction();

            //不会发出 SQL 查询，因为 Load 方法实现了 lazy(懒加载或延迟加载)
            //延迟加载：只有真正使用这个对象的时候才加载(发出 SQL 语句)
            //Hibernate 延迟加载实现原理是代理方式
            User user =(User)session.load(User.class, "402880d01b9bf210011b9
bf2a2ff0001");
            System.out.println("user.name=" + user.getName());
            //Persistent 状态，当属性发生改变的时候，Hibernate 会自动和数据库同步
            user.setName("张三");
            session.getTransaction().commit();
        }catch(Exception e){
            e.printStackTrace();
            session.getTransaction().rollback();
        }finally {
            HibernateUtils.closeSession(session);
        }
    }
```

Load 方法加载数据库中不存在的数据，如果所要查询的数据不存在于数据库中，此时 Load 方法会抛出异常，而不是像 Get 方法那样返回一个 null 值，相关代码如下：

```
public void testReadByLoadMethod2(){
        Session session = null;
        try {
            session = HibernateUtils.getSession();
            session.beginTransaction();

            //采用 Load 方法加载数据，如果数据库中没有相应的数据
            //那么抛出 ObjectNotFoundException
            User user =(User)session.load(User.class, "55555555");
            System.out.println(user.getName());
            session.getTransaction().commit();
        }catch(Exception e){
            e.printStackTrace();
```

```
            session.getTransaction().rollback();
            throw new java.lang.RuntimeException();
        }finally {
            HibernateUtils.closeSession(session);
        }
}
```

3. 更新(Update)

Session关闭后，user对象就被清除出Session中，即已经不被纳入Session的管理了，此时的对象是处于Detached状态的，如果此时调用update方法去更新数据，对象会先变成Persistent状态，修改处于Persistent状态的对象的属性，Hibernate会自动将数据更新到数据库中，即完成了对象属性的修改。

```
    public void testSave1(){
            Session session = null;
            Transaction tx = null;
            User user = null;
            try {
    // HibernateUtils 是用户封装的一个类
                session = HibernateUtils.getSession();
                tx = session.beginTransaction();
                //Transient 状态
                user = new User();
                user.setName("李四");
                user.setPassword("123");
                user.setCreateTime(new Date());
                user.setExpireTime(new Date());
                //Persistent 状态，当属性发生改变的时候，Hibernate 会自动和数据库同步
                session.save(user);
                user.setName("王五");
                tx.commit();
            }catch(Exception e){
                e.printStackTrace();
                tx.rollback();
            }finally {
                HibernateUtils.closeSession(session);
            }
            //Detached 状态
            user.setName("张三");
            try {
                session = HibernateUtils.getSession();
                session.beginTransaction();
                //Persistent 状态
                session.update(user);
                session.getTransaction().commit();
            }catch(Exception e){
                e.printStackTrace();
```

```
            session.getTransaction().rollback();
        }finally {
            HibernateUtils.closeSession(session);
        }
    }
```

对象被创建出来的时候处于 Transient 状态，如果此时调用 update 方法进行更新，从表层看对象是不能被更新成功的，但是由于对象被 update 之后先变成 Persistent 状态再执行更新，而在对象处于 Persistent 状态时修改对象的属性 Hibernate 会自动同步数据到数据库中，所以此时调用 update 方法是可以更新对象的属性的，此处创建对象的时候相当于手动创建一个 Detached 状态的对象，相关代码如下：

```
public void testUpdate1(){
        Session session = null;
        try {
            session = HibernateUtils.getSession();
            session.beginTransaction();

            //手动构造的 Detached 状态的对象
            User user = new User();
            user.setId("402880d01b9be8dc011b9be9b23d0001");
            user.setName("德华");
                session.update(user);
            session.getTransaction().commit();
        }catch(Exception e){
            e.printStackTrace();
            session.getTransaction().rollback();
        }finally {
            HibernateUtils.closeSession(session);
        }
    }
```

运行结果如图 4.9 所示。

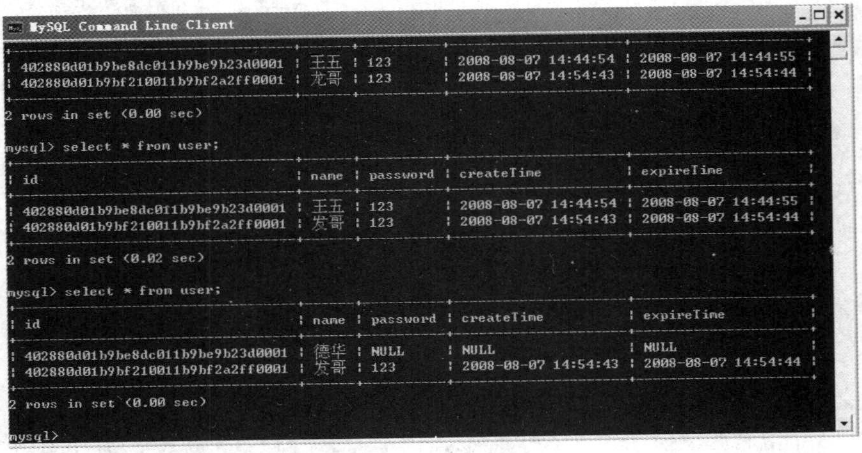

```
MySQL Command Line Client
| 402880d01b9be8dc011b9be9b23d0001 | 王五 | 123  | 2008-08-07 14:44:54 | 2008-08-07 14:44:55 |
| 402880d01b9bf210011b9bf2a2ff0001 | 龙哥 | 123  | 2008-08-07 14:54:43 | 2008-08-07 14:54:44 |

2 rows in set (0.00 sec)

mysql> select * from user;
| id                               | name | password | createTime          | expireTime          |
| 402880d01b9be8dc011b9be9b23d0001 | 王五 | 123      | 2008-08-07 14:44:54 | 2008-08-07 14:44:55 |
| 402880d01b9bf210011b9bf2a2ff0001 | 发哥 | 123      | 2008-08-07 14:54:43 | 2008-08-07 14:54:44 |

2 rows in set (0.02 sec)

mysql> select * from user;
| id                               | name | password | createTime          | expireTime          |
| 402880d01b9be8dc011b9be9b23d0001 | 德华 | NULL     | NULL                | NULL                |
| 402880d01b9bf210011b9bf2a2ff0001 | 发哥 | 123      | 2008-08-07 14:54:43 | 2008-08-07 14:54:44 |

2 rows in set (0.00 sec)

mysql>
```

图 4.9　运行结果

4. 删除(Delete)

在删除一个对象的时候最好先加载该对象再进行删除操作，并且删除的只能是Detached状态的对象。Delete方法的代码如下：

```
public void testDelete1(){
        Session session = null;
        try {
            session = HibernateUtils.getSession();
            session.beginTransaction();
            User user =(User)session.load(User.class,
            "402880d01b9be8dc011b9be9b23d0001");
            session.delete(user);
            session.getTransaction().commit();
        }catch(Exception e){
            e.printStackTrace();
            session.getTransaction().rollback();
        }finally {
            HibernateUtils.closeSession(session);
}
        //Transient 状态
    }
```

本 章 小 结

本章介绍了Hibernate的入门知识，通过案例描述了使用Hibernate进行项目开发的过程，并进一步讲解了以下内容。

(1) Hibernate中几个重要的接口，即SessionFactory接口、Session接口、Transient接口、Query接口和Configuration接口。

(2) 实体对象的生命周期有瞬时态、持久态、脱管态三种状态，并通过实例讲解了实体对象状态的转换。

(3) CRUD操作。CRUD操作即是get()、load()、update()和delete()方法，通过具体代码分析了这几种方法的用法。

习题与思考

(1) 瞬时态、持久态、脱管态这三种状态的特征是什么？

(2) 如何让一个对象从瞬时态转换为持久态？

(3) Get方法和Load方法的区别是什么？

Hibernate 的基本映射

教学目标

(1) 理解映射的含义。

(2) 掌握 Hibernate 基本映射开发的相关知识。

(3) Hibernate 进阶应用：性能优化策略。

知识结构

本章知识结构如图 5.1 所示。

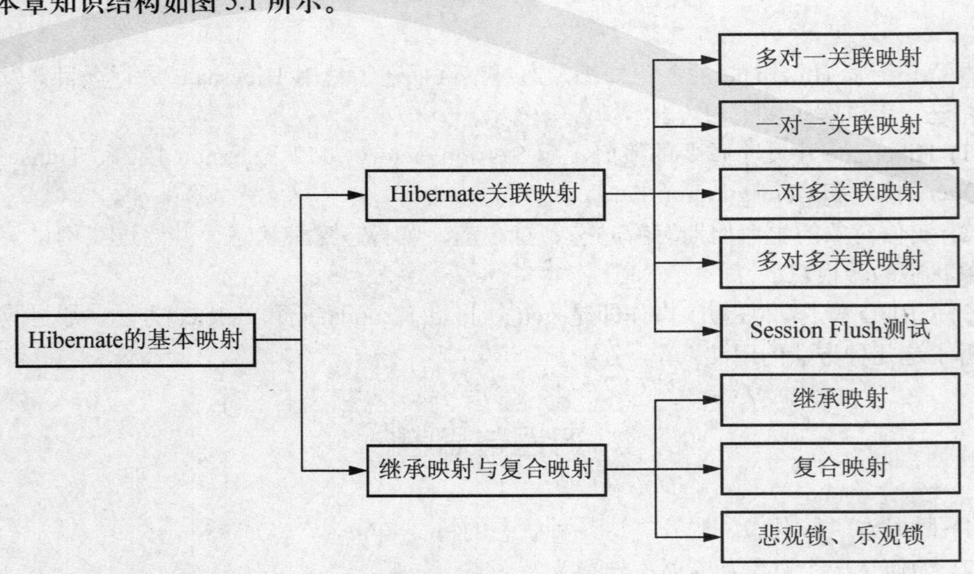

图 5.1　第 5 章知识结构图

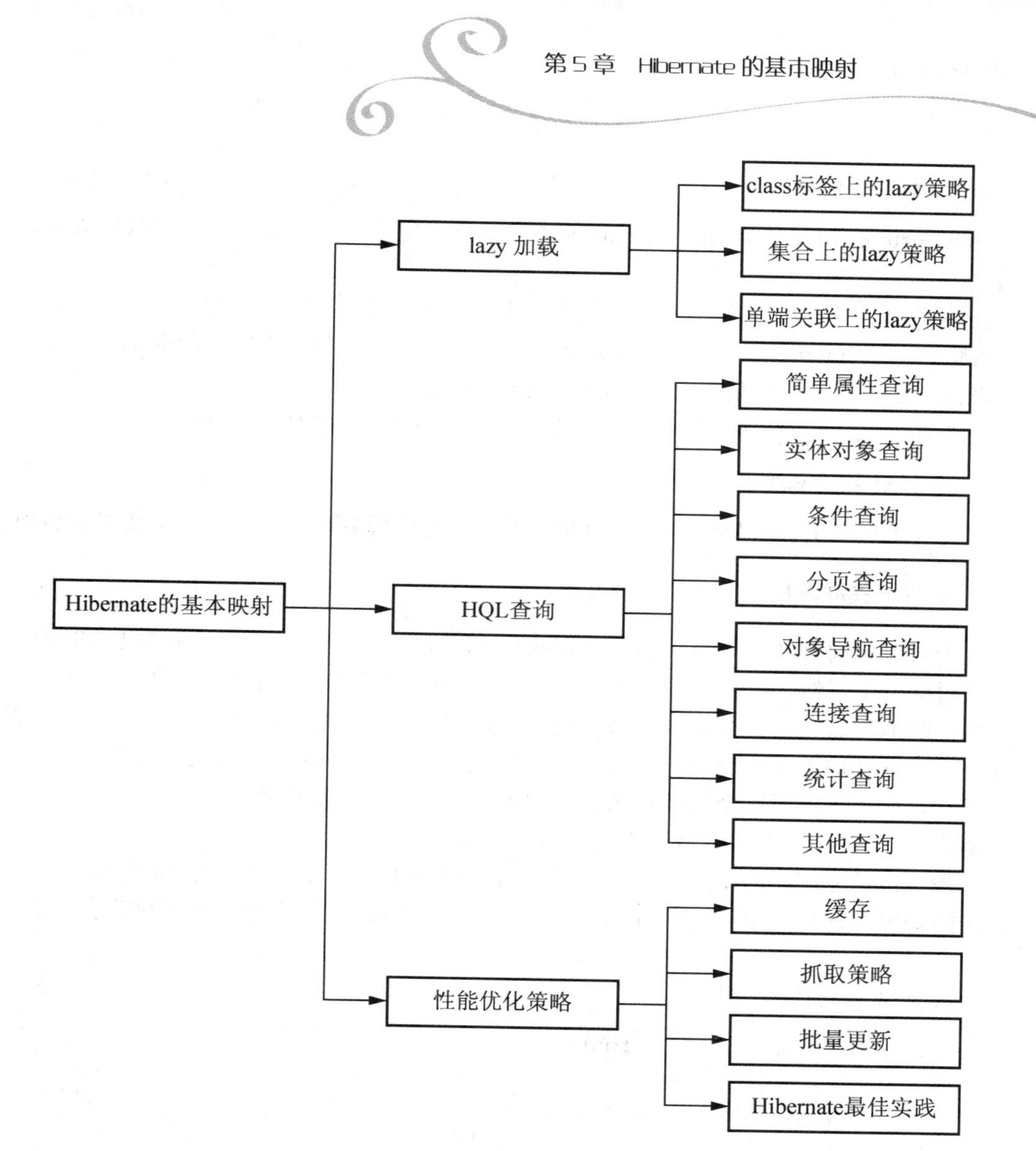

图 5.1 第 5 章知识结构图(续)

5.1 Hibernate 的关联映射

1. 基本映射的含义

实体类映射成表，实体类中的普通属性映射为表字段。实体类映射成数据库表采用<class>标签，普通属性映射成表字段采用<property>标签(所谓普通属性指不包括自定义类、集合和数组等)。

注意：如果实体类和实体类中的属性和SQL中的关键字重复，必须采用table或column重新命名。实体类的设计原则：实现一个默认的(即无参数的)构造方法(constructor)，提供一个标识属性(identifier property)(可选)，使用非final的类(可选)，为持久化字段声明访问器(accessors)。

2. 基本映射标签

<hibernate-mapping/>：是 Hibernate 的顶层元素，定义了当前配置文件中映射关系的基本属性。

<class/>：用来定义持久化类，它定义了 Java 类和数据库之间的映射关系。

<id/>：在 Hibernate 中，要求在被映射类中定义一个与数据库中对应的主键字段相对应的属性，这个属性在映射文件中是通过<id>描述的。

<property/>：<property>元素定义了被持久化类的一个属性的映射关系。

3. 关联映射的本质

将关联关系映射到数据库，所谓的关联关系是对象模型在内存中的一个或多个引用。

5.1.1 多对一关联映射

两个对象之间是多对一的关系，如 student 和 class，一个班级对应多个学生，但是一个学生只对应一个班级，多对一关联映射的实现即为在“多”的一端加入一个外键，指向“一”的一端，映射完成之后使得加载“多”的一端数据的同时能把关联的“一”的一端的数据加载上来。它维护的关系是“多”指向“一”，这个外键是由<many-to-one>中的 column 属性定义的，如果忽略了这个属性那么默认的外键与实体的属性一致。

例 5.1 实现用户和组之间的多对一关联映射。

步骤一：首先创建两个实体类，分别命名为 User 和 Group，如果直接映射成表，那么它们之间是没有任何关系的，要想两者关联起来，那么 User 实体类中必须要包含有对 Group 的引用。

User 实体类的代码如下：

```
package com.njit.edu.hibernate;
public class User {
    //id 为本实体类的唯一标识
    private int id;
    private String name;
    //要让用户知道组的存在，必须拥有组的引用
    private Group group;
    public Group getGroup(){
        return group;
    }
    public void setGroup(Group group){
        this.group = group;
    }
    public int getId(){
        return id;
    }
    public void setId(int id){
        this.id = id;
    }
    public String getName(){
```

```
            return name;
        }
        public void setName(String name){
            this.name = name;
        }
    }
```

User 实体类中拥有对 Group 实体类的引用 group，在映射成表的时候就会作为 User 实体类映射成的那张表的外键，这个外键参照的是 Group 实体类映射成的表，这样就可以将两个实体类关联起来了。

Group 实体类的代码如下：

```
package com.njit.edu.hibernate;

public class Group {
    private int id;
    private String name;
    public int getId(){
        return id;
    }
    public void setId(int id){
        this.id = id;
    }
    public String getName(){
        return name;
    }
    public void setName(String name){
        this.name = name;
    }
}
```

步骤二：配置 hbm.xml 文件，这样在映射成表的时候就能将两张表关联起来，实体类 User 中的对 Group 的引用，在映射成表的时候会作为 User 映射的那张表的外键，并且该外键参照的是 Group 映射成的表。

User 实体类的 hbm.xml 文件的配置如下：

```
<?xml version="1.0"?>
<!DOCTYPE hibernate-mapping PUBLIC
    "-//Hibernate/Hibernate Mapping DTD 3.0//EN"
    "http://hibernate.sourceforge.net/hibernate-mapping-3.0.dtd">
<hibernate-mapping >
    <class name="com.njit.edu.hibernate.User" table="t_user">
    <id name="id" column="user_id">
    <generator class="native"/>
</id>
            <property name="name"/><!-- 在表中生成一个 name 字段 -->
        <many-to-one name="group" column="groupid"/>
```

```
    </class>
</hibernate-mapping>
```

<class>标签中 name 属性的值是实体类的完整路径，table 属性用来指定要生成的表的表名，如果不指定 table 属性的值，默认映射成的表名和实体类的类名一样；id 标签定义表的主键，即实体类的唯一标识，id 标签中 name 属性名要与实体类中的属性名一致，这样映射成的表中主键的字段名就为 id，也可以通过 column 属性来重新命名；主键是要配置生成策略的，所以要在 generator 标签中指定生成策略；普通属性用 property 标签类配置，实体类中有什么属性在 property 中就配置什么，这样就能在表中生成相应的字段。

<many-to-one>标签中 name 指定 User 中对 Group 的引用 group，即在“多”的一端对“一”的一端的引用字段，由于与 SQL 关键字冲突，所以重命名为 groupid，在“多”的一端添加 many-to-one 标签之后会在 t_user 这个表中添加一个 groupid 字段，这个字段会作为一个外键指向“一”的一端。

对 Group.hbm.xml 文件进行普通的配置即可，关键代码如下：

```
<hibernate-mapping>
    <class name="com.njit.edu.hibernate.Group" table="t_group">
<!-- 由于 Group 与 SQL 中的关键字冲突，所以必须重命名 -->
        <id name="id">
            <generator class="native"/>
        </id>
        <property name="name"/>
    </class>
</hibernate-mapping>
```

步骤三：编写 ExportDB 工具类，通过 ExportDB 工具类将实体类导出为表，关键代码如下：

```
//通过本类将实体类映射成一张表，本类可以多次复用
public class ExportDB {
    public static void main(String[] args){
        //读取 hibernate.cfg.xml 文件
        Configuration cfg = new Configuration().configure();
        //SchemaExport 类可以将实体类导出为一张表
        SchemaExport export = new SchemaExport(cfg);
        export.create(true, true);
    }
}
```

步骤四：编写测试代码，测试两个对象是否关联到一起，测试代码如下：

```
public class TestManyToOne extends TestCase {
    public void TestSave(){
            Session session = null;
            try {
                session = HibernateUtils.getSession();
                session.beginTransaction();
```

```
                Group group = new Group();
                group.setName("南京工程学院");
                session.save(group);
                User user1 = new User();
                user1.setName("张三");
                user1.setGroup(group);
                User user2 = new User();
                user2.setName("李四");
                user2.setGroup(group);
                session.save(user1);
                session.save(user2);
                session.getTransaction().commit();
            }catch(Exception e){
                e.printStackTrace();
                session.getTransaction().rollback();
            }finally {
                HibernateUtils.closeSession(session);
            }
        }
    }
```

如果不先执行 session.save(group)；那么就不能成功保存，会抛出 TransientObject Exception 异常，因为 Group 为 Transient 状态，oid 是一个空指针对象，Persistent 状态的对象是不能引用 Transient 状态的对象的。

5.1.2 一对一关联映射

两个对象之间是一对一的关系，如人(Person)与身份证号(IdCard)是一对一的关系，可以通过主键关联或唯一外键关联来实现一对一关联映射。

1. 主键关联

主键关联即让两个对象具有相同的主键值，以表明它们之间的一一对应的关系，数据库不会有额外的字段来维护它们之间的关系，仅通过表的主键来关联。

1) 一对一单向主键关联映射(单向关联 Person→IdCard)

让两个实体对象的 id 保持相同，这样可以避免多余字段被创建，一对一主键关联映射中，默认了 cascade 属性。

例 5.2 实现人和身份证号是一对一单向主键关联映射的关系。

要建立 Person 和 IdCard 之间的一对一关联映射，那么只需要 Person 和 IdCard 两张表的主键相同，Person 表中的主键同时也是 IdCard 表的主键，即 Person 实体类中包含 IdCard 的引用，这样就可以通过 Person 表来找到 IdCard 表中的相关联的数据，实现过程如下。

步骤一：首先创建 Person 实体类和 IdCard 实体类，让 Person 实体类中包含有对 IdCard 实体类的引用。

Person 实体类的代码如下，其中 idCard 是对实体类 IdCard 的引用。

```
public class Person {
    private int id;
    private String name;
    private IdCard idCard;
    public int getId(){
        return id;
    }
    public void setId(int id){
        this.id = id;
    }
    public String getName(){
        return name;
    }
    public void setName(String name){
        this.name = name;
    }
    public IdCard getIdCard(){
        return idCard;
    }
    public void setIdCard(IdCard idCard){
        this.idCard = idCard;
    }

}
```

IdCard 实体类的代码如下：

```
public class IdCard {
    private int id;
    private String cardNo;
    public int getId(){
        return id;
    }
    public void setId(int id){
        this.id = id;
    }
    public String getCardNo(){
        return cardNo;
    }
    public void setCardNo(String cardNo){
        this.cardNo = cardNo;
    }

}
```

步骤二：编写hbm.xml文件，指定要将实体类映射成什么样的表，怎样映射，进行配置之后在映射成表的时候就能将两张表关联起来，实体类Person和实体类IdCard拥有相同的主键，并且Person类中包含对IdCard实体类的引用，这样就能将Person和IdCard一对一地关联起来。

IdCard.hbm.xml文件的配置信息中，IdCard都属于普通属性，不需要进行特殊的配置，相关代码如下：

```
<hibernate-mapping>
    <class name="com.njit.edu.hibernate.IdCard" table="t_idcard">
        <id name="id">
            <generator class="native"/>
        </id>
        <property name="cardNo"/>
    </class>
</hibernate-mapping>
```

对于Person.hbm.xml文件的配置，由于Person实体类中含有对实体类IdCard的引用，所以对Person.hbm.xml文件需要进行特殊的配置，关键代码如下：

```
<hibernate-mapping>
    <class name="com.njit.edu.hibernate.Person" table="t_person">
        <id name="id">
            <generator class="foreign"><!-foreign 外键加载 -->
                <param name="property">idCard</param>
            </generator>
        </id>
        <property name="name"/>
        <one-to-one name="idCard" constrained="true" />
    </class>
</hibernate-mapping>
```

此时主键生成策略不能再用native了，因为IdCard中的主键生成策略配置为native，如果两边都用native就会出现错误，都是自增长，这样就不能保证一对一映射了。将主键配置为foreign，表示将idCard作为Person表的外键加载IdCard表，param name="property"是固定的，name必须要命名为property，<param>标签的内容指定来源，此处设置为idCard即Person中对IdCard实体类的引用idCard，<one-to-one>标签表示怎样加载它拥有的引用对象，对于实体类Person来说，它拥有的引用对象就是idCard，constrained="true"表示Person的主键作为外键参照了IdCard。

步骤三，运行ExportDB工具类，将实体类映射成表，ExportDB类的编写同例5.1。

步骤四：编写测试代码，用于测试两张表是否进行了一对一关联，测试代码如下：

```
public void TestSave(){
            Session session = null;
            try {
                session = HibernateUtils.getSession();
                session.beginTransaction();
```

```
                IdCard idCard=new IdCard();
                idCard.setCardNo("123");
                Person person=new Person();
                person.setName("haha");
                person.setIdCard(idCard);
//不会出现抛出 TransientObjectException 异常，因为在一对一关联映射中默认了 cascade 属性
                session.save(person);

                session.getTransaction().commit();
            }catch(Exception e){
                e.printStackTrace();
                session.getTransaction().rollback();
            }finally {
                HibernateUtils.closeSession(session);
            }
        }
```

2) 一对一双向主键关联映射(双向关联 Person<—>IdCard)

对于人(Person)和身份证号(IdCard)来说，若要实现双向关联，则 Person 和 IdCard 都要持有对方的引用，这样就能在查询 Person 的时候把 IdCard 也一并查询，在查询 IdCard 的时候也能把 Person 的信息查询出来，所以要实现一对一主键双向关联映射只需在一对一的单向关联映射的基础上，即在例 5.2 的基础上，在 IdCard 实体类中添加一个对 Person 实体类的引用，再配置 IdCard.hbm.xml 文件中的信息即可。

在 IdCard 实体类中添加如下代码：

```
private Person person ;
    public Person getPerson(){
        return person;
    }
    public void setPerson(Person person){
        this.person = person;
    }
```

修改 IdCard.hbm.xml 文件中的配置信息，关键代码如下：

```
<hibernate-mapping>
    <class name="com.njit.edu.hibernate.IdCard" table="t_idcard">
        <id name="id">
            <generator class="native"/>
        </id>
        <property name="cardNo"/>
        <one-to-one name="person" />
    </class>
</hibernate-mapping>
```

这样就将两个对象关联起来了，可以在查询 IdCard 的同时查询 Person 的信息，也可以在查询 Person 的同时查询 IdCard，即实现了一对一的双向关联。

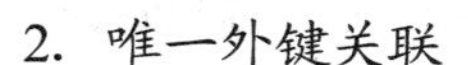

2. 唯一外键关联

一对一唯一外键关联是多对一外键关联的特殊情况，多对一外键关联是在“多”的一端加一个外键指向“一”的一端，即“多”的一端的外键参照了“一”的一端的主键，这样就可以将两端关联起来，只是多对一关联映射的外键是可以重复的，而一对一唯一外键关联映射的外键是不允许重复的，所以只需将多对一关联映射中的外键设置为不允许重复即可实现一对一唯一外键关联映射。

1) 一对一唯一外键关联映射(单向关联 Person→IdCard)

一对一唯一外键单向关联映射是只能从一端读取另一端的数据而不能反过来从另一端读取这一端的数据。因为一对一唯一外键关联映射是多对一关联映射的特例，所以也可以采用<many-to-one>标签，只需指定“多”的一端的 unique=true，这样就限制了“多”的一端的多重性为“一”，通过这种手段映射一对一唯一外键关联。

要实现 Person 到 IdCard 的一对一唯一外键单向关联映射，只需要在一对一主键单向关联映射的基础上对 Person 的映射文件进行如下修改：

```
<hibernate-mapping>
    <class name="com.njit.edu.hibernate.Person" table="t_person">
        <id name="id">
            <generator class="native" /><!-- 此处只要主键不重复即可 -->
        </id>
        <property name="name"/>
        <many-to-one name="idCard" unique="true"/>
<!-- 一对一单向关联是多对一单向关联的特殊情况，在 Person 中添加一个外键指向 IdCard 即可，一对一的特殊在于一个外键值不能重复 -->
    </class>
</hibernate-mapping>
```

一对一唯一外键单向关联映射不需要将主键设置为 foreign，只需要主键不重复即可，在 Person.hbm.xml 文件中加入<many-to-one>标签，指定外键为 idCard，并且设置 unique="true"，即使得外键不能有重复值，这样就实现了一对一的唯一外键单向关联映射。

2) 一对一唯一外键关联映射(双向关联 Person<——>IdCard)

一对一唯一外键双向关联映射是一端加载数据的时候能将另一端的数据加载上来，另一端加载的时候也能将这一端的数据加载上来，原理和一对一唯一外键单向关联映射相同，在一对一唯一外键单向关联映射中实现了从 Person 端加载数据的同时将 IdCard 加载上来，要实现一对一唯一外键双向关联映射就只需在一对一唯一外键单向关联映射的基础上对 IdCard 进行一些修改。

要想在获取 IdCard 这一端的数据的同时也能获取到 Person 的信息，则 IdCard 这一端必须持有对 Person 的引用，所以需要在 IdCard 实体类中添加一个对 Person 的引用属性，同时需要修改 IdCard.hbm.xml 文件中的配置信息，只需添加<one-to-one>标签指定 Hibernate 如何加载关联对象，默认根据主键加载 Person，但是外键关联映射中，因为两个实体采用的是 Person 的外键维护的关系，所以不能指定主键加载 Person，而要根据 Person 的外键加载，由于在加载 IdCard 的时候要去 Person 的映射表中获取对应的 Person 信息，所以必须

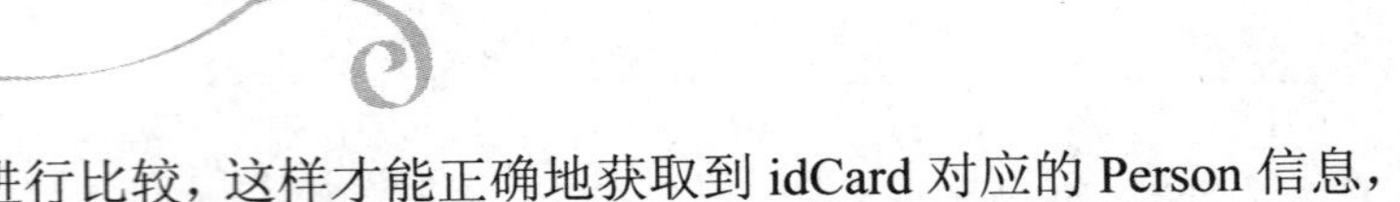

要与 Person 中的 idCard 字段进行比较，这样才能正确地获取到 idCard 对应的 Person 信息，所以要通过 property-ref="idCard"指定要比较的字段。

在一对一唯一外键单向关联映射的基础上做以下修改即可，在 IdCard 实体类中添加如下代码：

```
private Person person ;
    public Person getPerson(){
        return person;
    }
    public void setPerson(Person person){
        this.person = person;
    }
```

同时修改 IdCard.hbm.xml 文件中的配置，代码如下：

```
<hibernate-mapping>
    <class name="com.njit.edu.hibernate.IdCard" table="t_idcard">
        <id name="id">
            <generator class="native"/>
        </id>
        <property name="cardNo"/>
        <one-to-one name="person" property-ref="idCard"/>
    </class>
</hibernate-mapping>
```

添加<one-to-one name="person" property-ref="idCard"/>标签，指定要比较的字段为 idCard，这样在获取 Person 信息的时候就会将 IdCard 中的主键 id 和 Person 中的 idCard 字段进行比较，如果相同就进行查询。name 属性是 IdCard 中对 Person 对象的引用。

5.1.3 一对多关联映射

1. 一对多关联映射(单向 Class→Student)

一对多关联即两个对象之间是一对多的关系，如 Class 和 Student，一个班级对应多个学生，但是一个学生只能对应一个班级，一对多关联映射利用了多对一关联映射原理，多对一关联映射是在“多”的一端加入一个外键指向“一”的一端，它维护的关系是“多”指向“一”，一对多关联映射是在“多”的一端加入一个外键指向“一”的一端，它维护的关系是“一”指向“多”，也就是说一对多和多对一的映射策略是一样的，只是角度不同。多对一关联映射在加载“多”的一端的时候会将“一”的一端的数据加载上来，一对多关联映射在加载“一”的一端的时候会把对应的“多”的一端的数据加载上来。

在“一”一端维护关系的缺点：如果在“一”一端维护一对多关联关系，Hibernate 会发出多余的 update 语句，所以一般在“多”的一端维护关联关系。

例 5.3 实现学生和班级之间的多对一的关联映射。

要使得在加载班级的时候能将其班级对应的学生都加载上来，那么班级 Class 实体类必须要有一个 Student 的集合引用，这样在 Class 的配置文件中可以配置相关信息，在 Student 的映射表中生成一个外键指向 Class，使得在加载班级 Class 信息的时候能将对应的 Student

的信息加载上来，具体映射过程如下。

步骤一：编写实体类，Student 实体类不需要进行特殊的编写，Class 实体类中要拥有对 Student 实体类对象的集合的引用，实体类的编写代码如下。

Student 实体类的代码如下：

```
public class Student {
    private int id;
    private String name;
    public int getId(){
        return id;
    }
    public void setId(int id){
        this.id = id;
    }
    public String getName(){
        return name;
    }
    public void setName(String name){
        this.name = name;
    }
}
```

Class 实体类需要持有对 Student 的集合引用，代码如下：

```
public class Class {
    private int id;
    private String name;
    //要想在加载Class的时候将对应的学生信息加载上来、那么Class中必须拥有Student集合
    private Set student;
    public Set getStudent(){
        return student;
    }
    public void setStudent(Set student){
        this.student = student;
    }
    public int getId(){
        return id;
    }
    public void setId(int id){
        this.id = id;
    }
    public String getName(){
        return name;
    }
    public void setName(String name){
        this.name = name;
    }
}
```

步骤二：编写映射文件 Student.hbm.xml 和 Class.hbm.xml。

“多”的一端，Student.hbm.xml 的关键代码如下，指定将实体类 Student 的何种属性映射到表中，属性 id 对应列 id，属性 name 对应列 name。

```
<class table="t_student" name="com.njit.hibernate.Student">
<id name="id">
        <generator class="native"/>
</id>
    <property name="name"/>
    </class>
```

“一”的一端 Class.hbm.xml 文件的关键代码如下：

```
<class table="t_classes" name="Classes">
    <id name="id">
        <generator class="native"/>
    </id>
    <property name="name"/>
    <set name="students">
        <key column="classesid"/>
        <one-to-many class="Student"/>
    </set>
</class>
```

要想在加载 Class 的时候将其对应的学生信息加载上来，那么需要使得 Student 中有一个外键指向 Class 的主键 id，所以需要使用 set 标签，set 标签的 name 指定 Class 实体类中对 Student 的集合引用属性，key 标签中设置 column 属性，指定在 Student 中添加一个什么字段，在执行完<key column="classid"/>之后会在 Student 的映射表中生成一个 classid 字段，作为 Student 的外键指向 Class 的映射表，<one-to-many class="com.njit.edu.hibernate.Student"/>标签指定集合 student 中存放的是什么对象，此处指定的是 Student 实体类，则会在 Student 集合中存放 Student 类对象，这样就能实现在加载 Class 的同时将其对应的 Student 信息加载上来。

2. 一对多关联映射(双向 Class<—>Student)

一对多双向关联映射是在加载班级 Class 的时候能把对应的学生的信息加载上来，在加载学生的信息的时候也能将班级的信息加载上来。实现一对多双向关联映射只需在一对多单向关联映射的基础上再对“多”的一端进行一些修改即可。

要想在查询学生的信息的时候将对应的班级信息加载上来，那么学生 Student 实体类中就要拥有对班级 Class 的引用，同时修改 Class.hbm.xml 文件的配置信息。

在一对多单向关联映射的基础上对实体类 Student 中添加如下代码：

```
public Class getClass1(){
        return class1;
    }
    public void setClass1(Class class1){
        this.class1 = class1;
    }
```

修改映射文件Class.hbm.xml，关键代码如下：

```
<hibernate-mapping >
    <class name="com.njit.edu.hibernate.Student" table="t_student">
        <id name="id" >
            <generator class="native"/>
        </id>
        <property name="name"/>
        <many-to-one name="class1" column="classid" />
    </class>
</hibernate-mapping>
```

在一对多单向关联映射的基础上实现一对多双向关联映射，即相当于实现多对一映射，只需在存储的时候将班级的信息也存到classid字段上，如果<many-to-one>标签指定的外键字段必须和<key>指定的外键字段一致，则会出现引用字段错误。这样配置完之后就实现了一对多双向关联映射，在加载班级的时候能将对应的学生的信息加载上来，在加载学生的时候也能将对应的班级的信息加载上来。

5.1.4　多对多关联映射

多对多关系映射就是多个对象之间的对应关系，如用户和角色，一个用户可以有多个角色，一个角色也可以有多个用户。Hibernate使用<many-to-many>标签来表示多对多的关联映射，多对多的关联映射，在实体类中，与一对多一样，也是用集合表示的。

1. 多对多关联映射(单向User→Role)

对于用户(User)和角色(Role)，从用户User的角度来看，多对多单向关联映射就是在加载用户User的时候能将其对应的角色Role加载上来。

例5.4　实现用户(User)和角色(Role)之间的多对多单向关联映射。

现在从User的角度来实现多对多单向关联映射，即在加载User对象的时候能将其对应的角色都加载上来，但是无法在加载Role的时候将其对应的用户加载上来，具体映射过程如下。

步骤一：创建实体类，要实现在加载用户User的时候能将其对应的角色都加载上来，那么在实体类User中必须拥有对角色Role的集合引用，因为用户对应的角色不是唯一的，可能有多个，所以要用集合来存放。由于实现的是从用户User的角度查询数据，所以Role不需要拥有对User的引用。

角色Role实体类的代码如下：

```
public class Role {
    private int id;
    private String name;
    public int getId(){
        return id;
    }
    public void setId(int id){
        this.id = id;
```

```
    }
    public String getName(){
        return name;
    }
    public void setName(String name){
        this.name = name;
    }
}
```

用户 User 实体类需要持有对 Role 实体类的集合引用，代码如下：

```
public class User {
    private int id;
    private String name;
    private Set role;
    public Set getRole(){
        return role;
    }
    public void setRole(Set role){
        this.role = role;
    }
    public int getId(){
        return id;
    }
    public void setId(int id){
        this.id = id;
    }
    public String getName(){
        return name;
    }
    public void setName(String name){
        this.name = name;
    }
}
```

要想在加载 User 的时候将其对应的角色的信息加载上来，那么就必须拥有对 Role 实体类的引用，代码中 Role 属性就是 User 实体类对角色 Role 实体类的集合引用。

步骤二：编写映射文件，指定如何映射表，映射成什么样的表。

Role.hbm.xml 映射文件的代码如下：

```
<hibernate-mapping >
    <class name="com.njit.edu.hibernate.Role" table="t_role">
        <id name="id" >
            <generator class="native"/>
        </id>
        <property name="name"/>
    </class>
</hibernate-mapping>
```

Role 实体类中 id 和 name 是两个普通属性，不需要做特殊的映射，id 作为表 t_role 的主键，name 映射为一个普通字段即可。

User.hbm.xml 映射文件的代码如下：

```
<hibernate-mapping>
    <class name="com.njit.edu.hibernate.User" table="t_user">
        <id name="id">
            <generator class="native"/>
        </id>
        <property name="name"/>
        <set name="role" table="t_user_role">
            <key column="userid"/>
            <many-to-many
            class="com.njit.edu.hibernate.Role" column="roleid"/>
        </set>
    </class>
</hibernate-mapping>
```

对实体类 User 的映射就要做特殊的处理了，要实现在加载用户 User 的时候将对应的角色加载上来，由于其角色不唯一，所以必须要采用第三方表的方式将两张表关联起来，第三方表中只需存放两个字段即可，一个是 userid，另一个是 roleid，这两个字段分别作为外键指向表 User 和 Role 的主键，这样就能将两张表通过第三方表关联起来了，<set name="role" table="t_user_role"> 标签中 name 属性代表 User 实体类中对 Role 实体类的集合引用，table 属性指定第三方表的表名，指定之后 Hibernate 会自动生成一张 t_user_role 表，<key column="userid"/>标签的 column 属性是向第三方表中添加一个字段 userid 作为外键指向 t_user 表的主键 id，<many-to-many class="com.njit.edu.hibernate.Role" column="roleid"/> 标签中 class 属性指定集合 Role 中的对象是什么类型，这里指定为 Role 类型，column 属性是向第三方表 t_user_role 中添加一个字段 roleid，并且这个字段作为外键指向 t_role 表的主键 id，这样一来就通过第三方表的方式将两张表连接起来了，在加载 User 的时候就将对应的角色加载上来了。

2. 多对多关联映射(双向 User<—>Role)

多对多双向关联映射与多对多单向关联映射原理是相同的，前面介绍的多对多单向关联映射是从 User 的角度进行映射的，要实现双向映射，则只需在多对多单向关联映射的基础上对 Role 进行与 User 一样的操作即可，具体映射过程如下。

步骤一：在多对多单向关联映射的基础上在实体类 Role 中添加如下代码：

```
private Set user;
    public Set getUser(){
        return user;
    }
    public void setUser(Set user){
        this.user = user;
    }
```

步骤二：修改映射文件 Role.hbm.xml，关键代码如下：

```
<hibernate-mapping >
    <class name="com.njit.edu.hibernate.Role" table="t_role">
        <id name="id" >
            <generator class="native"/>
        </id>
        <property name="name"/>
        <set name="user" table="t_user_role">
            <key column="roleid"/>
           <many-to-many
           class="com.njit.edu.hibernate.User" column="userid"/>
        </set>
    </class>
</hibernate-mapping>
```

<set name="user" table="t_user_role">标签中 name 属性是 Role 实体类中对实体类 User 的引用属性，table 属性指定第三方表的表名，由于是在多对多单向关联映射的基础上进行双向编写的，所以两个映射文件中的第三方表表名要相同，<key column="roleid"/>标签会向第三方表中添加字段 roleid，并且这个字段会作为外键指向 t_role 表的主键，这个字段要和映射文件 User.hbm.xml 中的字段名相同，否则会出现引用字段错误，<many-to-many class="com.njit.edu.hibernate.User" column="userid"/>标签中 class 指定集合 User 中对象的类型，这里指定为 User 对象，column 会向第三方表中添加一个字段 userid，并且作为外键指向 t_user 表，这个字段要和映射文件 User.hbm.xml 中的字段名相同，否则会出现引用字段错误。这样映射之后就能实现多对多双向关联映射了。

5.1.5 cascade 和 inverse

1. cascade

级联(cascade)是对象的连锁操作，对一个对象执行了操作之后，对其指定的级联对象也需要执行相同的操作，cascade 属性并不是多对多关系映射中一定要用的，有了它只是在插入或删除的对象的时候更加方便，只要在 cascade 的源头上插入或者删除，所有的 cascade 的关系都会被自动地插入或删除，例如，当删除一个班级的信息，还需要删除该班级的所有学生的基本信息时，就可以设置班级的 cascade 属性，指定班级的级联对象，在班级执行删除操作的时候对其级联对象也执行相同的操作。

cascade 可以取值为：all、none、sava-update 和 delete。

(1) all 代表在所有情况下都执行级联操作。

(2) none 代表在所有情况下都不执行级联操作。

(3) save-update 代表在保存和更新的时候执行级联操作。

(4) delete 代表删除的时候执行级联操作。

例如，

```
<many-to-one name="group " column="groupid"  cascade="all"/>
```

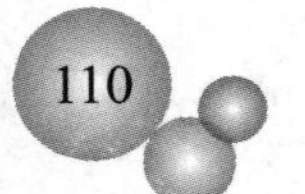

2. inverse

inverse主要用在一对多和多对多双向关联上，inverse可以被设置到集合标签<set>上，<set>的inverse属性决定是否把对set的改动反映到数据库中去。inverse为true表示反映，inverse为false表示不反映，默认inverse为false，当inverse为false的时候可以从两端来维护关系，即可以从“一”一端和“多”一端维护关联关系，如果设置inverse为true，则只能从“多”一端来维护关联关系。

在一对多的关系映射中，如果要“一”方维护关系，就会使在插入或删除“一”方时去更新“多”方的每一个与这个“一”的对象有关系的对象，而如果要“多”方维护关系就不会有更新操作，因为关系就是在多方的对象中，直接插入或者删除多方对象即可。

在多对多的关系映射中，假如有student、teacher和teacherstudent表，student和teacher是多对多关系，那么什么时候插入或删除teacherstudent表中的记录来维护关系呢？在使用Hibernate时，不会显示对teacherstudent表的操作，对teacherstudent表的操作是Hibernate执行的。Hibernate就是根据hbm文件中指定的是“谁”维护关系，那么在插入或删除“谁”时就会触发对关系表的操作。前提是“谁”这个对象已经知道这个关系了，即关系的另一头的对象已经set或者add到“谁”这个对象里了。前面说过inverse默认是false，就是关系的两端来维护关系，对其中任一个操作都会触发对关系表的操作，当在关系的一头，如student表的set中设置inverse为true，那么代表关系是由另一关系维护的(即由teacher维护)，即当插入student表时，不会操作teacherstudent表，即使student已经知道了关系，只有当插入或删除teacher表的时候才会触发对关系表的操作。所以当两头都是true时是不正确的，这样会导致任何操作都不触发对关系表的操作，当两端都是false的时候也是不正确的，这样会导致在关系表中插入两次关系。

注意：inverse属性只影响数据的存储，即持久化。

3. inverse和cascade的区别

(1) inverse是关联关系的控制方向。
(2) cascade是操作上的连锁反应。

5.1.6 Hibernate中立即提交与批处理提交

在Hibernate中，默认情况下，为了减少与数据库连接形成的交互开销，Hibernate对每次的SQL请求都暂存在Session中，而Session的flush方法主要用来清理缓存和执行SQL。

Session在以下3种情况下会执行flush。

(1) 默认在事务提交时。
(2) 显式地调用flush。
(3) 在执行查询前，如iterate(迭代)。

Hibernate按照save(insert)、update、delete的顺序提交相关操作。

1. 主键为uuid时

单元测试类在执行session.save()方法时才会分配id，即将一个对象从Transient状态转换为Persistent状态，如果这个对象的id是由UUID算法分配的，由于UUID是Hibernate

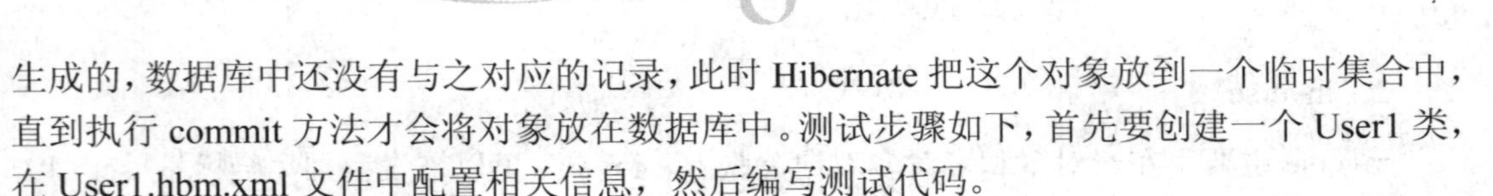

生成的，数据库中还没有与之对应的记录，此时 Hibernate 把这个对象放到一个临时集合中，直到执行 commit 方法才会将对象放在数据库中。测试步骤如下，首先要创建一个 User1 类，在 User1.hbm.xml 文件中配置相关信息，然后编写测试代码。

对象类 User1 的代码如下：

```
public class User1 {
    private String id;
    private String name;
    private String password;
    private Date createTime;
    private Date expireTime;
    public String getId(){
        return id;
    }
    public void setId(String id){
        this.id = id;
    }
    public String getName(){
        return name;
    }
    public void setName(String name){
        this.name = name;
    }
    public String getPassword(){
        return password;
    }
    public void setPassword(String password){
        this.password = password;
    }
    public Date getCreateTime(){
        return createTime;
    }
    public void setCreateTime(Date createTime){
        this.createTime = createTime;
    }
    public Date getExpireTime(){
        return expireTime;
    }
    public void setExpireTime(Date expireTime){
        this.expireTime = expireTime;
    }
}
```

User1.hbm.xml 文件的配置信息如下：

```
<class name="User1" table="t_user1">
        <id name="id" column="user_id" length="32">
```

```
            <generator class="uuid"/>
        </id>
        <property name="name" unique="true" not-null="true" length="20"/>
        <property name="password" not-null="true" length="10"/>
        <property name="createTime" column="create_time"/>
        <property name="expireTime" column="expire_time"/>
    </class>
```

测试代码如下：

```
    public void testSave1(){
            Session session = null;
            Transaction tx = null;
            try {
                session = HibernateUtils.getSession();
                tx = session.b如inTransaction();
                User1 user = new User1();
                user.setName("王五");
                user.setPassword("123");
                user.setCreateTime(new Date());
                user.setExpireTime(new Date());
                session.save(user);
    //因为user的主键生成策略采用的是UUID，所以调用执行save方法后，只是将user纳入到了
//Session的管理，不会发出insert语句，但是id已经生成，Session中existsInDatebase状
//态为false
                  session.flush();
    //执行flush方法后Hibernate会清理缓存，将user对象保存到数据库中，将Session中的
    //insertions中的user对象清除，并且设置Session中existsInDatebase的状态为true
                session.evict(user);
    //将user对象从Session中逐出，即Session的entityEntries属性中逐出
                tx.commit();
            }catch(Exception e){
                e.printStackTrace();
                tx.rollback();
            }finally {
                HibernateUtils.closeSession(session);
            }
        }
```

在执行session.evict(user)之前如果不进行flush操作，则无法提交，因为Hibernate在清理缓存时，在Session的insertions集合中取出user对象进行insert操作后需要更新entityEntries属性中的existsInDatabase为true，而采用evict方法已经将user从Session的entityEntries中逐出了，所以找不到相关数据，无法更新，抛出异常，而执行flush操作之后Hibernate在清理缓存时，在Session的insertions集合中无法找到user对象，所以就不会发出insert语句，也不会更新Session中的existsInDatabase的状态，所以可以成功提交。

2. 主键为 native 时

由于 native 是相应数据库生成的，调用 session.save()方法后将生成 id，并向数据库中发送 SQL 语句，返回由数据库生成的 id，相当于在 native 策略下 save()方法之后会自动调用 flush()方法，清理了缓存，并向数据库发送 SQL 语句。测试步骤为，首先要创建一个 User2 类，在 User2.hbm.xml 文件中配置相关信息，然后编写测试代码。

实例类 User2 的关键代码如下：

```
public class User2 {

    private int id;

    private String name;

    private String password;

    private Date createTime;

    private Date expireTime;

    public String getName(){
        return name;
    }

    public void setName(String name){
        this.name = name;
    }

    public String getPassword(){
        return password;
    }

    public void setPassword(String password){
        this.password = password;
    }

    public Date getCreateTime(){
        return createTime;
    }

    public void setCreateTime(Date createTime){
        this.createTime = createTime;
    }

    public Date getExpireTime(){
        return expireTime;
```

```
    }

    public void setExpireTime(Date expireTime){
        this.expireTime = expireTime;
    }

    public int getId(){
        return id;
    }

    public void setId(int id){
        this.id = id;
    }
}
```

配置 User2.hbm.xml 文件中的相关信息，关键代码如下：

```
<class name="User2" table="t_user2">
        <id name="id" column="user_id">
            <generator class="native"/>
        </id>
        <property name="name" unique="true" not-null="true" length="20"/>
        <property name="password" not-null="true" length="10"/>
        <property name="createTime" column="createtime"/>
        <property name="expireTime" column="expiretime"/>
    </class>
```

编写测试代码，关键代码如下：

```
public void testSave5(){
        Session session = null;
        Transaction tx = null;
        try {
            session = HibernateUtils.getSession();
            tx = session.b如inTransaction();
            User2 user = new User2();
            user.setName("张三11");
            user.setPassword("123");
            user.setCreateTime(new Date());
            user.setExpireTime(new Date());
//因为user的主键生成策略为native,所以调用session.save方法后,将执行insert语句,
返回由数据库生成的id
        //纳入了Session的管理，修改了Session中existsInDatebase状态为true
        //如果数据库的隔离级别设置为未提交读，那么可以看到保存过的数据
            session.save(user);
        //将user对象从Session中逐出，即从Session的entityEntries属性中逐出
            session.evict(user);
//可以成功提交，因为Hibernate在清理缓存时，在Session的insertions集合中无法找到
```

```
//user 对象，所以就不会发出 insert 语句，也不会更新 Session 中的 existsInDatabase 的状态
                tx.commit();
            }catch(Exception e){
                e.printStackTrace();
                tx.rollback();
            }finally {
                HibernateUtils.closeSession(session);
            }
        }
```

3. 主键为 assigned 时

assigned 主键是由外部程序负责生成的，在执行 save 方法之前必须指定一个。由于在 session.udpate(user)后执行了 flush 操作，所以在清理缓存时执行 flush 操作前不会生成 SQL 语句，SQL 会按照用户的意愿执行。

```
        public void testSave7(){
            Session session = null;
            Transaction tx = null;
            try {
                session = HibernateUtils.getSession();
                tx = session.b 如 inTransaction();
                User3 user = new User3();
                user.setId("003");
                user.setName("张三");
                session.save(user);
                user.setName("王五");
                session.update(user);

                session.flush();

                User3 user3 = new User3();
                user3.setId("004");
                user3.setName("李四");
                session.save(user3);
    //因为在 session.udpate(user)后执行了 flush 操作，所以在清理缓存时执行 flush 操作前
//不会生成 SQL 语句，SQL 会按照用户的意愿执行
                tx.commit();
            }catch(Exception e){
                e.printStackTrace();
                tx.rollback();
            }finally {
                HibernateUtils.closeSession(session);
            }
        }
```

5.2 继承与复合映射

5.2.1 继承映射

继承映射就是将面向对象中的继承关系映射到数据库中。继承实现的三种策略如下。

(1) 单表继承：每棵类继承树使用一个表。

(2) 具体表继承：每个子类使用一个表。

(3) 类表继承：每个具体类使用一个表(有一些限制)。

1. 单表继承

单表继承就是每棵类继承树映射成一张表。映射方法是在表中加一个字段来区分是哪一个子类，因为类继承树肯定是对应多个类，要把多个类的信息存放在一张表中，必须有某种机制来区分哪些记录是属于哪个类的，这种机制是在表中添加一个字段，用这个字段的值来进行区分。

例 5.5 将动物 Animal 和其子类 Pig、Bird 之间的继承关系映射到数据库。

步骤一：首先将类与类之间的关系建立起来，即首先创建父类 Animal 和子类 Pig、Bird。

父类 Animal 的代码如下，父类相当于一个抽象类，其中的属性都是所有动物共有的属性，例如，每个动物都有自己的名字和性别。

```
public class Animal {
    private int id;
    private String name;
    private boolean sex;
    public int getId(){
        return id;
    }
    public void setId(int id){
        this.id = id;
    }
    public String getName(){
        return name;
    }
    public void setName(String name){
        this.name = name;
    }
    public boolean isSex(){
        return sex;
    }
    public void setSex(boolean sex){
        this.sex = sex;
    }
}
```

子类 Pig 实体类的关键代码如下，子类 Pig 中添加了一个重量 weight 的属性，是 Pig 类特有的，Bird 类中没有。

```
public class Pig extends Animal {
    private int weight;
    public int getWeight(){
        return weight;
    }
    public void setWeight(int weight){
        this.weight = weight;
    }
}
```

子类 Bird 实体类的关键代码如下，子类 Bird 中也添加了一个 Bird 类特有的属性 height，是 Pig 实体类所没有的。

```
public class Bird extends Animal {
    private int height;
    public int getHeight(){
        return height;
    }
    public void setHeight(int height){
        this.height = height;
    }
}
```

步骤二：编写映射文件 Animal.hbm.xml，由于是将这三个类映射到一张表中，所以只需写一个映射文件即可，编写映射文件的步骤如下。

(1) 父类用普通的<class>标签定义。

(2) 在父类中定义一个 discriminator 标签，即指定这个区分的字段的名称和类型，如<discriminator column="XXX" type="string"/>。

(3) 子类使用<subclass>标签定义。

Animal.hbm.xml 映射文件的关键代码如下：

```
<hibernate-mapping package="com.njit.edu.hibernate">
    <class name="Animal" table="t_animal">
        <id name="id">
            <generator class="native"/>
        </id>
        <discriminator column="type" type="string"/>
        <property name="name"/>
        <property name="sex"/>
        <subclass name="Pig" discriminator-value="P" >
            <property name="weight" />
        </subclass>
        <subclass name="Bird" discriminator-value="B">
            <property name="height" />
```

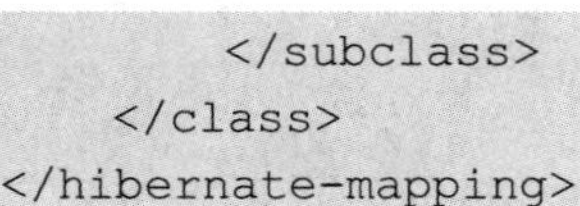

```
        </subclass>
    </class>
</hibernate-mapping>
```

由于两个子类是存到一张表中的，所以需要设置一个鉴别字段来区别哪些记录是属于哪个子类的，要设置这样一个鉴别字段需要用<discriminator column="type" type="string"/>标签，column属性是指定在表中添加什么字段，此处是添加一个名为type的字段，type属性是指定添加的字段是什么类型，此处指定是string类型。<subclass name="Pig" discriminator-value="P" >标签是用来映射子类的，name属性指定子类的类名，discriminator-value属性指定鉴别字段中通过什么值来识别是Pig实体类的对象，此处用P表示是Pig子类，对Bird子类也采用同样的方式映射，<property name="weight" />标签是映射子类中的普通属性的。这样映射之后在存储的时候就能将对应的子类插入到对应的位置上去了，在加载的时候根据鉴别字段就能正确地加载到正确的记录。

在定义subclass的时候，需要注意如下几点：subclass标签的name属性是子类的全路径名，在subclass标签中，用discriminator-value属性来标明本子类的discriminator字段(用来区分不同类的字段)的值，subclass标签既可以被class标签所包含(这种包含关系正是表明了类之间的继承关系)，也可以与class标签平行。当subclass标签的定义与class标签平行的时候，需要在subclass标签中添加extends属性，该属性的值是父类的全路径名称。子类的其他属性像普通类一样，定义在subclass标签的内部。

2. 具体表继承

具体表继承映射就是每个子类映射成一张表，即父类、子类中的每个类都对应一张数据库表，也就是将Animal、Pig以及Bird三个类分别映射一张表，在父类对应的数据库表中，实际上会存储所有的记录，包括父类和子类的记录；在子类对应的数据库表中只定义了子类中所特有的属性映射的字段。子类与父类通过相同的主键值来关联。实现这种策略的步骤如下。

(1) 父类用普通的<class>标签定义即可。

(2) 父类不再需要定义discriminator字段。

(3) 子类用<joined-subclass>标签定义。

要实现具体表继承映射只需在单表继承映射的基础上修改存储关系，即修改映射文件Animal.hbm.xml中的配置信息，关键代码如下：

```
<hibernate-mapping package="com.njit.edu.hibernate">
    <class name="Animal" table="t_animal">
        <id name="id">
            <generator class="native"/>
        </id>
        <property name="name"/>
        <property name="sex"/>
        <joined-subclass name="Pig" table="t_pig">
            <key column="pid"/>
            <property name="weight"/>
        </joined-subclass>
```

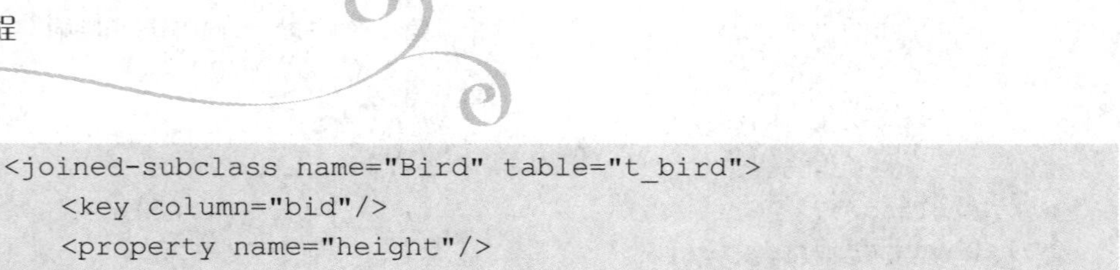

```
        <joined-subclass name="Bird" table="t_bird">
            <key column="bid"/>
            <property name="height"/>
        </joined-subclass>
    </class>
</hibernate-mapping>
```

<joined-subclass name="Pig" table="t_pig">标签是映射子类的，name 属性指定子类，table 属性指定映射成的表的表名，<key column="pid"/>标签会向表 t_pig 中添加一个外键 pid，并且这个外键指向 t_animal 表的主键 id，同理，Bird 实体类也是这样映射的。

在定义 joined-subclass 的时候需要注意如下几点：

<joined-subclass>标签的 name 属性是子类的全路径名，joined-subclass 标签需要包含一个 key 标签，这个标签指定了子类和父类之间是通过哪个字段来关联的。如<key column="PARENT_KEY_ID"/>，这里的 column 实际上就是父类的主键对应的映射字段名称。joined-subclass 标签既可以被 class 标签所包含(这种包含关系正是表明了类之间的继承关系)，也可以与 class 标签平行。当 joined-subclass 标签的定义与 class 标签平行的时候，需要在 joined-subclass 标签中添加 extends 属性，该属性的值是父类的全路径名称。子类的其他属性像普通类一样，定义在 joined-subclass 标签的内部。

3. 类表继承

类表继承映射就是每个具体类映射成一张表。类表继承映射的方法是使用<union-subclass>标签来定义子类。每个子类对应一张表，而且这张表的信息是完备的，即包含了所有从父类继承下来的属性映射的字段(这就是它与 joined-subclass 的不同之处，joined-subclass 定义的子类的表只包含子类特有属性映射的字段)。实现这种策略的步骤如下。

(1) 父类用普通<class>标签定义即可。

(2) 子类用<union-subclass>标签定义。

在单表继承映射的基础上对映射关系进行修改即可实现类表继承映射，关键代码如下：

```
<hibernate-mapping package="com.njit.edu.hibernate">
    <class name="Animal" table="t_animal">
        <id name="id">
            <generator class="assigned"/>
        </id>
        <property name="name"/>
        <property name="sex"/>
        <union-subclass name="Pig" table="t_pig" >
            <property name="weight"/>
        </union-subclass>
        <union-subclass name="Bird" table="t_bird">
            <property name="height"/>
        </union-subclass>
    </class>
</hibernate-mapping>
```

<union-subclass name="Pig" table="t_pig" >标签是用来映射子类的，name 属性指定子类，table 属性指定子类要映射成的表，其中的子标签<property name="weight"/>映射子类中的普通属性，注意，在保存对象的时候 id 是不能重复的，即不能使用自增生成主键 native。

在定义 union-subclass 的时候需要注意如下几点：union-subclass 标签不再需要包含 key 标签(与 joined-subclass 不同)，union-subclass 标签既可以被 class 标签所包含(这种包含关系正是表明了类之间的继承关系)，也可以与 class 标签平行。当 union-subclass 标签的定义与 class 标签平行的时候，需要在 union-subclass 标签中添加 extends 属性，该属性的值是父类的全路径名称。子类的其他属性像普通类一样，定义在 union-subclass 标签的内部。这个时候，虽然在 union-subclass 标签里面定义的只有子类的属性，但是因为它继承了父类，所以不需要定义其他属性，在映射到数据库表的时候，依然包含了父类的所有属性的映射字段。

4. component 映射

在 Hibernate 中，component 是某个实体的逻辑组成部分，例如，用户和员工，都有共同的几个属性，那么这几个共同的属性就可以被抽取出来单独放到一个类中，这样就可以被多个对象使用，被抽取出来的这部分属性构成的那个类不是实体类，只是实体类的逻辑组成部分，因为它在存储的时候并不被映射成表，但是其中的属性会被添加到引用它的实体类所映射的表中，它与实体的根本区别是没有 oid，component 可以成为是值对象(DDD)。

采用 component 映射的好处：它实现了对象模型的细粒度划分，层次更分明，复用率更高。

例 5.6　实现对用户(User)实体类中邮箱、地址、邮政编码、联系人等属性的抽取作为一个单独的类，但是在存储的时候将其存到引用它的表中。

步骤一：编写类文件。

Contact_component 类的代码如下，Contact_component 类中放置的都是公共属性，可以被多个实体类使用。

```
public class Contact_component {
    private String email;
    private String address;
    private String zipcode;
    private String contact;
    public String getEmail(){
        return email;
    }
    public void setEmail(String email){
        this.email = email;
    }
    public String getAddress(){
        return address;
    }
    public void setAddress(String address){
        this.address = address;
    }
    public String getZipcode(){
```

```
        return zipcode;
    }
    public void setZipcode(String zipcode){
        this.zipcode = zipcode;
    }
    public String getContact(){
        return contact;
    }
    public void setContact(String contact){
        this.contact = contact;
    }

}
```

User 实体类的代码如下：

```
public class User {
    private int id;
    private String name;
    private Contact_component contact_component;
    public Contact_component getContact_component(){
        return contact_component;
    }
    public void setContact_component(Contact_component contact_component){
        this.contact_component = contact_component;
    }
    public int getId(){
        return id;
    }
    public void setId(int id){
        this.id = id;
    }
    public String getName(){
        return name;
    }
    public void setName(String name){
        this.name = name;
    }

}
```

User 实体类中存放了对 Contact_component 实体类的引用，在映射文件中配置相关信息之后就能将 Contact_component 类中的属性添加到 User 实体类映射的表中。

步骤二：编写映射文件，代码如下：

```
<hibernate-mapping package="com.njit.edu.hibernate">
    <class name="User" table="t_user">
        <id name="id">
```

```
            <generator class="native"/>
        </id>
        <property name="name"/>
        <component name="contact_component">
            <property name="email"/>
            <property name="address"/>
            <property name="zipcode"/>
            <property name="contact"/>
        </component>

    </class>
</hibernate-mapping>
```

<component name="contact_component">标签用于映射对Contact_component类的引用，name属性指定引用的属性名，其子标签<property name="email"/>是对Contact_component类中属性的映射，这样映射之后就能将对应的属性添加到实体类User映射的表中。

5.2.2　复合(联合)主键映射

在日常开发中通常会遇到这样一种情况，数据库中的某张表需要多个字段列才能唯一确定一行记录，这时表就需要使用复合主键，实现复合主键通常采用的方法是将复合主键相关的属性单独放到一个类中，此类必须实现序列化接口，覆写hashcode和equals方法，实体类只需包含主键类的一个引用即可。

例5.7　在全国范围内找一个学生。

要在全国范围内找一个学生，那么必须要知道学生的学校和学号，这样才能唯一确认一个学生，实现具体映射过程如下。

步骤一：编写实体类Student和主键类StudentPK，由于实体类映射的表中需要多个字段才能唯一确定一行记录，所以将这几个属性抽取出来，单独放到主键类中。

StudentPK主键类的代码如下，将学校名称和学号抽取出来放到主键类中，在实体类只需拥有一个对主键类的引用即可，主键类要实现序列化接口并且要覆写hashcode和equals方法。

```
public class StudentPK implements Serializable {
    private int studentnum;
    private String school;
    public int getStudentnum(){
        return studentnum;
    }
    public void setStudentnum(int studentnum){
        this.studentnum = studentnum;
    }
    public String getSchool(){
        return school;
    }
    public void setSchool(String school){
        this.school = school;
```

```
    }
    @Override
    public int hashCode(){
        final int prime = 31;
        int result = 1;
        result = prime * result +((school == null)? 0 : school.hashCode());
        result = prime * result + studentnum;
        return result;
    }
    @Override
    public boolean equals(Object obj){
        if(this == obj)
            return true;
        if(obj == null)
            return false;
        if(getClass()!= obj.getClass())
            return false;
        StudentPK other =(StudentPK)obj;
        if(school == null){
            if(other.school != null)
                return false;
        } else if(!school.equals(other.school))
            return false;
        if(studentnum != other.studentnum)
            return false;
        return true;
    }
}
```

Student 实体类的代码如下，持有主键类的一个引用。

```
public class Student {
    private String name;
    private int age;
    public int getAge(){
        return age;
    }
    public void setAge(int age){
        this.age = age;
    }
    private String height;
    private StudentPK studentPK;
    public StudentPK getStudentPK(){
        return studentPK;
    }
    public void setStudentPK(StudentPK studentPK){
        this.studentPK = studentPK;
    }
    public String getName(){
```

```
        return name;
    }
    public void setName(String name){
        this.name = name;
    }

    public String getHeight(){
        return height;
    }
    public void setHeight(String height){
        this.height = height;
    }
}
```

步骤二：映射文件的代码如下：

```
<hibernate-mapping>
    <class name="com.njit.edu.hibernate.Student" table="t_student">
        <composite-id name="studentPK">
            <key-property name="studentnum"/>
            <key-property name="school"/>
        </composite-id>
        <property name="name"/>
        <property name="age"/>
        <property name="height"/>
    </class>
</hibernate-mapping>
```

<composite-id name="studentPK">标签是用于设置复合主键的，name 属性是实体类中对主键类的引用属性，<key-property name="studentnum"/>标签用于映射设置主键类中的属性。

5.2.3　悲观锁、乐观锁

1. 悲观锁

悲观锁指悲观地认为每个事务在操纵数据时，肯定会有其他的事务同时访问该数据资源，当前事务为防止自身受到影响，先将相关数据资源锁定，直到事务结束后释放锁定。悲观锁的实现，通常依赖于数据库机制，在整个过程中将数据锁定，其他任何用户都不能读取或修改，类似于 Java 中的线程安全机制。例如，图书馆中某本书的库存，有两个人要借阅该书，那么在其中一人借阅的时候将库存锁住，这样其他用户就不能借阅了，当这个用户借阅完毕就会将该锁释放掉，然后其他的用户获得这个锁再进行对库存的更新。

实现方法一：在加载数据的时候就将数据锁起来，Hibernate 提供的加载方法 Load 可以给数据加锁，hibernate.Session.load(Class arg0，Serializable arg1，LockMode arg2)方法中第三个参数就是用来加锁的，通常设置为 LockMode. UPGRADE。

LockMode 主要的锁定方式见表 5-1。

表 5-1　LockMode 主要的锁定方式

锁定方式	功　　能
LockMode.NONE	Hibernate 的默认值，首先到缓存中检索，检索不到时连接数据库
LockMode.READ	不检索缓存，直接到数据库中加载。如果在实体配置文件中配置了版本元素，则比较缓存中的版本与数据库中的版本是否一致
LockMode.UPGRADE	在 READ 的基础上，如果数据库支持悲观锁，则执行 select…for update 语句，否则执行变通的 select 语句
UPGRADE_NOWAIT	主要是针对 Oracle 数据库，在 UPGRADE 的基础上，如果执行 select 语句不能获得锁，则会抛出锁定异常

实现方式二：通过逻辑实现锁定数据。原理是在实体类的数据库表中设定一个 boolean 的字段，当这个字段为 true，表示该数据正在被访问，此时记录被锁定。如果为 false，则表示可以访问。实现过程：①当访问的数据为 false 时，表示可以访问，此时修改字段为 true，以避免其他对象访问，操作完成后再设此字段为 false，以让等待的对象访问；②当访问的数据为 true 时，表示不可被访问。

2. 乐观锁

乐观锁大多数基于数据版本记录机制(version)实现，一般是在数据库表中加入一个 version 字段，读取数据时将版本号一同读出，之后更新数据时将版本号增加 1，如果提交数据时版本号小于或等于数据表中的版本号，则认为数据是过期的，不予更新，若版本号大于数据表中的版本号则给予更新。

实现方法：在创建实体类的时候就在实体类中添加一个记录版本的属性，如 version，然后再在映射文件中进行配置，首先要在 class 标签中添加属性 optimistic-lock="version"，如<class name="com.njit.edu.hibernate.Inventory" table="t_inventory" optimistic-lock="version" >，然后再添加标签<version name="记录版本的属性"/>，如<version name="version"/>。

5.3　Hiberate 的懒加载技术

所谓懒加载(lazy)就是延迟加载，延迟加载是指只在真正使用该对象时，才会加载，对于 Hibernate 而言，真正使用的时候才会发出 SQL 指令。

当要访问的数据量过大时，不适合用缓存，因为内存容量有限，为了减少并发量，减少系统资源的消耗，让数据在需要的时候才进行加载，这时就用到了懒加载。如部门与员工是一对多的关系，如果 lazy 设置为 false，那么只要加载了一个部门的 po，就会根据一对多配置的关系把所有员工的 po 也加载进来。但是实际上有时候只是需要用到部门的信息，不需要用到员工的信息，这时员工 po 的加载就等于浪费资源。如果 lazy 设置为 true，那么只有访问部门 po 的员工信息时候才加载员工的 po 的信息。lazy 有三个值：true、false 和 proxy，默认为 lazy="proxy"。具体设置就需求而定。假如在 student 对象中包含一个 head 对象，如果确定在用 student 对象的时候就要用到 head 对象里的属性，那么就需要设置立即加载，这样在查询 student 的同时就会查询 student 的 head，hibernate 就会在查询的时候关联两张表从而生成的 SQL 语句就可能只有一条。而如果设置的是延迟加载，那么肯定会要生成 1+*N* 条 SQL 语句，其中“1”是查询 student 的语句，“*N*”是根据 *N* 个 student 的 id 去查询 head 的 *N* 条语句。而且，延迟加载是要用到的时候才去执行查询，这样系统判断哪里需要加载，哪里不需要加载也需要时间，性能上肯定不如立即加载。如果有的地方需要用到 student 的时候才用到 head 属性，那么就需要设置成延迟加载，因为查询两张表的数据肯定要比查询一张表的数据消耗大。

lazy 策略可以使用在以下几方面。

(1) <class>标签上，可以取值：true、false(<class> 标签上的 lazy 特性只对普通属性起作用)。

(2) <property>标签上，可以取值：true、false，需要类增强工具。

(3) <set>、<list>标签上，可以取值：true、false、extra。

(4) <one-to-one>、<many-to-one>单端关联上，可以取值：false、proxy、noproxy。

5.3.1 Hibernate 在 class 上的 lazy 策略

class 标签可以取值为 true 或 false，Hibernate 支持 lazy 策略只有在 Session 打开状态下有效，<class>标签上的 lazy 特性只对普通属性起作用。

如果想对实体对象使用延迟加载，必须要在实体的映射配置文件中进行相应的配置，代码如下：

```
<hibernate-mapping>
<class name="com.njit.hibernate.Group" table="t_group" lazy="true">
</class>
< /hibernate-mapping>
```

创建单元测试类测试实体对象中懒加载的具体实现过程，测试代码如下：

```
//设置<class>标签上的 lazy 为 true，也就是保留默认配置
public class ClassLazyTest extends TestCase {
    public void testLoad1(){
        Session session = null;
        try {
            session = HibernateUtils.getSession();

            session.beginTransaction();
            //不会发出 SQL 指令
            Group group =(Group)session.load(Group.class, 1);
            //不会发出 SQL 指令
            System.out.println("group.id=" + group.getId());
            //会发出 SQL 指令
            System.out.println("group.name=" + group.getName());
            session.getTransaction().commit();
        }catch(Exception e){
            e.printStackTrace();
```

```
            session.getTransaction().rollback();
        }finally {
            HibernateUtils.closeSession(session);
        }
    }
```

当运行到 Group group =(Group)session.load(Group.class，1)；处时，Hibernate 并没有发起对数据的查询，如果此时使用调试工具观察 group 对象的内存快照，会发现此时返回的可能是 Group$EnhancerByCGLIB$$bede8986 类型的对象，而且其属性为 null。这是因为 session.load()方法会返回实体对象的代理类对象，这里所返回的对象类型就是 User 对象的代理类对象。在 Hibernate 中通过使用 CGLIB 来实现动态构造一个目标对象的代理类对象，并且在代理类对象中包含目标对象的所有属性和方法，而且所有属性均被赋值为 null。通过调试器显示的内存快照，可以看出此时真正的 Group 对象包含在代理对象的 CGLIB$CALBACK_0.target 属性中，当代码运行到 System.out.println("group.name=" + group.getName())；处时，调用 group.getName()方法，通过 CGLIB 赋予的回调机制，实际上调用的是 CGLIB$CALBACK_0.getName()方法，当调用该方法时，Hibernate 会首先检查 CGLIB$CALBACK_0.target 属性是否为 null，如果不为 null，则调用目标对象的 getName 方法，如果为 null，则会发起数据库查询，生成类似这样的 SQL 语句：select * from group where id='1';来查询数据，并构造目标对象，并且将它赋值到 CGLIB$CALBACK_0.target 属性中。这样，通过一个中间代理对象，Hibernate 实现了实体的延迟加载，只有当用户真正发起获得实体对象属性的动作时，才真正会发起数据库查询操作。所以实体的延迟加载是用通过中间代理类完成的，而只有 session.load()方法才会利用实体延迟加载，因为只有 session.load()方法才会返回实体类的代理类对象。

5.3.2 Hibernate 在集合上的 lazy 策略

集合可以取值为 true、false 或 extra，<class>标签上的 lazy 不会影响到集合上的 lazy 特性。

在 Hibernate 的延迟加载机制中，针对集合类型的应用的意义是最为重大的，因为这有可能使性能得到大幅度的提高，为此 Hibernate 进行了大量的努力，其中包括对 JDK Collection 的独立实现，在一对多关联中，定义的用来容纳关联对象的 Set 集合并不是 java.util.Set 类型或其子类型，而是 net.sf.hibernate.collection.Set 类型，通过使用自定义集合类的实现，Hibernate 实现了集合类型的延迟加载。为了对集合类型使用延迟加载，必须配置实体类的关于关联的部分，代码如下：

```
<hibernate-mapping package="com.njit.hibernate">
    <class name="Classes" table="t_classes">
…
        <set name="students" inverse="true" cascade="all" lazy="true">
        <key column="classesid"/>
        <one-to-many class="Student"/>
        </set>
    </class>
</hibernate-mapping>
```

(1) 通过将<set>元素的 lazy 属性设置为 true(即保留 lazy 默认设置)来开启集合类型的延迟加载特性。关键代码如下：

```
public void testLoad1(){
        Session session = null;
        try {
            session = HibernateUtils.getSession();
            session.beginTransaction();
            //不会发出 SQL 指令
            Classes classes =(Classes)session.load(Classes.class, 1);
            //不会发出 SQL 指令
            Set students = classes.getStudents();
            //会发出 SQL 指令
            for(Iterator iter=students.iterator(); iter.hasNext();){
                Student student =(Student)iter.next();
                System.out.println("student.name=" + student.getName());
            }
            session.getTransaction().commit();
        }catch(Exception e){
            e.printStackTrace();
            session.getTransaction().rollback();
        }finally {
            HibernateUtils.closeSession(session);
        }
    }
```

当代码执行到 Classes classes =(Classes)session.load(Classes.class,1);时并不会发起对关联数据的查询来加载关联数据，只有运行到 Iterator iter=students.iterator();处时，真正的数据读取操作才会开始，这时 Hibernate 会根据缓存中符合条件的数据索引来查找符合条件的实体对象。如果没有找到对应的数据索引，就会发出一条 select SQL 指令，获得符合条件的数据，并构造实体对象集合和数据索引，然后返回实体对象的集合，并且将实体对象和数据索引纳入 Hibernate 的缓存之中。另一方面，如果找到对应的数据索引，则从数据索引中取出 id 列表，然后根据 id 在缓存中查找对应的实体，如果找到就从缓存中返回，如果没有找到再发起 select SQL 查询。

(2) 通过将<set>元素的 lazy 属性设置为 false 来测试集合类型的延迟加载特性，关键代码如下：

```
            session = HibernateUtils.getSession();
            session.b如inTransaction();
            //会发出 SQL 指令
            Classes classes =(Classes)session.load(Classes.class, 1);
            //不会发出 SQL 指令
            System.out.println("classes.name=" + classes.getName());
            //不会发出 SQL 指令
            Set students = classes.getStudents();
            //会发出 SQL 指令
```

由于此时设置了 lazy 标签为 false，即没有开启懒加载，所以当程序运行到 Classes classes =(Classes)session.load(Classes.class，1)；处时就会发出查询指令，而不是在使用对象的时候才会去查询数据。

(3) 通过将<set>元素的 lazy 属性设置为 extra 来测试集合类型的延迟加载特性，测试代码如下：

```
public void testLoad2(){
Session session = null;
try {
    session = HibernateUtils.getSession();
    session.beginTransaction();
    //不会发出 SQL 指令
    Classes classes =(Classes)session.load(Classes.class, 1);
    //不会发出 SQL 指令
    Set students = classes.getStudents();
    //会发出 SQL 指令，发出一条比较智能的 SQL 指令
    System.out.println("student.count=" + students.size());
    session.getTransaction().commit();
}catch(Exception e){
    e.printStackTrace();
    session.getTransaction().rollback();
}finally {
    HibernateUtils.closeSession(session);
}
}
```

lazy 中的 extra 属性与 true 属性大体相同，也是当程序运行到 Classes classes=(Classes) session.load(Classes.class，1)；处时并不会发起对关联数据的查询来加载关联数据，而是在真正使用对象的时候才会发起对关联数据的查询。然而与 true 属性不同的是，extra 是一种比较聪明的懒加载策略，即调用集合的 size、contains 等方法的时候，Hibernate 并不会去加载整个集合的数据，而是发出一条聪明的 SQL 指令，以便获得需要的值，只有在真正需要用到这些集合元素对象数据的时候，才去发出查询指令加载所有对象的数据。

5.3.3 Hibernate 在单端关联上的 lazy 策略

lazy 可以取值为 false、proxy 和 noproxy，<class>标签上的 lazy 不会影响到单端关联上的 lazy 特性。

在 Hibernate3 中引入了一种新的特性——属性的延迟加载，这个机制又为获取高性能查询提供了有力的工具。在读取数据对象时，假设在 Group 对象中有一个 name 字段，当加载该对象时，必须加载这个字段，而不论是否真的需要它，而且这种大数据对象的读取本身会带来很大的性能开销。在 Hibernate3 中，可以通过属性延迟加载机制获得只有真正需要操作这个字段时才去读取这个字段数据的能力，为此必须配置实体类，代码如下：

```
<hibernate-mapping>
    <class name="com.njit.hibernate.Group" table="t_group">
```

```
...
        <property name="name"/>
    </class>
</hibernate-mapping>
```

通过将<property>元素的 lazy 属性设置 true(即保持默认值)来开启属性的延迟加载，编写测试方法来测试其属性特点，测试代码如下：

```
public void testLoad1(){
        Session session = null;
        try {
            session = HibernateUtils.getSession();
            session.beginTransaction();
            //不会发出 SQL 指令
            User user =(User)session.load(User.class, 1);
            //会发出 SQL 指令
            System.out.println("user.name=" + user.getName());
            //不会发出 SQL 指令
            Group group = user.getGroup();
            //会发出 SQL 指令
            System.out.println("group.name=" + group.getName());
            session.getTransaction().commit();
        }catch(Exception e){
            e.printStackTrace();
            session.getTransaction().rollback();
        }finally {
            HibernateUtils.closeSession(session);
        }
    }
```

进行了上面的配置之后，程序运行到 Group group = user.getGroup(); 处时并不会发起对关联数据的查询来加载关联数据，而是在真正使用 name 这个属性的时候才会发起对关联数据的查询。

如果进行如下配置，即将<many-to-one>中的 lazy 设置为 false，其他保留默认值，Hibernate 在访问普通属性时发出两条 SQL 指令查询属性以及对应的关联对象。配置代码如下：

```
<hibernate-mapping>
    <class name="com.njit.hibernate.User" table="t_user" >
        <id name="id">
            <generator class="native"/>
        </id>
        <property name="name"/>
         <many-to-one name="group" column="groupid" lazy="false"/>
    </class>
```

编写测试代码测试此配置懒加载的特点，测试代码如下：

```
session = HibernateUtils.getSession();
            session.b 如 inTransaction();
            //不会发出 SQL 指令
            User user =(User)session.load(User.class, 1);
            //会发出 SQL 指令，发出两条 SQL 指令分别加载 User 和 Group
            System.out.println("user.name=" + user.getName());
            //不会发出 SQL 指令
            Group group = user.getGroup();
            //不会发出 SQL 指令
```

进行了如上配置之后，当程序运行到 System.out.println("user.name=" + user.getName());时会发出两条查询指令，分别加载 User 和 Group。

将 class 标签上 lazy 设置成 false，其他保留默认值，不会影响单端关联，也不会影响集合。测试代码如下：

```
session = HibernateUtils.getSession();
session.b 如 inTransaction();
//会发出 SQL 指令
User user =(User)session.load(User.class, 1);
//不会发出 SQL 指令
System.out.println("user.name=" + user.getName());
//不会发出 SQL 指令
Group group = user.getGroup();
//会发出 SQL 指令
```

由于设置了 class 标签上的 lazy 属性为 false，所以不会影响单端关联，也不会影响集合。当程序运行到 User user =(User)session.load(User.class，1);处时会发出 SQL 查询指令，不会再等到使用对象的时候再去查询。

5.4 HQL 查询

HQL 用面向对象的方式生成 SQL，以类和属性来代替表和数据列，支持多态，支持各种关联，减少了 SQL 的冗余。HQL 支持所有的关系数据库操作，如连接、投影、聚合、排序、子查询、SQL 函数等，在 HQL 中关键字不区分大小写，但是属性和类名区分大小写。

5.4.1 简单属性查询

单一属性查询，返回结果集属性列表，元素类型和实体类中相应的属性类型一致；多个属性查询，返回的集合元素是对象数组，数组元素的类型和对应的属性在实体类中的类型一致，数组的长度取决于 select 中属性的个数；如果认为返回数组不够对象化，可以采用 HQL 动态实例化对象。

1. 单一属性查询

查询语句格式为：select 属性 from 实体类。

例如，实体类Student中有name等多个属性，现将Student实体类映射成表t_student，那么默认情况下 name 就会被映射成为表中的一个名为 name 的字段，如果此时想要查询t_student表中所有的姓名信息，查询语句为：

List students = session.createQuery("select name from Student").list();

此时返回的结果集List中存放的不是students对象集合，而是students对象的属性的集合，是属性列表，并且元素类型和实体类中相应的属性类型一致。

2. 多个属性查询

查询语句格式为：select 属性 1,属性 2 from 实体类的类名。

例如，实体类Student中有name、id等多个属性，现将Student实体类映射成表t_student，如果此时想要查询t_student表中所有的name、id信息，即查询多个属性，查询语句如下：

```
List students = session.createQuery("select id, name from Student").list();
for(Iterator iter=students.iterator(); iter.hasNext();){
            Object[] obj =(Object[])iter.next();
            System.out.println(obj[0] + "," + obj[1]);
        }
```

此时返回的是一个Object对象数组，数组元素的类型和对应的属性在实体类中的类型一致，数组的长度取决于select中属性的个数，此时返回的对象数组obj中第0个元素就是id，第一个元素是name。

3. 返回Student实体对象

查询语句格式为：select new 实体类(属性 1，属性 2)from 实体类。

采用HQL动态实例化Student对象可以返回Student实体对象，例如，实体类Student中有id、name等多个属性，如果想得到一个查询结果是Student实体对象集合，而不是属性集合，就可以采用这种动态实例化Student的方法，查询语句为：

List students = session.createQuery("select new Student(id, name)from Student").list();此时返回的是一个 Student 对象集合，而不是属性集合，因为在查询的时候动态地实例化了Student对象。

4. 别名查询

查询语句格式为：select 别名.属性 1，别名属性.2 from 实体类 Student 别名。或者：select 别名.属性 1，别名属性.2 from 实体类 as 别名。

例如，要查询Student实体类中的id和name属性则代码如下：

```
select s.id, s.name from Student as s
```

5.4.2 实体对象查询

1. 实体对象查询

实体对象查询就是直接查询实体对象，查询方式有多种，返回的都是一个实体类对象的集合。

例如，查询 Student 实体类对象，可以有以下多种写法。

(1) 可以忽略 select，直接按照“from 实体类类名”这种格式查询，查询语句为：

List students = session.createQuery("from Student").list();

(2) 可以使用别名，按照“from 实体类类名　别名”这种格式查询，查询语句为：

List students = session.createQuery("from Student s").list();

(3) 可以使用 as 命名别名，按照“from 实体类类名 as 别名”这种格式查询，查询语句为：

List students = session.createQuery("from Student as s").list();

(4) 不省略 select，按照“select 别名　from 实体类类名 as 别名”这种方式查询，当使用 select 时必须使用别名，查询语句为：

List students = session.createQuery("select s from Student as s").list();

2. N+1 问题

在使用 query.iterate 查询的时候，有可能出现 N+1 问题，所谓的 N+1 是在查询的时候发出了 N+1 条 SQL 指令，1：首先发出一条查询对象 id 列表的 SQL 指令，N：根据 id 列表到缓存中查询，如果缓存中不存在与之匹配的数据，那么会根据 id 发出相应的 SQL 指令。而使用 list 查询的时候发出一条 SQL 指令，不会出现 N+1 问题。

list 和 iterate 的区别：list 每次都只发出一条 SQL 指令，然后 list 会向缓存中放入数据，而不利用缓存中的数据；而 iterate 在默认情况下是利用缓存数据的，如果缓存中存在数据则只发一条 SQL 指令，如果缓存中不存在数据就有可能出现发出 N+1 条 SQL 指令的情况，即出现 N+1 问题。

对于 query.iterate 来说，程序执行如下所示的代码时不会出现 N+1 问题，原因是在调用 query.iterate 方法查询之前就已经调用 list 方法查询过数据了，在使用 list 方法查询数据的时候会向缓冲区中放入数据，此时 iterate 在缓存中能直接得到要查询的数据，所以不会出现 N+1 问题，如果在调用 query.iterate 方法之前没有调用 list 方法，即缓存中没有要查询的数据的时候就会出现 N+1 问题。

```
List students = session.createQuery("from Student").list();
            for(Iterator iter=students.iterator(); iter.hasNext();){
                Student student =(Student)iter.next();
                System.out.println(student.getName());
            }
        Iterator iter = session.createQuery("from Student").iterate();
            while(iter.hasNext()){
                Student student =(Student)iter.next();
                System.out.println(student.getName());
            }
```

对于 list 方法来说，如果程序执行一次 list 方法再去执行第二次，在第二次调用 list 方法的时候 list 还是会发出一条 SQL 指令，虽然在一级缓存中已经有了对象数据，但 list 默认情况下不会利用缓存，而再次发出 SQL 指令时，在默认情况下，list 会向缓存中放入数据，但不会利用数据，所以 list 每次都会发出一条 SQL 指令，关键代码如下：

```
List students = session.createQuery("from Student").list();
            for(Iterator iter=students.iterator(); iter.hasNext();){
```

```
            Student student =(Student)iter.next();
            System.out.println(student.getName());
        }
        students = session.createQuery("from Student").list();
        for(Iterator iter=students.iterator(); iter.hasNext();){
            Student student =(Student)iter.next();
            System.out.println(student.getName());
        }
```

5.4.3 条件查询

查询格式：select 别名.属性 1，别名属性.2 from 实体类 Student 别名 where 条件。

例如，要查询 Student 实体类中姓“李”的学生，有以下几种查询方式。

(1) 可以采用拼字符串的方式传递参数。查询语句为：

List students = session.createQuery("select s.id, s.name from Student s where s.name like '%李%'").list();

这样就将所有姓“李”的学生以及包含“李”的学生给查询出来了。

(2) 可以采用“?”来传递参数(索引从 0 开始)。查询语句如下：

List students = session.createQuery("select s.id, s.name from Student s where s.name like ?").setParameter(0, "%李%").list();

setParameter 方法中第一个参数是指条件的位置，是从 0 开始的，由于此处只有一个“?”，所以要设置为 0，第二个参数是查询条件。

(3) 可以采用“:参数名”来传递参数。查询语句如下：

List students = session.createQuery("select s.id, s.name from Student s where s.name like :myname").setParameter("myname", "%李%").list();

此处可以传递多个参数，即有多个查询条件，如果查询姓名中包含“李”并且 id 为 12 的学生，查询语句如下：

```
    List students = session.createQuery("select s.id, s.name from Student s where s.name
like  :myname  and  s.id=:myid").setParameter("myname",  "%1%").setParameter("myid",
12).list();
```

5.4.4 分页查询

分页查询分为真分页和假分页两种，传统的数据库分页显示多为假分页，即一次将所有的数据取出，分成多页显示，这样虽然移植性好但是很容易导致内存溢出或降低查询速度。真分页即一次仅取出当页的数据，大大降低了内存的使用率。

Hibernate 分页查询即真分页查询，不仅速度非常快，移植性比较好，可以直接调用 Hibernate 中的 setFirstResult()设置分页的开始位置，调用 setMaxResults()设置每页显示多少条数据，查询实体类 Student 中从 0 开始，一页显示两条记录的查询方法如下：

```
        List students = session.createQuery("from Student")
                                    .setFirstResult(0)
```

```
                                        .setMaxResults(2)
                                        .list();
```

5.4.5 对象导航查询

HQL 查询语言符合 Java 程序员的编程习惯，查询过程都以对象的方式进行，当一个对象与另一个对象存在依赖关系时，可以通过“.”符号进行导航。

例如，实体类 Student 和 Class 之间是多对一双向关联映射关系，即 Student 实体类中拥有对实体类 Class 的引用，那么可以通过 Student 来调用 Class 中的属性，如查询班级为“1”的学生的姓名，查询语句如下：

List students = session.createQuery("select s.name from Student s where s.classes.name like '%1%'").list();

5.4.6 连接查询

连接查询包括内连接和外连接两种，内连接是将两张表中相等的元组列出来，外连接包括左连接和右连接。左连接是如果在连接查询中，左端的表中所有的元组都列出来，并且能在右端的表中找到匹配的元组。如果在右端的表中没能找到匹配的元组，那么对应的元组是空值(NULL)。右连接与左连接类似，只是右端表中的所有元组都列出，限制左端表的数据必须满足连接条件，而不管右端表中的数据是否满足连接条件，均输出表中的内容。

例如，要查询学生的姓名和班级，可以采用内连接进行查询，不需要再像 SQL 中的那样定义为“SELECT * FROM 学生表 INNER JOIN 班级表 ON 学生表.姓名=班级表.姓名”，因为已经映射了两张表，可以直接采用“.”来进行导航，关键代码如下：

```
    List students = session.createQuery("select c.name, s.name from Student s
inner join s.classes c").list();
```

如果要将所有的班级都查询出来，此时班级这张表是处于连接管道的左边，学生表处于连接管道的右端，所以要查询所有的班级就要使用左连接，而要查询所有的学生就要使用右连接，左连接查询语句如下：

```
    List students = session.createQuery("select c.name, s.name from Classes c
left join c.students s").list();//左连接
```

右连接的查询语句如下：

```
    List students = session.createQuery("select c.name, s.name from Classes c
right join c.students s").list();//右连接
```

5.4.7 统计查询

统计查询与 SQL 查询类似，依旧采用 count()、 max()、sum()等聚集函数来进行查询，如果查询后返回的是单一值，如 count()、 max()、sum()等函数，可以采用 Hibernate 中的 uniqueResult 方法，这样就可以得到返回的单一的值，如果没有值返回，就为空。

如果要查询实体类中共有多少条记录，可以采用如下查询语句：

Long count =(Long)session.createQuery("select count(*)from Student").uniqueResult();

此时返回的是单一的值，如果没有返回值就为空。

如果要查询班级中多少学生，那么就要对班级分组，查询语句如下：

List students =session.createQuery("select c.name, count(s)from Student s join s.classes c " + "group by c.name order by c.name").list();

5.4.8 其他查询

1. Hibernate 中的 SQL 查询

Hibernate 还支持使用 SQL 查询，使用 SQL 查询可以利用某些数据库的特性，或者将原有的 JDBC 应用迁移到 Hibernate 应用上。使用命名的 SQL 查询还可以将 SQL 语句放在配置文件中配置，从而提高程序的解耦性能，命名 SQL 查询还可以用于调用存储过程。如果是一个新的应用，通常不使用 SQL 查询。SQL 查询是通过 SQLQuery 接口来表示的，SQLQuery 接口是 Query 接口的子接口，因此完全可以调用 Query 接口的方法 setFirstResult()设置返回结果集的起始点，调用 setMaxResults()设置查询获取的最大记录数，调用 list()返回查询到的结果集，但 SQLQuery 比 Query 多了两个重载的方法：addEntity 将查询到的记录与特定的实体关联，addScalar 将查询的记录关联成标量值。

执行 SQL 查询的步骤如下。

(1) 获取 Hibernate Session 对象。

(2) 编写 SQL 语句。

(3) 以 SQL 语句作为参数，调用 Session 的 createSQLQuery 方法创建查询对象。

(4) 如果 SQL 语句包含参数，调用 Query 的 setXxx 方法为参数赋值。

(5) 调用 SQLQuery 对象的 addEntity 或 addScalar 方法将选出的结果与实体或标量值关联。

(6) 调用 Query 的 list 方法返回查询的结果集。

```
    Session session = null;
            try {
                session = HibernateUtils.getSession();
                session.beginTransaction();

               List students = session.createSQLQuery("select * from t_student").
list();
                for(Iterator iter=students.iterator(); iter.hasNext();){
                    Object[] obj =(Object[])iter.next();
                    System.out.println(obj[0] + "," + obj[1]);
                }
                }
```

2. 外置命名查询

外置命名查询就是为了减小耦合度，将 HQL 放在一个配置文件中，让 HQL 和程序偶合程度降低。具体方法如下。

首先在映射文件中采用<query>标签来定义 HQL，将查询语句放到标签中，给查询语句命名，这样就可以通过这个名字找到这个查询语句，相关代码如下：

```
    <query name="searchStudents">
        <![CDATA[
            SELECT s FROM Student s where s.id<?
        ]]>
    </query>
```

然后在程序中采用 session.getNamedQuery()方法得到 HQL 查询串，相关代码如下：

```
session = HibernateUtils.getSession();
            session.beginTransaction();
            List students = session.getNamedQuery("searchStudents")
                                    .setParameter(0, 10)
                                    .list();
            for(Iterator iter=students.iterator(); iter.hasNext();){
                Student student =(Student)iter.next();
                System.out.println(student.getName());
            }
```

3. 查询过滤器

很多应用程序不需要一次使用数据表中的所有的数据，在这种情况下，就需要使用 Hibernate 的过滤器(Filter)来得到一个数据子集。过滤器的主要作用是过滤应用程序的查询数据，使数据数量小于或等于没有使用过滤器前的数量。当然，直接在数据库中建立视图也是一种解决方案，但这样做太不灵活。而 Hibernate 过滤器却能够在 Hibernate 会话的过程中打开或关闭。另外，Hibernate 过滤器可以传递参数，这样将大大增加 Hibernate 的灵活性，使用方法如下

第一步：在映射文件中通过<filter-def name="filtertest">标签定义过滤器参数，name 属性是给过滤器命名用的，以便于在代码中找到它，关键代码如下：

```
<filter-def name="filtertest">
        <filter-param name="myid" type="integer"/>
    </filter-def>
```

第二步：在类的映射中通过调用 enableFilter()方法使用这些参数，在程序中启用过滤器的关键代码如下：

```
session = HibernateUtils.getSession();
            session.b如inTransaction();
            session.enableFilter("filtertest")
                   .setParameter("myid", 10);
            List students = session.createQuery("from Student").list();
            for(Iterator iter=students.iterator(); iter.hasNext();){
                Student student =(Student)iter.next();
                System.out.println(student.getName());
            }
```

5.5 Hibernate 性能优化策略

性能优化策略的配置与使用包括一级缓存、二级缓存、查询缓存、抓取和批量更新。

5.5.1 缓存策略

与数据库建立连接是非常消耗资源和时间的，为了保证高效的查询性能，Hibernate 提出了缓存的概念，将数据临时存放在内存中，以便加快数据的存取速度。

缓存的原理：当第一次查询时会从数据库中查找，查找出数据后会把数据保存在内存中，以后查询时直接从内存中查找。

1. Hibernate 一级缓存

一级缓存的生命周期很短，与 session 的生命周期一致，一级缓存也称为 Session 级的缓存或事务级缓存，随着 Session 的关闭而消失，所以 Session 间不能共享缓存。load/iterate 操作会从一级缓存中查找数据，如果找不到，再到数据库中查找，get()、load()、iterate()(查询实体对象)等方法都支持一级缓存，迭代查询 iterate 方法查询普通属性时，一级缓存不会起作用，因为一级缓存是缓存实体对象的，可以调用 session.clear()或 session.evict()方法手动清理缓存。

session 一级缓存不能控制缓存数量，所以在大批量操作数据时可能造成内存溢出。避免一次性大量的实体数据入库导致内存溢出的方法：先调用 flush 方法，再调用 clear 方法，如果数据量特别大，考虑采用 JDBC 实现，如果 JDBC 也不能满足要求可以考虑采用数据本身的特定导入工具。

2. Hibernate 二级缓存

二级缓存也称进程级的缓存或 SessionFactory 级的缓存，是缓存实体对象的，二级缓存可以被所有的 Session 共享，二级缓存的生命周期和 SessionFactory 的生命周期一致，SessionFactory 可以管理二级缓存。

二级缓存通常是第三方来实现的，而使用时只需要对它进行配置即可，二级缓存的配置和使用步骤如下。

步骤一：将 echcache.xml 文件复制到 src 目录下。

步骤二：开启二级缓存，修改 hibernate.cfg.xml 文件，代码如下：

```
    <property name="hibernate.cache.use_second_level_cache">true</property>
```

步骤三：指定缓存产品提供商，修改 hibernate.cfg.xml 文件。

```
<property>
name="hibernate.cache.provider_class">org.hibernate.cache.EhCacheProvider
</property>
```

指定哪些实体类使用二级缓存的两种方法如下。

方法一：在映射文件中采用<cache>标签指定。

方法二：在 hibernate.cfg.xml 文件中采用<class-cache>标签指定。

3. Hibernate 查询缓存

查询缓存是针对普通属性结果集的缓存，对实体对象的结果集只缓存 id。

查询缓存的生命周期：如果当前关联的表发生修改，那么查询缓存的生命周期结束。

查询缓存的配置和使用步骤如下。

步骤一：查询缓存在默认情况下是关闭的，需要手动打开，在 hibernate.cfg.xml 文件中启用查询缓存，如：<property name="hibernate.cache.use_query_cache">true</property>。

步骤二：在程序中必须手动启用查询缓存，如：query.setCacheable(true)。

5.5.2 抓取策略

抓取策略是指，当应用程序需要在关联关系间进行导航的时候，Hibernate 如何获取关联对象的策略。

1. 单端代理的批量抓取策略

1) fetch="select"

在多对一双向关联映射的基础上，在 Student.hbm.xml 映射文件中修改配置信息，即在<many-to-one />标签中添加属性 fetch="select"，fetch 属性默认值为 select，这样在抓取当前对象 Student 的时候会再发送一条 select 指令去抓取当前对象 Student 的关联对象。

2) fetch="join"

在多对一双向关联映射的基础上，在 Student.hbm.xml 映射文件中修改配置信息，即在<many-to-one />标签中添加属性 fetch="join",这样在抓取当前对象 Student 的时候 Hibernate 会通过 select 语句使用外连接来加载其关联实体对象，此时 lazy 会失效。

2. 集合代理的批量抓取策略

1) fetch="select"

例如，对多对一双向关联映射，修改 Class.hbm.xml 映射文件中的配置信息，在<set/>标签中设置 fetch="select"，即保持 fetch 为默认属性，这样在抓取当前对象 Class 的时候会另外发送一条 select 指令抓取当前对象关联的集合。

2) fetch="join"

例如，对多对一双向关联映射，修改 Class.hbm.xml 映射文件中的配置信息，在<set/>标签中设置 fetch="join"，这样在抓取当前对象 Class 的时候 Hibernate 会通过 select 语句使用外连接来加载其关联集合，此时 lazy 会失效。

3) fetch="subselect"

例如，对多对一双向关联映射，修改 Class.hbm.xml 映射文件中的配置信息，在<set/>标签中设置 fetch="subselect"，这样在抓取当前对象 Class 的时候 Hibernate 会另外发送一条 select 指令抓取在前面查询到的所有实体对象的关联集合。

5.5.3 批量更新

1. JDBC fetch size

每次取多少条数据需要JDBC和底层数据库的支持。不会一次性把全部数据读入内存，而是按照一定的数量来批量读取相应的数据。fetch size 建议值是 50，使用方法是在 hibernate.cfg.xnl 配置文件中设置该属性，如

<property name="hibernate.jdbc.fetch-size">50</property>。

2. JDBC batch size

批量更新，每更新多少条数据，也需要数据库的支持，如果数据库不支持，那么设置是不起作用的。batch size 建议取值 30，使用方法是在 hibernate.cfg.xml 配置文件中设置该属性，如

<property name="hibernate.jdbc.batch-size">30</property>。

5.5.4 Hibernate 最佳实践

(1) 使用 Configuration 装载映射文件时，不要使用绝对路径装载。最好的方式是通过 getResourceAsStream()装载映射文件，这样 Hibernate 会从 classpath 中寻找已配置的映射文件。

(2) SessionFactory 的创建非常消耗资源，整个应用一般只要一个 SessionFactory 就够了，只有多个数据库的时候才会使用多个 SessionFactory。

(3) 在整个应用中，Session 和事务应该能够统一管理。

(4) 将所有的集合属性配置为懒加载。

本 章 小 结

本章介绍了 Hibernate 的基本映射，通过案例描述了怎样使用 Hibernate 基本映射开发的相关知识，并进一步讲解了以下内容。

(1) 实体对象关联关系的映射，包括一对多、一对一、多对一、一对一等几种映射。

(2) 实体对象继承的映射。

(3) HQL 查询、lazy 加载等。

(4) 性能优化策略。

习题与思考

(1) inverse 和 cascade 的区别是什么？

(2) 什么是懒加载？

(3) 实现继承映射的三种策略分别是什么？

(4) 什么是 N+1 问题？什么时候会出现 N+1 问题？

Spring 技术

教学目标

(1) 了解 Spring 的 IoC 容器。
(2) 了解 Spring 的 AOP。
(3) 了解 Spring 与 Struts、Hibernate 的集成。

知识结构

本章知识结构如图 6.1 所示。

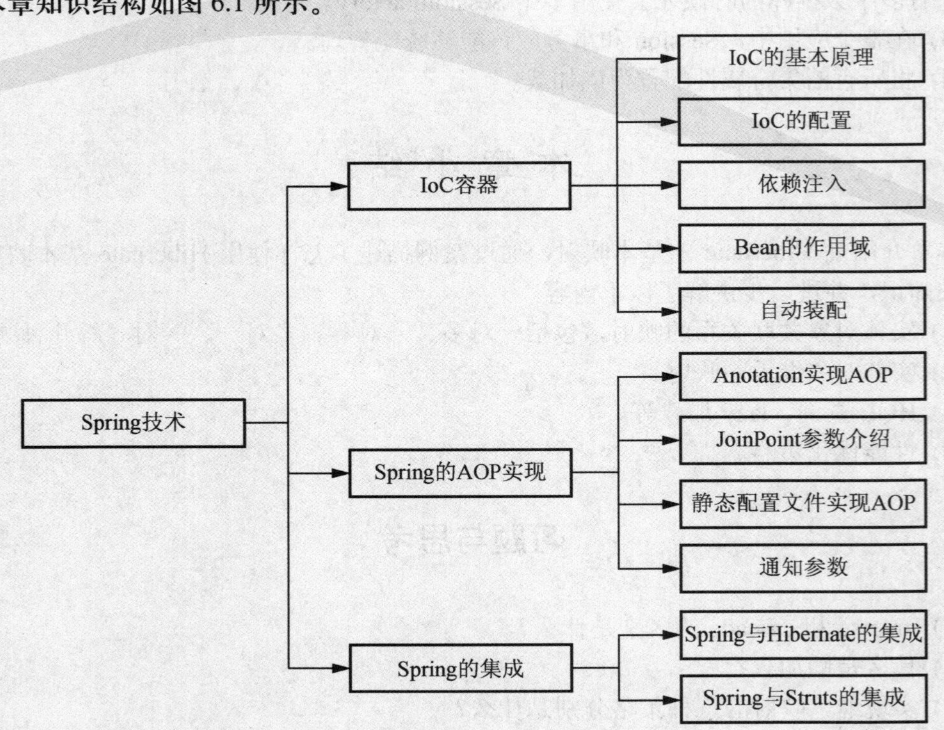

图 6.1　第 6 章知识结构图

6.1 Spring 简介

简单来说，Spring 是一个轻量级的控制反转(IoC)和面向切面(AOP)的容器框架。

轻量级——从大小与开销两方面而言，Spring 都是轻量级的。完整的 Spring 框架可以在一个大小只有 1MB 的 JAR 文件里发布。并且 Spring 所需的处理开销也是微不足道的。此外，Spring 是非侵入式的：典型地，Spring 应用中的对象不依赖于 Spring 的特定类。

控制反转——Spring 通过一种称作控制反转(IoC)的技术促进了松耦合。应用了 IoC，一个对象依赖的其他对象会通过被动的方式传递进来，而不是这个对象自己创建或者查找依赖对象。可以认为 IoC 与 JNDI 相反——不是对象从容器中查找依赖，而是容器在对象初始化时不等对象请求就主动将依赖传递给它。

面向切面——Spring 提供了面向切面编程的丰富支持，允许通过分离应用的业务逻辑与系统级服务(如审计(Auditing)和事务(Transaction)管理)进行内聚性的开发。应用对象只实现它们应该做的——完成业务逻辑——仅此而已。它们并不负责(甚至是意识)其他的系统级关注点，如日志或事务支持。

容器——Spring 包含并管理应用对象的配置和生命周期，在这个意义上它是一种容器，用户可以配置每个 Bean 如何被创建——基于一个可配置原型(Prototype)，用户的 Bean 可以创建一个单独的实例或者每次需要时都生成一个新的实例——以及它们是如何相互关联的。然而，Spring 不应该被混同于传统的重量级的 EJB 容器，它们经常是庞大与笨重的，难以使用。

框架——Spring 可以将简单的组件配置、组合成为复杂的应用。在 Spring 中，应用对象被声明式地组合，典型地是在一个 XML 文件里。Spring 也提供了很多基础功能(如事务管理、持久化框架集成等)，将应用逻辑的开发留给了用户。

所有 Spring 的这些特征使用户能够编写更干净、更可管理，并且更易于测试的代码。它们也为 Spring 中的各种模块提供了基础支持。

1. 概述

Spring 框架包含许多特性，并被很好地组织在图 6.2 所示的 6 个模块中。

Core 封装包是框架的最基础部分，提供 IoC 和依赖注入特性。这里的基础概念是 BeanFactory，它提供对 Factory 模式的经典实现来消除对程序性单例模式的需要，并真正地允许用户从程序逻辑中分离出依赖关系和配置。

构建于 Core 封装包基础上的 Context 封装包，提供了一种框架式的对象访问方法，类似 JNDI 注册器。Context 封装包的特性来自 Beans 封装包，并添加了对国际化(I18N)的支持(如资源绑定)、事件传播、资源装载的方式和 Context 的透明创建等功能，可以通过 Servlet 容器实现。

DAO 提供了 JDBC 的抽象层，它可消除冗长的 JDBC 编码和解析数据库厂商特有的错误代码。并且，JDBC 封装包还提供了一种比编程性更好的声明性事务管理方法，不仅仅是实现了特定接口，而且对所有的 POJOs(Plain Old java Objects)都适用。

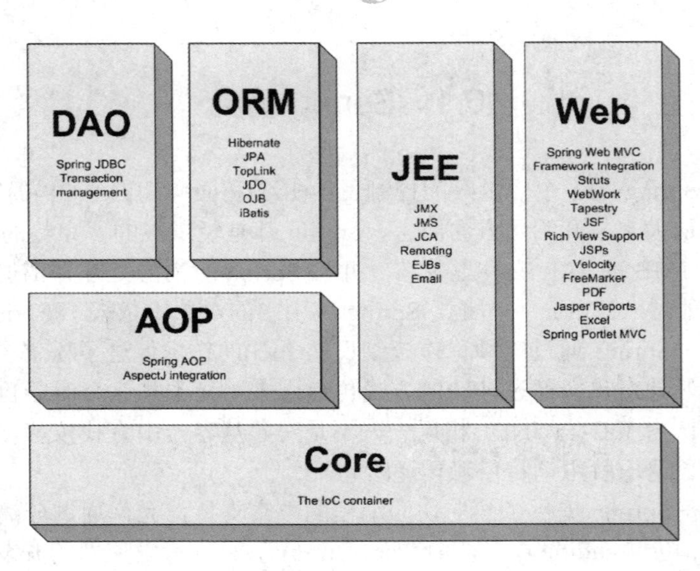

图 6.2 Spring 框架

ORM 封装包提供了常用的“对象/关系”映射 APIs 的集成层。其中包括 JPA、JDO、Hibernate 和 iBatis。利用 ORM 封装包，可以混合使用所有 Spring 提供的特性进行“对象/关系”映射，如前边提到的简单声明性事务管理。

Spring 的 AOP 封装包提供了符合 AOP Alliance 规范的面向方面的编程(Aspect-oriented Programming)实现，用户可以定义方法拦截器(Method-interceptors)和切点(Pointcuts)等，从逻辑上讲，从而减弱代码的功能耦合，将代码清晰地分离开。而且，利用 source-level 的元数据功能，还可以将各种行为信息合并到用户的代码中，这类似.Net 的 attribute 的概念。

Spring 中的 Web 包提供了基础的针对 Web 开发的集成特性，如多方文件上传，利用 Servlet listeners 进行 IoC 容器初始化和针对 Web 的 application context。当与 WebWork 或 Struts 一起使用 Spring 时，这个包使 Spring 可与其他框架结合。

Spring 中的 MVC 封装包提供了 Web 应用的 Model-View-Controller(MVC)实现。Spring 的 MVC 框架并不是仅仅提供一种传统的实现，它提供了在领域模型代码和 Web form 之间的一种清晰的分离模型，并且可以使用 Spring 框架的其他特性。

2. Spring 的使用场景

Spring 可以应用到许多场景，从最简单的标准 JavaSE 程序到 JavaEE 企业级应用程序都能使用 Spring 来构建。以下介绍几个比较流行的应用场景。

(1) 在 Web 应用程序应用场景中，有典型的四层架构：数据模型层实现域对象；数据访问层实现数据访问；逻辑层实现业务逻辑；Web 层提供页面展示。所有这些层组件都由 Spring 进行管理，享受到 Spring 事务管理、AOP 等好处，而且请求唯一入口就是 DispachterServlet，它通过把请求映射为相应 Web 层组件来实现相应请求功能。典型的完整 Spring Web 应用如图 6.3 所示。

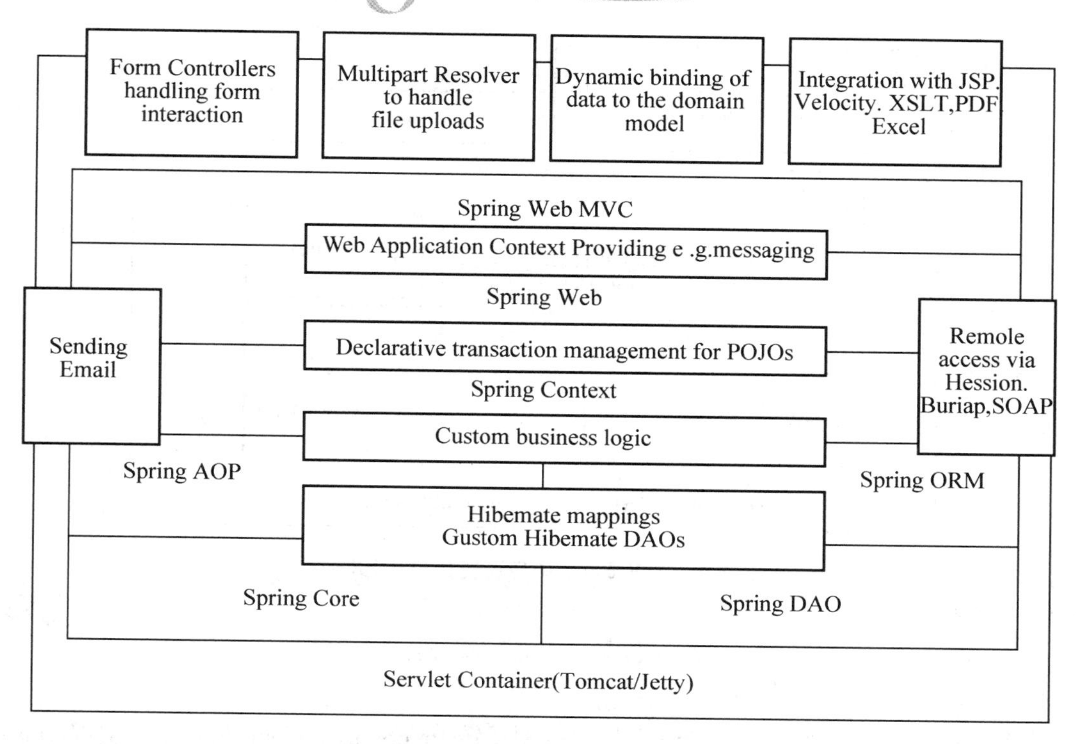

图 6.3 典型的完整 Spring Web 应用

(2) Spring 能非常方便地提供暴露 RMI 服务，远程访问服务如 Hessian、Burlap 等，实现非常简单，只需通过在 Spring 中配置相应的地址及需要暴露的服务即可轻松实现。Spring 的远程使用场景如图 6.4 所示。

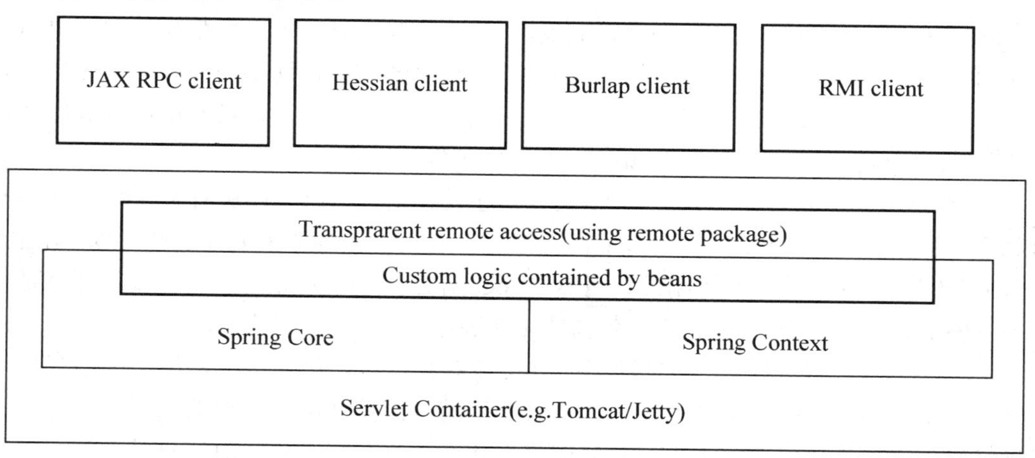

图 6.4 远程使用场景

(3) Spring 还为 EJB 提供了数据访问和抽象层，用户可以复用已存在的 POJO 并将它们包装在无状态 SessionBean 中，如图 6.5 所示，以便在可能需要声明式安全(EJB 中的安全管理)的非安全的 Web 应用中使用。

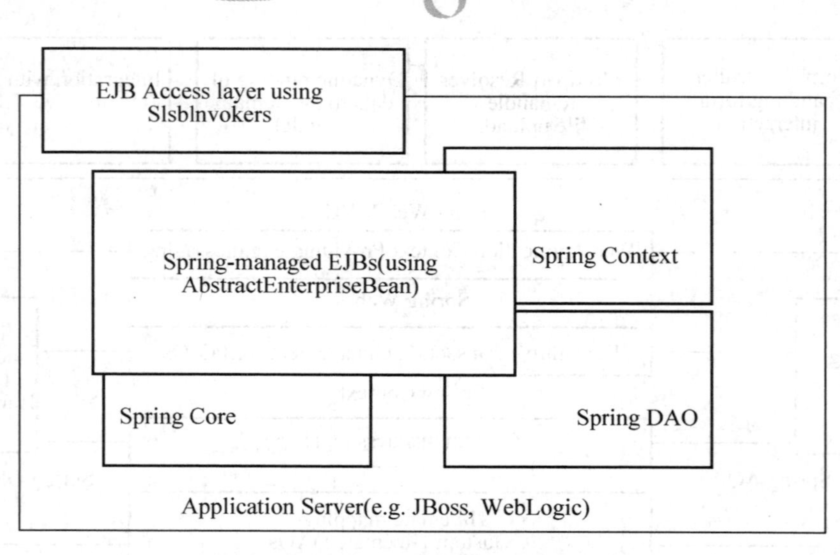

图 6.5　在 EJBs 中包装现有的 POJOs

6.2　IoC 容器

本节将详细深入地探讨 Spring 框架的控制反转(Inversion of Control，IoC)的实现。Spring 框架所提供的众多功能之所以能成为一个整体正是建立在 IoC 的基础之上，因此有必要对这一内涵简单、外延丰富的技术进行详细的介绍。

6.2.1　IoC 基础

IoC—Inversion of Control，即“控制反转”，它不是一种技术，而是一种设计思想。在 Java 开发中，IoC 意味着将用户设计好的对象交给容器控制，而不是传统的在用户的对象内部直接控制。如何理解 IoC 呢？理解好 IoC 的关键是要明确“谁控制谁，控制什么，为何是反转(有反转就应该有正转)，哪些方面反转了”。

(1) 谁控制谁，控制什么：传统 JavaEE 程序设计中，用户直接在对象内部通过 new 创建对象，是程序主动去创建依赖对象；而 IoC 是有专门一个容器来创建这些对象，即由 IoC 容器来控制对象的创建。谁控制谁？当然是 IoC 容器控制了对象。控制什么？那就是主要控制了外部资源获取(不只是对象，还包括文件等)。

(2) 为何是反转，哪些方面反转了：有反转就有正转，传统应用程序是由用户自己在对象中主动控制去直接获取依赖对象，也就是正转；而反转则是由容器来帮忙创建及注入依赖对象。为何是反转？因为由容器帮用户查找及注入依赖对象，对象只是被动地接受依赖对象，所以是反转。哪些方面反转了？依赖对象的获取被反转了。

传统程序设计如图 6.6 所示，都是主动去创建相关对象然后再将对象组合起来。

有了 IoC 的容器后，在客户端类中不再主动去创建这些对象了，如图 6.7 所示。

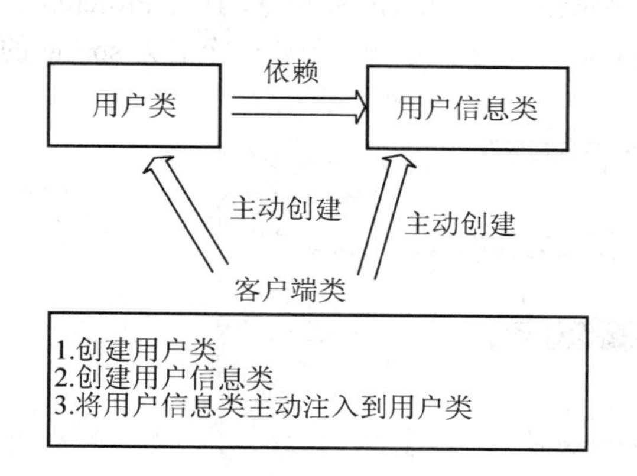

图 6.6 传统设计模式

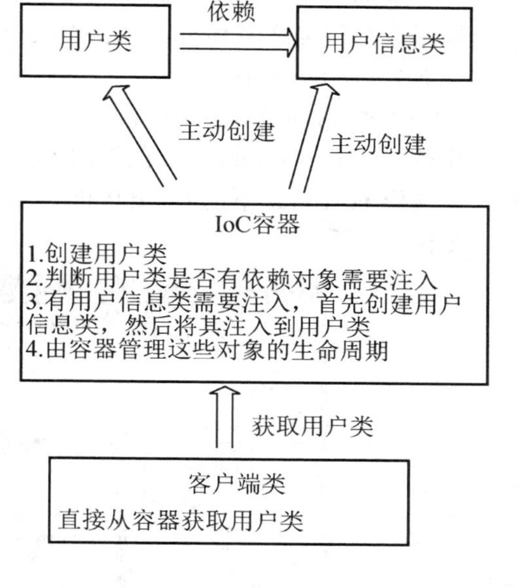

图 6.7 Spring 设计模式

IoC 不是一种技术，只是一种思想，是一个重要的面向对象编程的法则，它能指导用户设计出松耦合、更优良的程序。传统应用程序都是由用户在类内部主动创建依赖对象，从而导致类与类之间高耦合，难于测试；有了 IoC 容器后，把创建和查找依赖对象的控制权交给了容器，由容器注入组合对象，所以对象与对象之间是松散耦合的，这样也方便测试，利于功能复用，更重要的是使得程序的整个体系结构变得非常灵活。

其实 IoC 对编程带来的最大改变不是在代码上，而是在思想上发生了“主从换位”的变化。应用程序原本是主动的，但是在 IoC 思想中，应用程序就变成被动地等待 IoC 容器来创建并注入它所需要的资源了。

IoC 很好地体现了面向对象设计法则之一—— 好莱坞法则：“别找我们，我们找你”；即由 IoC 容器帮对象查找相应的依赖对象并注入，而不是由对象主动查找。

6.2.2 IoC 容器基本原理

IoC 容器就是具有依赖注入功能的容器，IoC 容器负责实例化、定位、配置应用程序中的对象及建立这些对象间的依赖。应用程序无须直接在代码中创建相关的对象，应用程序由 IoC 容器进行组装。在 Spring 中 BeanFactory 是 IoC 容器的实际代表者。

IoC 容器如何知道哪些是它管理的对象呢？这就需要配置文件，Spring IoC 容器读取配置文件中的配置元数据，通过元数据对应用中的各个对象进行实例化及装配。一般基于 XML 配置文件配置元数据，而且 Spring 与配置文件是完全解耦的，可以使用其他任何可能的方式配置元数据，如注解、基于 Java 文件、基于属性文件等方式都可以。

由 IoC 容器管理的组成用户应用程序的对象称为 Bean，Bean 就是由 Spring 容器初始化、装配及管理的对象，除此之外，Bean 与应用程序中的其他对象没有区别了。那 IoC 如

何实例化 Bean、管理 Bean 之间的依赖关系以及管理 Bean 呢？这就需要配置元数据，配置元数据指定如何实例化 Bean、如何组装 Bean 等。

例 6.1 Hello World!

(1) 构建 Spring 的运行环境。

步骤一：导入 Spring 需要的 JAR 包。选择 Window→Preferences 命令，打开 Proferences 窗口，选择 Java 目录下的 Build Path 目录下的 User Libraries 选项，新建一个名为 spring 的库，如图 6.8 所示。

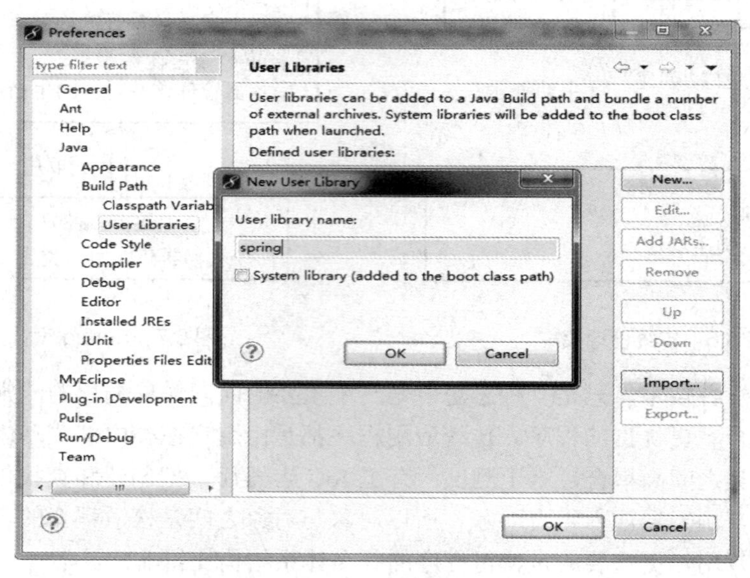

图 6.8　新建库

步骤二：添加以下 spring 依赖的 JAR 包到 spring 目录中，如图 6.9 所示。

…\spring-framework-2.0\dist\spring.jar

…\spring-framework-2.0\lib\log4j\log4j-1.2.14.jar

…\spring-framework-2.0\lib\jakarta-commons\commons-logging.jar

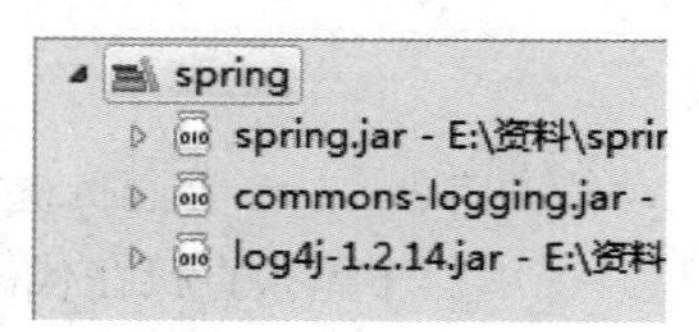

图 6.9　spring 包

步骤三：右击项目，打开 Properties for Spring 窗口选择 Java Build Path 选项，选择 Libraries 选项卡，单击 Add Library 按钮，在对话框中选择 User Library 选项，勾选 spring 添加到项目中，如图 6.10 所示。

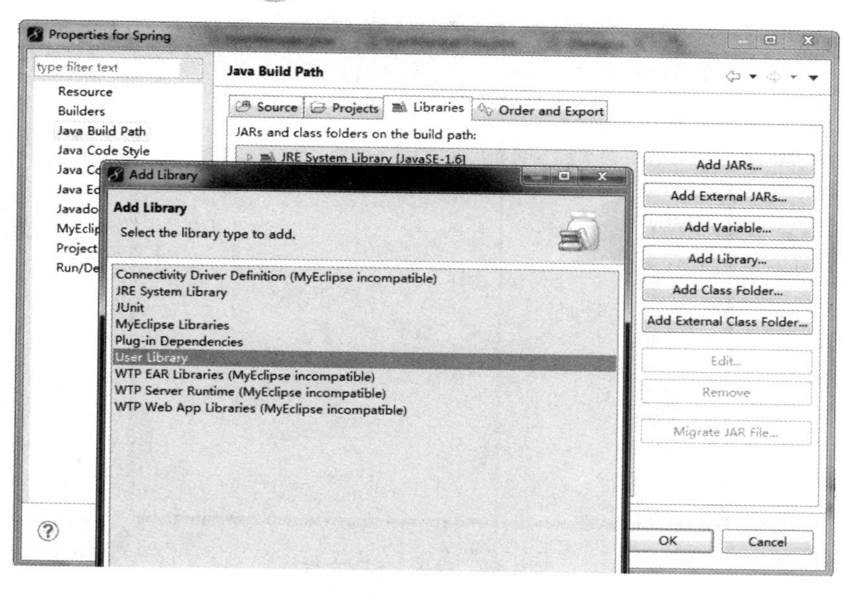

图 6.10　导入 spring 包

步骤四：把 spring-framework-2.0\samples\jpetstore\war\WEB-INF 下的配置文件 applicationContext.xml 复制到项目的 src 目录下，删除多余部分留下如下代码所示配置，再把同一目录下的日志文件 log4j.properties 复制到 src 目录下。

```
<?xml version="1.0" encoding="UTF-8"?>
<beans xmlns="http://www.springframework.org/schema/beans"
        xmlns:xsi="http://www.w3.org/2001/XMLSchema-instance"
        xmlns:aop="http://www.springframework.org/schema/aop"
        xmlns:tx="http://www.springframework.org/schema/tx"
        xsi:schemaLocation="http://www.springframework.org/schema/beans
http://www.springframework.org/schema/beans/spring-beans-2.0.xsd
            http://www.springframework.org/schema/aop
http://www.springframework.org/schema/aop/spring-aop-2.0.xsd
            http://www.springframework.org/schema/tx
http://www.springframework.org/schema/tx/spring-tx-2.0.xsd">
</beans>
```

步骤五：添加 Spring 标签约束。选择 Window→Preferences 命令，打开 Preferences 窗口，选择 MyEclipse→Files and Editor→XML→XML Catalog 命令，单击 Add 按钮，在对话框中单击 File System 按钮，选择\spring-framework-2.0\dist\resources 目录下的 spring-beans-2.0.xsd 文件，选择 Key type 为 Schema location，并在 Key 后面加上/spring-beans-2.0.xsd，如图 6.11 所示。

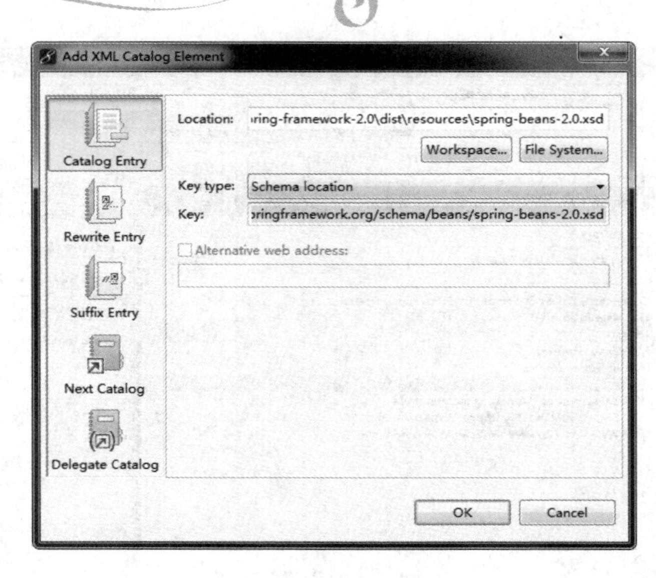

图 6.11　导入 XSD 文件

(2) 用 Spring 实现“Hello World!”。

步骤一：新建名为 Helloworld 的 Java 项目，然后配置好 Spring 环境，在项目下新建包 com.njit.helloworld，新建 HelloApi 接口，代码如下：

```
public interface HelloApi {
    public void sayHello();
}
```

然后创建 HelloImpl 类实现接口。代码如下：

```
public class HelloImpl implements HelloApi {
    public void sayHello(){
        System.out.println("Hello World!");
    }
}
```

步骤二：配置 applicationContext.xml 文件。添加<bean>标签，指定属性 id，即这个组件的唯一标识，属性 class 表示对应的类，代码如下：

```
<?xml version="1.0" encoding="UTF-8"?>
<beans xmlns="http://www.springframework.org/schema/beans"
        xmlns:xsi="http://www.w3.org/2001/XMLSchema-instance"
        xmlns:aop="http://www.springframework.org/schema/aop"
        xmlns:tx="http://www.springframework.org/schema/tx"
        xsi:schemaLocation="http://www.springframework.org/schema/beans
http://www.springframework.org/schema/beans/spring-beans-2.0.xsd
            http://www.springframework.org/schema/aop
http://www.springframework.org/schema/aop/spring-aop-2.0.xsd
            http://www.springframework.org/schema/tx
http://www.springframework.org/schema/tx/spring-tx-2.0.xsd">
```

```
    <bean id="helloworld" class="com.helloworld.HelloImpl"/>
</beans>
```

步骤三：创建类 Helloworld，实例化一个 IoC 容器，然后从容器中获取需要的对象，然后调用接口完成需要的功能。代码如下：

```
import org.springframework.beans.factory.BeanFactory;
import
org.springframework.context.support.ClassPathXmlApplicationContext;

public class Helloworld {
    public static void main(String[] arg){
        //1.读取配置文件实例化一个 IoC 容器
        BeanFactory                                            factory=new
ClassPathXmlApplicationContext("applicationContext.xml");
        //2.从容器中获取 Bean，注意此处完全“面向接口编程，而不是面向实现”
        HelloApi helloApi =(HelloApi)factory.getBean("helloworld");
        //3.执行业务逻辑
        helloApi.sayHello();
    }
}
```

运行结果如下：

```
Hello World!
```

下面以 XML 配置方式来分析 IoC 容器的工作原理。

(1) 准备配置文件：在配置文件中声明 Bean 定义，即为 Bean 配置元数据。

(2) 由 IoC 容器解析元数据：IoC 容器的 Bean Reader 读取并解析配置文件，根据定义生成 BeanDefinition 配置元数据对象，IoC 容器根据 BeanDefinition 进行实例化、配置及组装 Bean。

(3) 实例化 IoC 容器：由客户端实例化容器，获取需要的 Bean。

执行过程如图 6.12 所示，其实 IoC 容器很容易使用，关键在于 Bean 的定义。

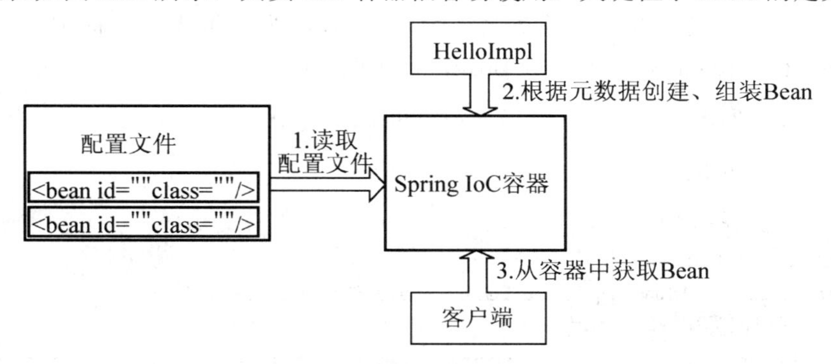

图 6.12　执行过程

6.2.3 IoC 的配置

1. XML 配置代码的结构

一般配置文件结构如下：

```
<beans xmlns="http://www.springframework.org/schema/beans"
        xmlns:xsi="http://www.w3.org/2001/XMLSchema-instance"
        xmlns:aop="http://www.springframework.org/schema/aop"
        xmlns:tx="http://www.springframework.org/schema/tx"
        xsi:schemaLocation="http://www.springframework.org/schema/beans
http://www.springframework.org/schema/beans/spring-beans-2.0.xsd
            http://www.springframework.org/schema/aop
http://www.springframework.org/schema/aop/spring-aop-2.0.xsd
            http://www.springframework.org/schema/tx http://www.springframework.org/
schema/tx/spring-tx-2.0.xsd">  <import resource= "resource1.xml"/>
    <bean id="bean1" class=""></bean>
    <bean name="bean2" class=""></bean>
    <alias alias="bean3" name="bean2"/>

    </beans>
```

(1) <bean>标签主要用来进行 Bean 定义。

(2) <alias>标签用于定义 Bean 的别名。

(3) <import>标签用于导入其他配置文件的 Bean 定义，这是为了加载多个配置文件，当然也可以把这些配置文件构造为一个数组(new String[] {"config1.xml", config2.xml})传给 ApplicationContext.xml 实现加载多个配置文件。这两种方式都是通过调用 Bean Definition Reader 读取 Bean 定义，内部实现没有任何区别。<import>标签可以放在<beans>标签下的任何位置，没有顺序要求。

2. Bean 的命名

每个 Bean 可以有一个或多个 id(可以称之为标识符或名字)，这里把第一个 id 称为“标识符”，其余 id 称为“别名”；这些 id 在 IoC 容器中必须唯一。为 Bean 指定 id 的方式有以下几种。

(1) 不指定 id，只配置必需的类名，由 IoC 容器为其生成一个标识，通过接口 T getBean(Class<T> requiredType)获取 Bean，代码如下：

```
<bean class=" cn.spring.helloworld.HelloImpl"/>
```

获取对象方法如下：

```
public void test1(){
BeanFactory beanFactory =
    new ClassPathXmlApplicationContext("namingbean1.xml");
        //根据类型获取 bean
        HelloApi helloApi = beanFactory.getBean(HelloApi.class);
        helloApi.sayHello();
}
```

(2) 指定 id，必须在 IoC 容器中唯一，代码如下：

```
<bean id=" bean" class=" cn.spring.helloworld.HelloImpl"/>
```

获取对象方法如下：

```
public void test2(){
BeanFactory beanFactory =
new ClassPathXmlApplicationContext("namingbean2.xml");
//根据 id 获取 bean
    HelloApi bean = beanFactory.getBean("bean", HelloApi.class);
    bean.sayHello();
}
```

(3) 指定 name，这样 name 就是“标识符”，必须在 IoC 容器中唯一，代码如下：

```
<bean name=" bean" class=" cn.spring.helloworld.HelloImpl"/>
```

获取对象方法如下：

```
public void test3(){
    BeanFactory beanFactory =
new ClassPathXmlApplicationContext("namingbean3.xml");
    //根据 name 获取 bean
HelloApi bean = beanFactory.getBean("bean", HelloApi.class);
bean.sayHello();
}
```

(4) 指定 id 和 name，id 就是标识符，而 name 就是别名，必须在 IoC 容器中唯一，代码如下：

```
<bean id="bean1" name="alias1"
class=" cn.spring.helloworld.HelloImpl"/>
<!-- 如果 id 和 name 一样，IoC 容器能检测到，并消除冲突 -->
<bean id="bean3" name="bean3" class="cn.spring.helloworld.HelloImpl"/>
```

获取对象方法如下：

```
public void test4(){
BeanFactory beanFactory =
new ClassPathXmlApplicationContext("namingbean4.xml");
    //根据 id 获取 bean
    HelloApi bean1 = beanFactory.getBean("bean1", HelloApi.class);
    bean1.sayHello();
    //根据别名获取 bean
    HelloApi bean2 = beanFactory.getBean("alias1", HelloApi.class);
    bean2.sayHello();
    //根据 id 获取 bean
    HelloApi bean3 = beanFactory.getBean("bean3", HelloApi.class);
    bean3.sayHello();
    String[] bean3Alias = beanFactory.getAliases("bean3");
```

```
    //因此别名不能和 id 一样，如果一样则由 IoC 容器负责消除冲突
    Assert.assertEquals(0, bean3Alias.length);
}
```

(5) 指定多个 name，多个 name 用“,”、“;”、“ ”分割，第一个 name 被用作标识符，其他的 name 是别名，所有标识符也必须在 IoC 容器中唯一，代码如下：

```
<bean name=" bean1;alias11,alias12;alias13 alias14"
    class=" cn.spring.helloworld.HelloImpl"/>
<!-- 当指定 id 时，name 指定的标识符全部为别名 -->
<bean id="bean2" name="alias21;alias22"
class="cn.spring.helloworld.HelloImpl"/>
```

获取对象方法如下：

```
public void test5(){
BeanFactory beanFactory =
new ClassPathXmlApplicationContext("namingbean5.xml");
    //根据 id 获取 bean
    HelloApi bean1 = beanFactory.getBean("bean1", HelloApi.class);
    bean1.sayHello();
    //根据别名获取 bean
    HelloApi alias11 = beanFactory.getBean("alias11", HelloApi.class);
    alias11.sayHello();
    //验证确实是 4 个别名
    String[] bean1Alias = beanFactory.getAliases("bean1");
    System.out.println("=======namingbean5.xml bean1 别名========");
    for(String alias : bean1Alias){
        System.out.println(alias);
    }
    Assert.assertEquals(4, bean1Alias.length);
    //根据 id 获取 bean
    HelloApi bean2 = beanFactory.getBean("bean2", HelloApi.class);
    bean2.sayHello();
    //根据别名获取 bean
    HelloApi alias21 = beanFactory.getBean("alias21", HelloApi.class);
    alias21.sayHello();
    //验证确实是两个别名
    String[] bean2Alias = beanFactory.getAliases("bean2");
    System.out.println("=======namingbean5.xml bean2 别名========");
    for(String alias : bean2Alias){
        System.out.println(alias);
    }
    Assert.assertEquals(2, bean2Alias.length);
}
```

(6) 使用<alias>标签指定别名，别名也必须在 IoC 容器中唯一，代码如下：

```
<bean name="bean" class="cn.spring.helloworld.HelloImpl"/>
```

```
<alias alias="alias1" name="bean"/>
<alias alias="alias2" name="bean"/>
```

获取对象方法如下：

```
public void test6(){
BeanFactory beanFactory =
new ClassPathXmlApplicationContext("namingbean6.xml");
    //根据id获取bean
    HelloApi bean = beanFactory.getBean("bean", HelloApi.class);
    bean.sayHello();
    //根据别名获取bean
    HelloApi alias1 = beanFactory.getBean("alias1", HelloApi.class);
    alias1.sayHello();
    HelloApi alias2 = beanFactory.getBean("alias2", HelloApi.class);
    alias2.sayHello();
    String[] beanAlias = beanFactory.getAliases("bean");
    System.out.println("=======namingbean6.xml bean 别名========");
    for(String alias : beanAlias){
        System.out.println(alias);
    }
    System.out.println("=======namingbean6.xml bean 别名========");
    Assert.assertEquals(2, beanAlias.length);
}
```

从定义来看，可指定name或id中的一个作为“标识符”，那为什么还要id和name同时存在呢？这是因为当使用基于XML的配置元数据时，在XML中id是一个真正的XML id属性，因此当其他的定义引用这个id时就体现出id的好处了，可以利用XML解析器来验证引用的这个id是否存在，从而更早地发现是否引用了一个不存在的Bean，而使用name，则可能要在真正使用Bean时才能发现引用一个不存在的Bean。

Bean命名约定：Bean的命名遵循XML命名规范，但最好符合Java命名规范，由“字母、数字、下划线组成”，而且应该养成一个良好的命名习惯，如采用“驼峰式”命令规则，即第一个单词首字母小写，从第二个单词开始首字母大写，这样可以增加可读性。

3. 实例化Bean

传统应用程序可以通过new和反射方式实例化Bean。而Spring IoC容器则需要根据Bean定义里的配置元数据使用反射机制来创建Bean。在Spring IoC容器中根据Bean定义创建Bean主要有以下两种方式。

(1) 使用构造器实例化Bean：这是最简单的方式，Spring IoC容器既能使用默认空构造器也能使用有参数构造器创建Bean。

使用空构造器进行定义代码如下。使用此种方式，前提是class属性指定的类必须有空的构造器。

```
<bean name="bean1" class="cn.spring.HelloImpl2"/>
```

使用有参数构造器进行定义代码如下。此种方式可以使用< constructor-arg >标签指定

构造器参数值，其中 index 表示参数位置，value 表示参数值。

```
<bean name="bean2" class="cn.spring.HelloImpl2">
<!-- 指定构造器参数 -->
<constructor-arg index="0" value="Hello Spring!"/>
</bean>
```

获取对象方法如下：

```
public void testInstantiatingBeanByStaticFactory(){
    //使用静态工厂方法
    BeanFactory beanFactory =
new ClassPathXmlApplicationContext("instantiatingBean.xml");
    HelloApi bean3 = beanFactory.getBean("bean3", HelloApi.class);
    bean3.sayHello();
}
```

(2) 使用静态工厂方式实例化 Bean，使用这种方式除了指定必需的 class 属性，还要指定 factory-method 属性来指定实例化 Bean 的方法，而且使用静态工厂方法也允许指定方法参数，Spring IoC 容器将调用此属性指定的方法来获取 Bean，过程如下。

首先定义静态工厂类，代码如下：

```
public class HelloApiStaticFactory {
        //工厂方法
    public static HelloApi newInstance(String message){
        //返回需要的 Bean 实例
        return new HelloImpl2(message);
}
}
```

然后配置 Bean，代码如下：

```
<!-- 使用静态工厂方法 -->
<bean id="bean3" class="cn.spring.HelloApiStaticFactory" factory-method="newInstance">
        <constructor-arg index="0" value="Hello Spring!"/>
</bean>
```

获取对象方法如下：

```
public void testInstantiatingBeanByStaticFactory(){
    //使用静态工厂方法
    BeanFactory beanFactory =
new ClassPathXmlApplicationContext("instantiatingBean.xml");
    HelloApi bean3 = beanFactory.getBean("bean3", HelloApi.class);
    bean3.sayHello();
}
```

以上两种方式只是配置不一样，从获取方式看完全一样。这也是 Spring IoC 的魅力，Spring IoC 帮助用户创建 Bean，用户直接使用即可。

6.2.4 IoC和依赖注入

DI—Dependency Injection，即“依赖注入”，是指组件之间的依赖关系由容器在运行期间决定，形象地说，即由容器动态地将某个依赖关系注入组件之中。依赖注入的目的并非为软件系统带来更多功能，而是提升组件重用的频率，并为系统搭建一个灵活、可扩展的平台。通过依赖注入机制，用户只需要通过简单的配置，而无须任何代码就可指定目标需要的资源，完成自身的业务逻辑，而不需要关心具体的资源来自何处，由谁实现。

理解DI的关键是：“谁依赖谁，为什么需要依赖，谁注入谁，注入了什么”。

(1) 谁依赖于谁：当然是某个容器管理对象依赖于IoC容器；“被注入对象的对象”依赖于“依赖对象”。

(2) 为什么需要依赖：容器管理对象需要IoC容器来提供对象需要的外部资源。

(3) 谁注入谁：很明显是IoC容器注入某个对象，也就是注入“依赖对象”。

(4) 注入了什么：就是注入某个对象所需要的外部资源(包括对象、资源、常量数据)。

IoC和DI是什么关系呢？其实它们是同一个概念的不同角度描述，由于控制反转概念比较含糊(可能只是理解为容器控制对象这一个层面，很难让人想到谁来维护对象关系)，所以2004年大师级人物Martin Fowler又给出了一个新的名字：“依赖注入”，相对IoC而言，“依赖注入”明确描述了“被注入对象依赖IoC容器配置依赖对象”。

下面通过具体的示例来演示将几种普通类型的属性注入容器的过程。

例6.2 普通属性的注入。

步骤一：新建项目Spring_injection，配置好环境后在src目录下新建包com.njit.edu.spring，并建立类Bean1，代码如下：

```
public class Bean1 {
private String strValue;
private int intValue;
private List listValue;
private Set setValue;
    private String[] arrayValue;
        public String getStrValue(){
        return strValue;
    }
    public void setStrValue(String strValue){
        this.strValue = strValue;
    }
    public int getIntValue(){
        return intValue;
    }
    public void setIntValue(int intValue){
        this.intValue = intValue;
    }
        public List getListValue(){
        return listValue;
    }
```

```
    public void setListValue(List listValue){
        this.listValue = listValue;
    }
    public Set getSetValue(){
        return setValue;
    }
    public void setSetValue(Set setValue){
        this.setValue = setValue;
    }
    public String[] getArrayValue(){
        return arrayValue;
    }
    public void setArrayValue(String[] arrayValue){
        this.arrayValue = arrayValue;
    }
}
```

步骤二：配置 applicationContext.xml 文件，通过标签<property name=" " value=" "/>指定属性名及对应的所要注入的值。

```
<bean id="bean1" class="com.njit.edu.spring.Bean1">
        <property name="strValue" value="Hello World"/>
        <property name="intValue">
            <value>123</value>
        </property>
        <property name="listValue">
            <list>
                <value>list1</value>
                <value>list2</value>
            </list>
        </property>
        <property name="setValue">
            <set>
                <value>set1</value>
                <value>set2</value>
            </set>
        </property>
        <property name="arrayValue">
            <list>
                <value>array1</value>
                <value>array2</value>
            </list>
        </property>
    </bean>
```

这样就完成了 Bean1 类中几个普通属性的注入。然后进行 Junit 测试。新建一个名为 Test 的 Source Folder，创建包 com.njit.edu.springTest，右击之前添加的包，选择 Properties

选项，弹出 Properties 对话框，选择 Spring 选项后单击 User Libraries 按钮，将…\spring-framework-2.0\lib\junit\下的 junit.jar 包添加到 spring 中，新建类 InjectionTest 并选择继承 TestCase 类，实例化 Bean1 并测试结果。代码如下：

```
public class InjectionTest extends TestCase {
private BeanFactory factory;
protected void setUp()throws Exception {
    factory = new ClassPathXmlApplicationContext("applicationContext.xml");
}
public void testInjection(){
Bean1 bean1 =(Bean1)factory.getBean("bean1");
    System.out.println("bean1.strValue=" + bean1.getStrValue());
    System.out.println("bean1.intValue=" + bean1.getIntValue());
    System.out.println("bean1.listValue=" + bean1.getListValue());
    System.out.println("bean1.setValue=" + bean1.getSetValue());
    System.out.println("bean1.arrayValue=" + bean1.getArrayValue());
    System.out.println("bean1.mapValue=" + bean1.getMapValue());
    System.out.println("bean1.dateValue=" + bean1.getDateValue());
}
}
```

程序运行结果如下：

```
bean1.strValue=Hello World
bean1.intValue=123
bean1.listValue=[list1, list2]
bean1.setValue=[set1, set2]
bean1.arrayValue=[Ljava.lang.String;@1f64158
```

注意：

(1) 必须将被管理的对象定义到 Spring 配置文件中。

(2) 必须定义构造函数或 setter 方法，让 Spring 将对象注入进来。

6.2.5 自定义属性的注入

如果在 Bean1 类中增加变量 private Date dateValue，配置 XML 文件后发现程序运行出错，因为 Spring 并没有提供将 String 转换为 Date 类型的“转换器”。此时，便需要根据自己的需要来提供一个特殊的属性编辑器。

下面介绍如何将自定义的 Date 类型的属性注入容器中。

例 6.3 自定义属性的注入。

步骤一：在例 6.2 的基础上，在 Bean1 中添加 Date 类型变量，代码如下：

```
private Date dateValue;
public Date getDateValue(){
    return dateValue;
}
public void setDateValue(Date dateValue){
```

```
        this.dateValue = dateValue;
    }
```

步骤二：在 com.njit.edu.spring 下新建类 UtilDatePropertyEditor 并继承 PropertyEditorSupport 类，通过类 SimpleDateFormat 将 String 类型转换成需要的 Date 类型。代码如下：

```
public class UtilDatePropertyEditor extends PropertyEditorSupport {
    private String format="yyyy-MM-dd";
    public void setAsText(String text)throws IllegalArgumentException {
                SimpleDateFormat sdf = new SimpleDateFormat(format);
        try {
            Date d = sdf.parse(text);
            this.setValue(d);
        } catch(ParseException e){
            e.printStackTrace();
        }
    }
    public void setFormat(String format){
        this.format = format;
    }
}
```

步骤三：在 applicationContext.xml 文件中定义属性编辑器，代码如下：

```
<bean id="customEditorConfigurer" class="org.springframework.beans.factory.config.
CustomEditorConfigurer">
        <property name="customEditors">
            <map>
                <entry key="java.util.Date">
                    <bean class="com.njit.edu.spring.UtilDatePropertyEditor">
                        <property name="format" value="yyyy-MM-dd"/>
                    </bean>
                </entry>
            </map>
        </property>
</bean>
```

步骤四：在 InjectionTest 中进行 Junit 测试，通过 set 方法设置 dateValue 为当前时间，代码如下：

```
        public void testInjection1(){
            Bean1 bean=new Bean1();
            bean.setDateValue(new Date());
            System.out.println(bean.getDateValue());
        }
```

程序运行结果为当前时间，如：

```
Tue Oct 01 00:00:00 CST 2013
```

6.2.6 类的依赖注入

典型的JavaEE企业应用不会只由单一的对象(或Bean)组成。毫无疑问，即使最简单的系统也需要多个对象一起来满足最终用户的需求。下面将描述如何让这些Bean对象一起互相依赖地工作以实现一个完整的应用。

例6.4 类的依赖注入。

步骤一：在例6.3的基础上，再添加类Bean2、Bean3、Bean4、Bean5，代码分别如下：

```
public class Bean2 {
    private Bean3 bean3;
    private Bean4 bean4;
    private Bean5 bean5;
    public Bean3 getBean3(){
        return bean3;
    }
    public void setBean3(Bean3 bean3){
        this.bean3 = bean3;
    }
    public Bean4 getBean4(){
        return bean4;
    }
    public void setBean4(Bean4 bean4){
        this.bean4 = bean4;
    }
    public Bean5 getBean5(){
        return bean5;
    }
    public void setBean5(Bean5 bean5){
        this.bean5 = bean5;
    }
}

public class Bean3 {
    private int id;
    private String name;
    private String password;
    public int getId(){
        return id;
    }
    public void setId(int id){
        this.id = id;
    }
    public String getName(){
        return name;
    }
    public void setName(String name){
```

```
        this.name = name;
    }
    public String getPassword(){
        return password;
    }
    public void setPassword(String password){
        this.password = password;
    }
}

public class Bean4 {
    private int id;
    private String name;
    public int getId(){
        return id;
    }
    public void setId(int id){
        this.id = id;
    }
    public String getName(){
        return name;
    }
    public void setName(String name){
        this.name = name;
    }
}

public class Bean5 {
    private int age;
    public int getAge(){
        return age;
    }
    public void setAge(int age){
        this.age = age;
    }
}
```

步骤二：配置 applicationContext.xml 文件中类的依赖关系。观察以上几个类，可以发现，Bean2“依赖”于 Bean3、Bean4、Bean5，与普通属性通过 value 注入不同，它们都是类对象，这时就需要通过 ref 引用来注入这种类的依赖关系。具体配置代码如下：

```
    <bean id="bean2" class="com.njit.edu.spring.Bean2">
        <property name="bean3" ref="bean3"/>
        <property name="bean4">
            <ref bean="bean4"/>
        </property>
        <property name="bean5" ref="bean5"/>
```

```
    </bean>
        <bean id="bean3" class="com.njit.edu.spring.Bean3">
        <property name="id" value="1000"/>
        <property name="name">
            <value>Jack</value>
        </property>
        <property name="password" value="123"/>
    </bean>
    <bean id="bean4" class="com.njit.edu.spring.Bean4">
        <property name="id" value="1000"/>
        <property name="name" value="Jack"/>
    </bean>
    <bean id="bean5" class="com.njit.edu.spring.Bean5">
        <property name="age" value="20"/>
    </bean>
```

步骤三：在 InjectionTest 中添加 testInjection2()来测试结果，测试代码如下：

```
public void testInjection2(){
        Bean2 bean2 =(Bean2)factory.getBean("bean2");
        System.out.println("bean2.bean3.id=" + bean2.getBean3().getId());
        System.out.println("bean2.bean3.name=" + bean2.getBean3().getName());
        System.out.println("bean2.bean3.password=" + bean2.getBean3().getPassword());
        System.out.println("bean2.bean4.id=" + bean2.getBean4().getId());
        System.out.println("bean2.bean4.name=" + bean2.getBean4().getName());
        System.out.println("bean2.bean5.age=" + bean2.getBean5().getAge());
    }
```

程序运行结果如下：

```
bean2.bean3.id=1000
bean2.bean3.name=Tom
bean2.bean3.password=123
bean2.bean4.id=1000
bean2.bean4.name=Jack
bean2.bean5.age=20
```

6.2.7 公共属性的注入

例 6.4 中，配置 XML 文件时，由于 Bean3 和 Bean4 有着共同的属性 id、name，因此可以利用公共属性的注入方法来减少要写的代码量。原代码如下：

```
<bean id="bean3" class="com.njit.edu.spring.Bean3">
    <property name="id" value="1000"/>
    <property name="name">
        <value>Jack</value>
    </property>
    <property name="password" value="123"/>
</bean>
```

```
<bean id="bean4" class="com.njit.edu.spring.Bean4">
    <property name="id" value="1000"/>
    <property name="name" value="Jack"/>
</bean>
```

将原式码替换为如下代码：

```
<bean id="beanAbstract" abstract="true">
    <property name="id" value="1000"/>
    <property name="name" value="Jack"/>
</bean>
<bean id="bean3" class="com.njit.edu.spring.Bean3" parent="beanAbstract">
    <property name="name" value="Tom"/>
    <property name="password" value="123"/>
</bean>
<bean id="bean4" class="com.njit.edu.spring.Bean4" parent="beanAbstract"/>
```

这里首先用<bean>标签定义公共的属性，指定 id 并设置其 abstract 属性为 true，然后让具有相同属性的<bean>标签“继承”它，即在标签属性中添加 parent 属性，值为公共属性标签的 id，这样就可以在大量的类中都含有一个或几个公共属性的情况下大大减少代码量。

6.2.8 Bean 的作用域

在创建一个 Bean 定义时，可以简单地将其理解为：用以创建由该 Bean 定义所决定的实际对象实例的一张“处方(Recipe)”或者模板。就像 class 一样，根据一张“处方”可以创建多个对象实例。不仅可以控制注入对象(Bean 定义)中的各种依赖和配置值，还可以控制该对象的作用域。这样就可以灵活选择所建对象的作用域，而不必在 Java Class 级定义作用域。Spring 支持 5 种作用域(其中有 3 种只能用在基于 Web 的 Spring ApplicationContext)。下面将介绍最常用的两种作用域：singleton 和 prototype。

1. singleton 作用域

当一个 bean 的作用域为 singleton 时，那么 Spring IoC 容器中只会存在一个共享的 Bean 实例，并且所有对 Bean 的请求，只要 id 与该 bean 定义相匹配，则只会返回 bean 的同一实例。换言之，当把一个 bean 定义设置为 singleton 作用域时，Spring IoC 容器只会创建该 bean 定义的唯一实例。这个单一实例会被存储到单例缓存(singleton cache)中，并且所有针对该 bean 的后续请求和引用都将返回被缓存的对象实例。

2. prototype 作用域

prototype 作用域的 Bean 会导致在每次对该 Bean 请求(将其注入另一个 Bean 中，或者以程序的方式调用容器的 getBean()方法)时都会创建一个新的 bean 实例。根据经验，对所有有状态的 Bean 应该使用 prototype 作用域，而对无状态的 Bean 则应该使用 singleton 作用域。

在 Bean 中默认使用的是 singleton 作用域，可以通过设置 bean 标签的 scope 属性来修改作用域，示例代码如下：

```
<bean id="bean1" class="com.njit.edu.spring.Bean1" scope="prototype"/>
```

6.2.9　自动装配

Spring IoC容器可以自动装配(Autowire)相互协作Bean之间的关联关系。因此，可以自动让Spring通过检查BeanFactory中的内容，来替用户指定Bean的协作者(其他被依赖的Bean)。下面介绍两种常见的自动装配方式。

1. 根据名称自动装配

代码如下：

```
<?xml version="1.0" encoding="UTF-8"?>
<beans xmlns="http://www.springframework.org/schema/beans"
       xmlns:xsi="http://www.w3.org/2001/XMLSchema-instance"
       xmlns:aop="http://www.springframework.org/schema/aop"
       xmlns:tx="http://www.springframework.org/schema/tx"
       xsi:schemaLocation="http://www.springframework.org/schema/beans
http://www.springframework.org/schema/beans/spring-beans-2.0.xsd
   http://www.springframework.org/schema/aop
   http://www.springframework.org/ schema/aop/spring-aop-2.0.xsd
   http://www.springframework.org/schema/tx
   http://www.springframework.org/ schema/tx/spring-tx-2.0.xsd" default-autowire="byName">
      <bean id="bean2" class="com.njit.edu.spring.Bean2"/>
      <bean id="bean5" class="com.njit.edu.spring.Bean5">
          <property name="age" value="20"/>
      </bean>

</beans>
```

在最外层的<beans>标签中增加default-autowire="byName"就可以省略对Bean2依赖关系的注入，由Spring的自动装配来识别类中的依赖关系，然后通过对名称的查找自动建立依赖关系。

2. 根据类型自动装配

```
<?xml version="1.0" encoding="UTF-8"?>
<beans xmlns="http://www.springframework.org/schema/beans"
    xmlns:xsi="http://www.w3.org/2001/XMLSchema-instance"
    xmlns:aop="http://www.springframework.org/schema/aop"
    xmlns:tx="http://www.springframework.org/schema/tx"
    xsi:schemaLocation="http://www.springframework.org/schema/beans
        http://www.springframework.org/schema/beans/spring-beans-2.0.xsd
        http://www.springframework.org/schema/aop
        http://www.springframework.org/ schema/aop/spring-aop-2.0.xsd
        http://www.springframework.org/schema/tx
        http://www.springframework.org/ schema/tx/spring-tx-2.0.xsd"
```

```
        default-autowire="byType">
    <bean id="bean2" class="com.njit.edu.spring.Bean2"/>
    <bean id="bean5111" class="com.njit.edu.spring.Bean5">
        <property name="age" value="20"/>
    </bean>
</beans>
```

在最外层的<beans>标签中增加属性 default-autowire="byType"就可以实现根据类型自动装配，通过自动装配便可以防止由于 id 的输入错误而导致程序的错误了。

6.3 Spring 的 AOP

考虑这样一个问题：需要对系统中的某些业务做日志记录，如支付系统中的支付业务需要记录支付相关日志，支付系统可能相当复杂，如可能有自己的支付系统，也可能引入第三方支付平台，面对这样的支付系统该如何解决呢？如果再对积分支付方式添加统计功能，如在支付时记录下用户总积分数、当前消费的积分数，又该如何做呢？不能直接修改源代码添加日志记录，因为这完全违背了面向对象最重要的原则之一：开闭原则(对扩展开放，对修改关闭)。

可见，在支付组件中由于使用了日志组件，即日志模块横切于支付组件，在传统程序设计中很难将日志组件分离出来，即不耦合支付组件；因此面向切面编程 AOP 就诞生了，它能分离组件，使组件完全不耦合：采用面向切面编程后，支付的代码中不再有日志组件的任何代码。

面向切面编程(AOP)提供另外一种角度来思考程序结构，这种方式弥补了面向对象编程(OOP)的不足。Spring 的一个关键的组件就是 AOP 框架。尽管如此，Spring IoC 容器并不依赖于 AOP，这意味着用户可以自由选择是否使用 AOP，AOP 提供强大的中间件解决方案，这使得 Spring IoC 容器更加完善。本节将介绍 Spring 实现 AOP 的两种方式。

6.3.1 AOP 术语介绍

首先介绍一些重要的 AOP 概念。

(1) 切面(Aspect)：一个关注点的模块化，这个关注点可能会横切多个对象。事务管理是 JavaEE 应用中一个关于横切关注点的很好的例子。在 Spring AOP 中，切面可以使用通用类(基于模式的风格)或者在普通类中以@Aspect 注解(@AspectJ 风格)来实现。

(2) 连接点(Joinpoint)：在程序执行过程中某个特定的点，如某方法调用的时候或者处理异常的时候。在 Spring AOP 中，一个连接点总是代表一个方法的执行。通过声明一个 org.aspectj.lang.JoinPoint 类型的参数可以使通知(Advice)的主体部分获得连接点信息。

(3) 切入点(Pointcut)：匹配连接点的断言。通知和一个切入点表达式关联，并在满足这个切入点的连接点上运行(例如，当执行某个特定名称的方法时)。切入点表达式如何和连接点匹配是 AOP 的核心：Spring 默认使用 AspectJ 切入点语法。

(4) 引入(Introduction)：也被称为内部类型声明(Inter-type Declaration)。声明额外的方法或者某个类型的字段。Spring 允许引入新的接口(以及一个对应的实现)到任何被代理的对

象。例如，可以使用一个引入来使 bean 实现 IsModified 接口，以便简化缓存机制。

(5) 目标对象(Target Object)：被一个或者多个切面所通知(Advise)的对象。也有人把它称为被通知(Advised)对象。既然 Spring AOP 是通过运行时代理实现的，这个对象永远是一个被代理(Proxied)对象。

(6) AOP 代理(AOP Proxy)：AOP 框架创建的对象，用来实现切面契约(Aspect Contract)(包括通知方法执行等功能)。在 Spring 中，AOP 代理可以是 JDK 动态代理或者 CGLIB 代理。注意：Spring 2.0 最新引入基于模式(Schema-based)风格和@AspectJ 注解风格的切面声明，对于使用这些风格的用户来说，代理的创建是透明的。

(7) 织入(Weaving)：把切面连接到其他应用程序类型或者对象上，并创建一个被通知的对象。这些可以在编译时(如使用 AspectJ 编译器)、类加载时和运行时完成。Spring 和其他纯 Java AOP 框架一样，在运行时完成织入。

(8) 通知(Advice)：在切面的某个特定的连接点上执行的动作。许多 AOP 框架，包括 Spring，都是以拦截器做通知模型，并维护一个以连接点为中心的拦截器链。几种通知类型如下。

① 前置通知(Before Advice)：在某连接点之前执行的通知，但这个通知不能阻止连接点前的执行(除非它抛出一个异常)。

② 返回后通知(After Returning Advice)：在某连接点正常完成后执行的通知。例如，一个方法没有抛出任何异常，正常返回。

③ 抛出异常后通知(After Throwing Advice)：在方法抛出异常退出时执行的通知。

④ 后通知(After(Finally)Advice)：当某连接点退出的时候执行的通知(不论是正常返回还是异常退出)。

⑤ 环绕通知(Around Advice)：包围一个连接点的通知，如方法调用。这是最强大的一种通知类型。环绕通知可以在方法调用前后完成自定义的行为。它也会选择是否继续执行连接点或直接返回它们自己的返回值或抛出异常来结束执行。

6.3.2 Annotation 方式实现 AOP

@AspectJ 使用了 Java 5 的注解，可以将切面声明为普通的 Java 类。AspectJ 5 发布的 AspectJ project 中引入了这种@AspectJ 风格。Spring 2.0 使用了和 AspectJ 5 一样的注解，使用了 AspectJ 提供的一个库来做切点解析和匹配。但是，AOP 在运行时仍旧是纯的 Spring AOP，并不依赖于 AspectJ 的编译器或者织入器(Weaver)。

下面通过案例演示使用 Annotation 方式实现 AOP。

例 6.5 Annotation 方式实现 AOP。

首先添加\spring-framework-2.0\lib\aspectj 目录下的 aspectjrt.jar 和 aspectjweaver.jar 到 spring 包以支持 AspectJ。然后给 XML 文件添加 XSD 约束文件，选择 Window→Preferences 命令，打开 Preferences 窗口选择 MyEclipse→Files and Editor→XML→XML Catalog 选项，单击 Add 按钮，选择 Key type 为 URI，单击 File System 按钮，选择\spring-framework-2.0\dist\resources 目录下的 spring-aop-2.0.xsd 文件，并在 Key 后面加上/spring-aop-2.0.xsd。

步骤一：新建名为 spring_aop 的项目。新建包 com.njit.spring_aop，并创建一个名为 UserManager 的接口，代码如下：

```
public interface UserManager {
        public void addUser(String username, String password);
        public void deleteUser(int id);
}
```

步骤二：创建类 UserManagerImpl 简单实现接口 UserManager，代码如下：

```
public class UserManagerImpl implements UserManager {
        public void addUser(String username, String password){
            System.out.println("UserManagerImpl.addUser()");
        }
        public void deleteUser(int id){
            System.out.println("UserManagerImpl.deleteUser()");
        }
    }
```

步骤三：要在 UserManager 执行每个接口函数之前都执行一次"安全检查"，为了避免大量修改原码，此时便可以使用 AOP 来统一设置这一安检步骤。创建类 SecurityHandler，首先通过@Aspect 定义切面，然后通过@Pointcut 定义切入点，切入点的名称就是 allAddMethod，此方法只是一个标识，不能有返回值和参数。然后通过@Before 定义通知为前置通知。代码如下：

```
@Aspect
public class SecurityHandler {
        @Pointcut("execution(* add*(..))|| execution(* del*(..))")
        private void allAddMethod(){};
        @Before("allAddMethod()")
        private void checkSecurity(){
            System.out.println("checkSecurity()--------ok! ");
        }
}
```

步骤四：配置 applicationContext.xml 文件，通过<aop:aspectj-autoproxy/>标签启用 AspectJ 对 Annotation 的支持并且将 Aspect 类和目标对象配置到 IoC 容器中。代码如下：

```
<aop:aspectj-autoproxy/>
    <bean id="securityHandler" class="com.njit.edu.spring_aop.SecurityHandler"/>
    <bean id="userManager" class="com.njit.edu.spring_aop.UserManagerImpl"/>
```

步骤五：创建类 Client 测试结果，代码如下：

```
public static void main(String[] args){
        BeanFactory factory = new ClassPathXmlApplicationContext ("applicationContext.xml");
        UserManager userManager =(UserManager)factory.getBean("userManager");
        userManager.addUser("张三", "123");
        userManager.deleteUser(1);
    }
```

程序运行结果如下：

```
checkSecurity()------------ok!
UserManagerImpl.addUser()
checkSecurity()------------ok!
UserManagerImpl.deleteUser()
```

6.3.3 静态配置文件方式实现AOP

除了Annotation方式实现AOP之外，还可以使用<aop:config>标签，通过配置静态文件的方式来实现AOP。

例6.6 静态配置文件方式实现AOP。

步骤一：在例6.5的基础之上，删除SecurityHandler 的注解等内容。代码如下：

```
public class SecurityHandler {
        private void checkSecurity(){
            System.out.println("checkSecurity()--------ok! ");
        }
}
```

步骤二：配置applicationContext.xml文件。切入点使用<aop:config>标签下的<aop:pointcut>配置，expression属性用于定义切入点模式，默认是AspectJ语法，"execution(* com.njit.edu..*.*(..))"表示匹配com.njit.edu包及子包下的任何方法执行。切面使用<aop:aspect>标签配置，其中“ref”用来引用切面支持类的方法。前置通知使用<aop:before>标签来定义，pointcut-ref属性用于引用切入点Bean，method用来引用切面通知实现类中的方法，该方法就是通知实现，即在目标类方法执行之前调用的“安检”方法。代码如下：

```
<bean id="securityHandler" class="com.njit.edu.spring_aop.SecurityHandler"/>
<bean id="userManager" class="com.njit.edu.spring_aop.UserManagerImpl"/>

<aop:config>
        <aop:aspect id="security" ref="securityHandler">
            <aop:pointcut  id="allAddMethod"  expression="  execution(*
add*(..))|| execution(* del*(..))"/>
            <aop:before method="checkSecurity" pointcut-ref="allAddMethod"/>
        </aop:aspect>
</aop:config>
```

程序运行结果如下：

```
checkSecurity()------------ok!
UserManagerImpl.addUser()
checkSecurity()------------ok!
UserManagerImpl.deleteUser()
```

6.3.4 通知参数

在以上两个案例中，如果想获得接口函数执行时的参数，然后执行安全检查，便可以利用 JoinPoint 参数来实现。只需给 checkSecurity()添加参数 JoinPoint，即可获取到插入点的参数。代码如下：

```
private void checkSecurity(JoinPoint joinPoint){
        Object[] args = joinPoint.getArgs();
        for(int i=0; i<args.length; i++){
            System.out.println(args[i]);
        }
        System.out.println(joinPoint.getSignature().getName());
        System.out.println("checkSecurity()--------ok! ");
    }
```

程序结果如下：

```
张三
123
addUser
checkSecurity()------------ok!
UserManagerImpl.addUser()
1
deleteUser
checkSecurity()------------ok!
UserManagerImpl.deleteUser()
```

6.4 Spring 与 Hibernate 的集成

虽然 Hibernate 大大简化了数据持久层的访问，但使用 Hibernate 进行持久层访问时，还存在一系列的问题，如访问步骤繁杂，事务难以控制，DAO 组件编写复杂等。此时便可以引入 Spring 与 Hibernate 的集成。

Spring 可以在 Hibernate 基础上，进一步简化持久层的访问，大大降低 Hibernate 的重复操作；Spring 提供的 DAO 支持简化了 DAO 组件的开发；SessionFactory 的依赖注入简化了 Session 的控制等；这些都极大地提高了 JavaEE 应用的开发效率。

下面通过实例来讲解 Spring 与 Hibernate 的简单集成。

例 6.7 Spring 与 Hibernate 集成(采用声明式事务往数据库存储用户操作日志)。

步骤一：建立名为 spring_hibernate 的 Java 项目，配置 Spring 环境和 Hibernate 环境。在 src 目录下创建包 com.njit.edu.usermgr.client、com.njit.edu.usermgr.manage、com.njit.edu.usermgr.model 和 com.njit.edu.usermgr.util。项目文件结构如图 6.13 所示。

```
src
  com.njit.edu.usermgr.client
  com.njit.edu.usermgr.manage
  com.njit.edu.usermgr.model
  com.njit.edu.usermgr.util
JRE System Library [Sun JDK 1.6.0_13]
Java EE 5 Libraries
WebRoot
```

图6.13 spring_hibernate工程

步骤二：在包com.njit.edu.usermgr.model下创建日志文件类Log，包含属性主键id，日志类型type，日志内容detail，日志时间time。然后新建用户类User，包含属性主键id和用户名name，最后分别新建映射文件Log.hmb.xml和User.hmb.xml。代码如下：

```
public class Log {
    private int id;
    private String type;
    private String detail;
    private Date time;
    public int getId(){
        return id;
    }
    public void setId(int id){
        this.id = id;
    }
    public String getType(){
        return type;
    }
    public void setType(String type){
        this.type = type;
    }
    public String getDetail(){
        return detail;
    }
    public void setDetail(String detail){
        this.detail = detail;
    }
    public Date getTime(){
        return time;
    }
    public void setTime(Date time){
        this.time = time;
    }
}
```

```
public class User {
    private int id;
    private String name;
    public int getId(){
        return id;
    }
    public void setId(int id){
        this.id = id;
    }
    public String getName(){
        return name;
    }
    public void setName(String name){
        this.name = name;
    }
}
```

```
<hibernate-mapping package="com.njit.edu.usermgr.model">
    <class name="Log" table="t_log">
        <id name="id">
            <generator class="native"/>
        </id>
        <property name="type"/>
        <property name="detail"/>
        <property name="time"/>
    </class>
</hibernate-mapping>
```

```
<hibernate-mapping package="com.njit.edu.usermgr.model">
    <class name="User" table="t_user">
        <id name="id">
            <generator class="native"/>
        </id>
        <property name="name"/>
    </class>
</hibernate-mapping>
```

步骤三：在 hibernate.cfg.xml 文件中配置数据库连接并添加映射文件资源。代码如下：

```
<hibernate-configuration>
    <session-factory>
        <property name="hibernate.connection.url">jdbc:mysql://localhost/
spring_hibernate_2</property>
       <property name="hibernate.connection.driver_class">com.mysql.jdbc.
Driver</property>
        <property name="hibernate.connection.username">root</property>
```

```
        <property name="hibernate.connection.password">password</property>
        <property  name="hibernate.dialect">org.hibernate.dialect.MySQLDialect
</property>
        <property name="hibernate.show_sql">true</property>
        <property name="hibernate.current_session_context_class">thread</property>
        <mapping resource="com/njit/edu/usermgr/model/User.hbm.xml"/>
        <mapping resource="com/njit/edu/usermgr/model/Log.hbm.xml"/>
    </session-factory>
    </hibernate-configuration>
```

步骤四：在包 com.njit.edu.usermgr.util 下新建类 ExportDB 用于导出映射表。代码如下：

```
public class ExportDB {
public static void main(String[] args){
        Configuration cfg = new Configuration().configure();
        SchemaExport export = new SchemaExport(cfg);
        export.create(true, true);
    }
}
```

步骤五：在包 com.njit.edu.usermgr.manage 下新建接口 LogManager 和 UserManager，分别包含方法添加日志和添加用户。代码如下：

```
public interface LogManager {
        public void addLog(Log log);
}
```

```
public interface UserManager {
        public void addUser(User user)throws Exception;
}
```

步骤六：创建类 LogManagerImp、UserManagerImp 继承 HibernateDaoSupport 并实现接口 LogManager 和 UserManager。此处继承了 HibernateDaoSupport 类，即 Spring 对 Hibernate 中 Dao 的一个支持类，它可以帮助用户对 Session 进行管理，就像之前使用过的 HibernateUtil 类。把 Session 交给 HibernateDaoSupport 去管理，便可以在代码里直接通过 getHibernateTemplate()方法获得 Session，甚至不需要自己去打开 Session、关闭 Session 或者回滚数据。代码如下：

```
public class LogManagerImpl extends HibernateDaoSupport implements LogManager {
    public void addLog(Log log){
        this.getHibernateTemplate().save(log);
    }
}
```

```
public  class  UserManagerImpl  extends  HibernateDaoSupport  implements
UserManager {
    private LogManager logManager;
    public void addUser(User user)throws Exception {
        this.getHibernateTemplate().save(user);
```

```
        Log log = new Log();
        log.setType("安全日志");
        log.setDetail("xxx 进入系统");
        log.setTime(new Date());
        logManager.addLog(log);
    }
    public void setLogManager(LogManager logManager){
        this.logManager = logManager;
    }
}
```

步骤七：在文件 applicationContext-beans.xml 里配置 bean 的依赖关系。代码如下：

```
<bean id="userManager" class="com.njit.edu.usermgr.manager.UserManagerImpl">
    <property name="sessionFactory" ref="sessionFactory"/>
    <property name="logManager" ref="logManager"/>
</bean>
<bean id="logManager" class="com.njit.edu.usermgr.manager.LogManagerImpl">
    <property name="sessionFactory" ref="sessionFactory"/>
</bean>
```

步骤八：配置 applicationContext-common.xml 文件。首先配置 sessionFactory，可以注入 hibernate.cfg.xml 文件里的配置以直接获取 sessionFactory，注意文件前要声明“classpath:”，即在目录下寻找所配置的 hibernate.cfg.xml 文件。

接着配置事务。先将 sessionFactory 注入到事务管理器 transactionManager 中，然后通过<tx:advice></tx:advice>标签配置事务的传播特性。首先设置标签的 transaction-manager 属性为刚刚配置好的 transactionManager，然后在<tx:attributes></tx:attributes>标签内配置事务方法的传播特性，此处将所有 add 开头的方法都配置传播特性 propagation 为 REQUIRED。最后配置参与事务的所有方法，此处让 com.njit.edu.usermgr.manager 包下的所有方法都参与到事务中。代码如下：

```
<!-- 配置 sessionFactory -->
<bean id="sessionFactory" class="org.springframework.orm.hibernate3.
LocalSessionFactoryBean">
        <property name="configLocation">
            <value>classpath:hibernate.cfg.xml</value>
        </property>
    </bean>
    <!-- 配置事务管理器 -->
    <bean id="transactionManager" class="org.springframework.orm.hibernate3.
HibernateTransactionManager">
        <property name="sessionFactory">
            <ref bean="sessionFactory"/>
        </property>
</bean>
```

```
        <!-- 配置事务的传播特性 -->
        <tx:advice id="txAdvice" transaction-manager="transactionManager">
            <tx:attributes>
                <tx:method name="add*" propagation="REQUIRED"/>
            </tx:attributes>
        </tx:advice>
        <!-- 参与事务的方法 -->
        <aop:config>
            <aop:pointcut id="allManagerMethod" expression="execution(* com.
njit.edu.usermgr.manager.*.*(..))"/>
            <aop:advisor pointcut-ref="allManagerMethod" advice-ref="txAdvice"/>
    </aop:config>
```

步骤九：打开 MySQL，输入“create database spring_hibernate;”建立数据库，然后输入“use spring_hibernate;”进入数据库，运行 ExportDB 导入表后，输入语句“show tables;”查看表结构是否完整。运行结果如图 6.14 所示。

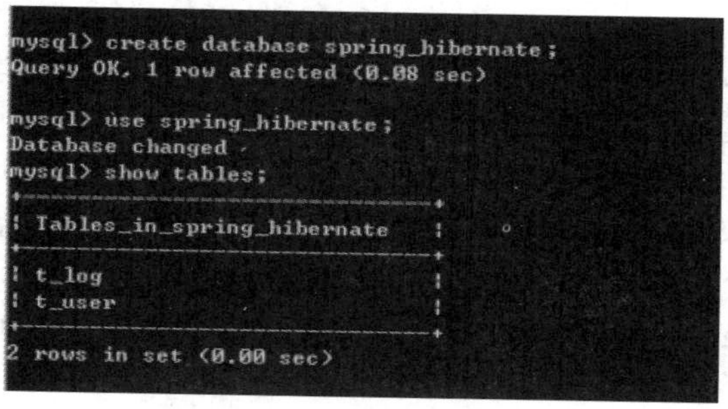

```
mysql> create database spring_hibernate;
Query OK, 1 row affected (0.08 sec)

mysql> use spring_hibernate;
Database changed
mysql> show tables;
+----------------------------+
| Tables_in_spring_hibernate |
+----------------------------+
| t_log                      |
| t_user                     |
+----------------------------+
2 rows in set (0.00 sec)
```

图 6.14　运行结果

步骤十：在包 com.njit.edu.usermgr.client 中创建类 Client 测试结果。代码如下：

```
    public class Client {
        public static void main(String[] args){
            User user = new User();
            user.setName("张三");
            BeanFactory factory = new ClassPathXmlApplicationContext
("applicationContext-*.xml");
            UserManager userManager =(UserManager)factory.getBean("userManager");
            try {
                userManager.addUser(user);
            } catch(Exception e){
                e.printStackTrace();
            }
        }
    }
```

在 MySQL 中输入查询语句“select * from t_user; select * from t_log;”。运行结果如图 6.15 所示。

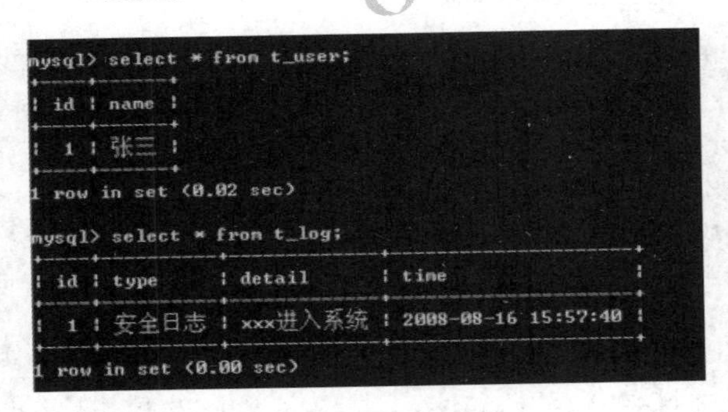

图 6.15 运行结果

注意：使用 HibernateDaoSupport 对 Session 进行管理的确带来了很多便捷，但是，HibernateDaoSupport 并不是对所有异常都进行回滚，它默认只会在运行期异常(包括继承了 RuntimeException 子类)才会回滚。

6.5 Spring 与 Struts 的集成

Struts 框架是一个完美的 MVC 实现，可是它把所有的运算逻辑都放在 Struts 的 Action 里，大量的 Action 将使得程序逻辑混乱，也大大降低了代码的可复用性和可维护性，Spring 框架的出现正好解决了这个问题。本节将通过实例讲解 Spring 与 Struts 的简单集成。

例 6.8 Spring 与 Struts 集成(简单登录的实现)。

步骤一：新建一个名为 spring_struts 的 Web 项目，配置好 Spring 与 Struts 的环境，创建包 com.njit.edu.usermgr.actions、com.njit.edu.usermgr.forms、com.njit.edu.usermgr.manager。项目文件结构如图 6.16 所示。

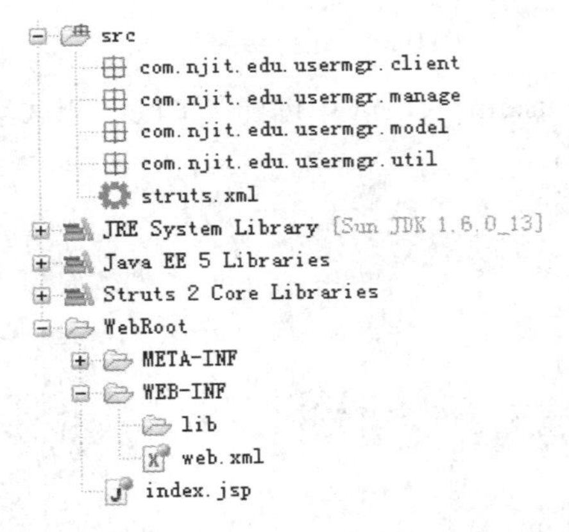

图 6.16 spring_struts 工程

步骤二：在 WebRoot 下新建 JSP 页面实现简单的界面，包括跳转登录页面 index.jsp，登录页面 login.jsp 和登录成功页面 success.jsp。代码如下：

```
<html>
    <head>
    <title>spring 和 struts 的集成</title>
```

```
        </head>
        <body>
            <h1>spring 和 struts 的集成</h1>
            <hr>
            <a href="logininput.do">登录</a>
        </body>
    </html>
```

```
    <html>
        <head>
        <title>用户登录</title>
        </head>
        <body>
            <form action="login.do" method="post">
                用户：<input type="text" name="username"><br>
                密码：<input type="password" name="password"><br>
                <input type="submit" value="登录">
            </form>
        </body>
    </html>
```

```
    <html>
        <head>
        <title>Insert title here</title>
        </head>
        <body>
            ${loginForm.username },用户登录成功!
        </body>
    </html>
```

步骤三：在包 com.njit.edu.usermgr.forms 下新建类 LoginActionForm，继承 ActionForm，包含了所要收集的最基本的登录信息，即用户名、密码。代码如下：

```
public class LoginActionForm extends ActionForm {
    private String username;
    private String password;
    public String getUsername(){
        return username;
    }
    public void setUsername(String username){
        this.username = username;
    }
    public String getPassword(){
        return password;
    }
    public void setPassword(String password){
        this.password = password;
```

```
    }
}
```

步骤四：在包 com.njit.edu.usermgr.manager 下创建接口 UserManager，包含一个登录的方法，然后创建类 UserManagerImpl 实现 UserManager 的简单登录功能。代码如下：

```
public interface UserManager {
    public void login(String username, String password);
    }
```

```
public class UserManagerImpl implements UserManager {
    public void login(String username, String password){
        System.out.println("UserManagerImpl.login()-- username=" + username);
    }
}
```

步骤五：在包 com.njit.edu.usermgr.action 下创建类 LoginAction 继承 Action，在 excute 方法里获取参数 form，然后从中获取用户名、密码并执行登录，跳转至登录成功页面。代码如下：

```
public class LoginAction extends Action {
    private UserManager userManager;
    public ActionForward execute(ActionMapping mapping, ActionForm form,
            HttpServletRequest request, HttpServletResponse response)
            throws Exception {
        LoginActionForm laf =(LoginActionForm)form;
        userManager.login(laf.getUsername(), laf.getPassword());
        return mapping.findForward("success");
    }
    public void setUserManager(UserManager userManager){
        this.userManager = userManager;
    }
}
```

步骤六：修改 struts-config.xml 文件来配置 ActionServlet。首先在标签<form-beans></form-beans>下配置 LoginActionForm，type 属性为类名。然后在标签<action-mappings></action-mappings>下配置 Action，包括登录跳转和登录，其中<action></action>标签中的 path 属性为对应的 Action 位置，forword 为 Action 跳转页面，type 则为 Action 对应的类。代码如下：

```
<struts-config>
    <form-beans>
        <form-bean name="loginForm" type="com.njit.edu.usermgr.forms.LoginActionForm"/>
    </form-beans>
    <action-mappings>
        <action path="/logininput"
                forward="/login.jsp"></action>
        <action path="/login"
```

```
                type="com.njit.edu.usermgr.actions.LoginAction"
                name="loginForm"
                scope="request">
            <forward name="success" path="/success.jsp"/>
        </action>
    </action-mappings>
    <message-resources parameter="MessageResources" />
</struts-config>
```

步骤七：修改 web.xml 文件来配置 ActionServlet。代码如下：

```
<web-app version="2.4" xmlns="http://java.sun.com/xml/ns/j2ee"
    xmlns:xsi="http://www.w3.org/2001/XMLSchema-instance"
    xsi:schemaLocation="http://java.sun.com/xml/ns/j2ee
    http://java.sun.com/xml/ns/j2ee/web-app_2_4.xsd">
    <welcome-file-list>
        <welcome-file>index.jsp</welcome-file>
    </welcome-file-list>
    <servlet>
        <servlet-name>action</servlet-name>
    <servlet-class>org.apache.struts.action.ActionServlet</servlet-class>
        <init-param>
            <param-name>config</param-name>
            <param-value>/WEB-INF/struts-config.xml</param-value>
        </init-param>
        <init-param>
            <param-name>debug</param-name>
            <param-value>2</param-value>
        </init-param>
        <init-param>
            <param-name>detail</param-name>
            <param-value>2</param-value>
        </init-param>
        <load-on-startup>2</load-on-startup>
    </servlet>
    <!-- Standard Action Servlet Mapping -->
    <servlet-mapping>
        <servlet-name>action</servlet-name>
        <url-pattern>*.do</url-pattern>
    </servlet-mapping>

    <!--  <context-param>  <param-name>contextConfigLocation</param-name>
<param-value>classpath*:applicationContext-*.xml,/WEB-INF/applicationContext
-*.xml</param-value>
        </context-param> -->
    <context-param>
        <param-name>contextConfigLocation</param-name>
```

```
            <param-value>classpath*:applicationContext-*.xml</param-value>
        </context-param>
        <listener>
        <listener-class>org.springframework.web.context.ContextLoaderListene
r</listener-class>
        </listener>
    </web-app>
```

步骤八：配置 applicationContext-beans.xml 文件，代码如下：

```
    <bean id="userManager" class="com.njit.edu.usermgr.manager.UserManagerImpl"/>
```

步骤九：配置 applicationContext-actions.xml 文件，代码如下：

```
    <bean name="/login" class="com.njit.edu.usermgr.actions.LoginAction" scope="prototype">
            <property name="userManager" ref="userManager"/>
        </bean>
```

程序运行结果如图 6.17 所示。

图 6.17　运行结果

本 章 小 结

本章介绍了 Spring 技术的入门知识，并进一步讲述了以下内容。

(1) 介绍了如何实例化 IoC 容器，Bean 的配置、命名、实例化及定义域，Bean 的获取等，然后通过实例演示了几种形式的依赖注入。

(2) 介绍了 AOP 的术语、思想及代理模式等，通过实例讲解了用 Annotation 方式和静态配置文件的方式实现 AOP 等。

(3) 通过具体案例分别演示了 Spring 与 Struts 和 Hibernate 的集成。

习题与思考

(1) Bean 实例化后何时自行销毁？
(2) Bean 可以继承使用吗？
(3) 自动装配功能给程序员开发过程提供了什么便利？
(4) Spring 的 AOP 有几种通知类型？它们分别适用于什么情况？
(5) 尝试在同一个切面定义多个不同类型通知。

SSH 综合案例

教学目标

(1) 了解 Struts、Hibernate、Spring 框架的主要作用；
(2) 能够将 SSH 结合并运用到实际项目中；
(3) 掌握如何通过配置 Spring 精简 Struts 和 Hibernate 的代码量；
(4) 掌握并体会 SSH 项目的层次理念。

知识结构

SSH 综合案例知识结构如图 7.1 所示。

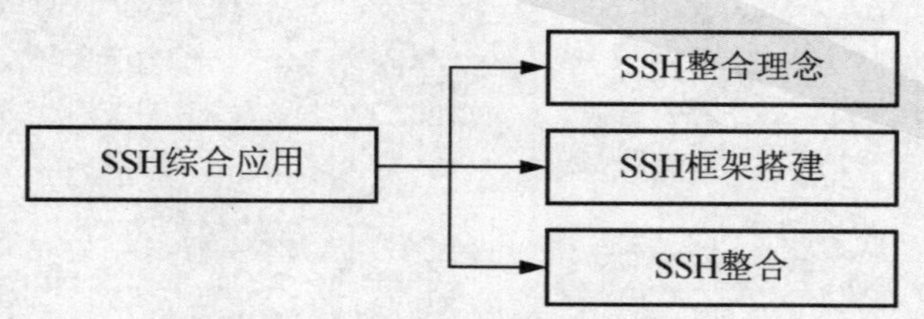

图 7.1 SSH 综合案例知识结构

案例介绍

本案例是一个信息发布系统部分功能的演示，主要功能是信息的展示、发布与删除、管理员的添加与删除等。运用的数据库为 MySql。

图 7.2 和图 7.3 分别为登录页面和系统首页。

图 7.2　登录页面

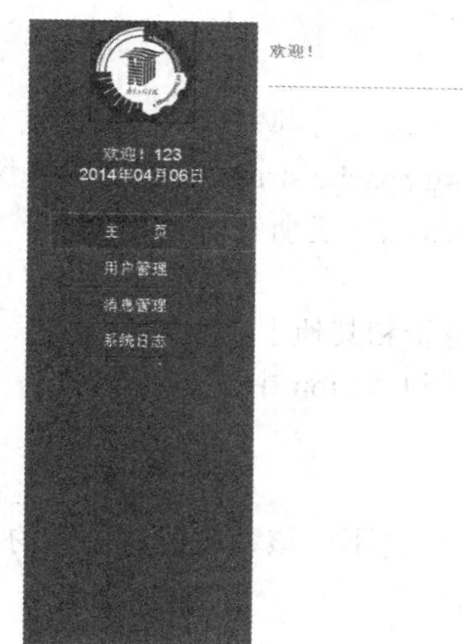

图 7.3　系统首页

7.1　SSH 整合理念

7.1.1　框架

构建一个Web应用不是一个简单的任务。在架构这个应用时要考虑很多的因素和问题。从更高的层次来看，开发人员面临着关于如何构建用户接口，何处驻留业务逻辑，以及如何实现数据持久性这些问题。这三层都有各自的问题需要回答，而每一层又需要实现哪些技术？应用如何设计来进行松散耦合并能进行灵活变更？应用架构是否允许某一层变更而不影响到其他的层次？如何处理容器一级的服务比如事务？在为你的应用创建一个架构之前有许多问题需要澄清。幸运的是，有很多开发者都意识到这个问题，并建立了很多框架来解决这些问题。一个良好的框架可以让开发人员减轻重新建立解决复杂问题方案的负担和精力，它可以被扩展以进行内部的定制化，并且有强大的用户社区来支持它。框架通常能很好地解决一个问题。然而，你的应用是分层的，可能每一个层都需要各自的框架。仅仅解决 UI 问题并不意味着你能够很好地将业务逻辑、持久性逻辑和 UI 组件很好地耦合。

例如，你不应该使具有 JDBC 代码的业务逻辑放入控制器之中，这不是控制器应该提供的功能。一个 UI 控制器应该是轻量化的组件，由它代表对 UI 范围之外的其他应用层的服务调用。良好的框架自然地形成代码分离的原则。更为重要的是，框架减轻了开发人员从头构建持久层代码的精力，从而集中精力在应用逻辑上，这对客户端来说更为重要。下面介绍三种著名开源框架 Struts、Hibernate、Spring 的整合策略。

7.1.2 应用层

许多设计良好的 Web 应用，可以被按职责分为四层，即表现层、持久层、业务层和对象层。每一个层都有其独特的职责，不能把各自的功能与其他层相混合。每一个应用层都应该和其他层隔离开来，但允许使用接口在层间进行通信。

1. 表现层

一个典型的 Web 应用的末端是表现层。许多开发者都知道 Struts 提供了什么内容。然而，太多时候耦合代码比如业务逻辑被放进 org.apache.struts.Action 中，所以这里先总结 Struts 之类的框架应该提供什么。下面就是 Struts 的职责所在。

(1) 管理用户的请求和响应。

(2) 提供一个控制器来将调用委托到业务逻辑和其他上游处理。

(3) 将来自于抛出例外的其他层的例外处理到 Action 中。

(4) 组装可以在视图中表现的模型对象。

(5) 执行 UI 校验。

下面是一些经常可以使用 Struts 进行编码但是不应该和表现层关联的事情。

(1) 直接和数据库交互，比如 JDBC 调用。

(2) 与应用相关的业务逻辑和校验。

(3) 事务管理。

在表现层中引入这些类型的代码将导致类型耦合和增加维护负担。

2. 持久层

一个典型 Web 应用的另一端是持久层，这也是应用中最容易很快失控的地方。开发者通常低估了自己构建自己的持久层框架的挑战。一个定制的、内部开发的持久层不仅需要大量的开发时间，并且通常缺乏功能和难以管理。目前有许多解决这些问题的开源对象关系映射(ORM)框架。Hibernate 框架就允许 Java 中的对象-关系的持久性和查询服务。Hibernate 对已经熟悉了 SQL 和 JDBC API 的 Java 开发者。Hibernate 的持久对象基于 POJO 和 Java 群集(collections)。下面列出了需要在持久性框架中编写的代码类型。

(1) 查询关系信息到对象中。

(2) 存储、更新和删除存储在数据库中的信息。

(3) 高级的对象关系映射框架，比如 Hibernate 支持大部分主流 SQL 数据库，它们支持父/子关系、事务、继承和多态。

下面是应该在持久层避免的一些事情。

(1) 业务逻辑应该置于应用的更高层中，这里只允许数据访问方法。

(2) 不应该使持久逻辑和表现逻辑耦合，避免表现组件直接和数据访问进行通信。通过将持久性逻辑隔离在其自己的层中，应用将具有更加灵活的修改性而不影响到其他层的代码。例如，Hibernate 可以使用其他持久框架和 API 代替，而不需要修改其他层中的代码。

3. 业务层

典型的 Web 应用的中间组件一般是业务层和服务层。从编程的角度来说，service 经常被忽略。这种类型的代码散布于 UI 表现层和持久层并不是不多见，这些都不是正确的地方，因为它导致了紧密耦合的应用和难以维护的代码。幸运的是，大多数框架都解决了这个问题。这个空间内最流行的两个框架是 Spring 和 PicoContainer。它们都被视为是具有非常小的足迹(footprint)并且决定如何将你的对象整合在一起的微容器(microcontainer)。这些框架都建立在一种叫做依赖性注入(dependency injection)(也称控制反转(inversion of control，IOC))的简单概念之上。我们将关注 Spring 中通过针对命名配置参数的 bean 属性的 setter 注入的使用。Spring 也允许一种更加高级的构造器注入(constructor injection)形式作为 setter injection 的可选替代。对象通过简单的 XML 文件进行连接，该配置文件包含对各种对象的引用，比如事务管理处理器(transaction management handler)、对象工厂、包含业务逻辑的服务对象以及数据访问对象(DAO)。业务层应该负责下面的问题：处理应用的业务逻辑和业务校验管理事务允许与其他层进行交互的接口管理业务级对象之间的依赖性加入了表现和持久层之间的灵活性，以便它们不需要彼此进行直接通信从表现层暴露上下文给业务层以获得业务服务管理从业务层到表现层的实现。

4. 对象层

要解决实际问题的 Web 应用，需要一套在不同的层间移动的对象。对象层包含的是表达实际业务对象的对象，比如 User、Student 等。这一层允许能让开发者不再构建和维护不必要的数据传输对象(DTO)来匹配其对象层。例如，Hibernate 允许你读取数据库信息到一个对象的对象图中，以便你可以在离线的情况下将其表现在 UI 层中。这些对象可以被更新并跨过表现层发送回去，然后进行数据库更新。另外，你不再需要将对象转变成 DTO，因为它们在不同的层间移动时可能会丢失事务。这种模型允许 Java 开发者能够以 OO 风格的方式很自然地处理对象，而不用编写额外的代码。

7.2 SSH 框架搭建

7.2.1 新建项目

新建名为 infopublish 的项目，分别导入 Struts、Spring、Hibernate 所需 jar 包到 WEB-INF 的 lib 目录下，此处不再做过多讲解，由读者自己完成项目依赖包的导入。

7.2.2 项目分析

本案例功能简单清晰，包括简单的管理员登录功能，管理员的添加删除功能，信息发布与删除及附件上传与下载功能，登录日志的记录及查看功能。具体分析如图 7.4 所示。

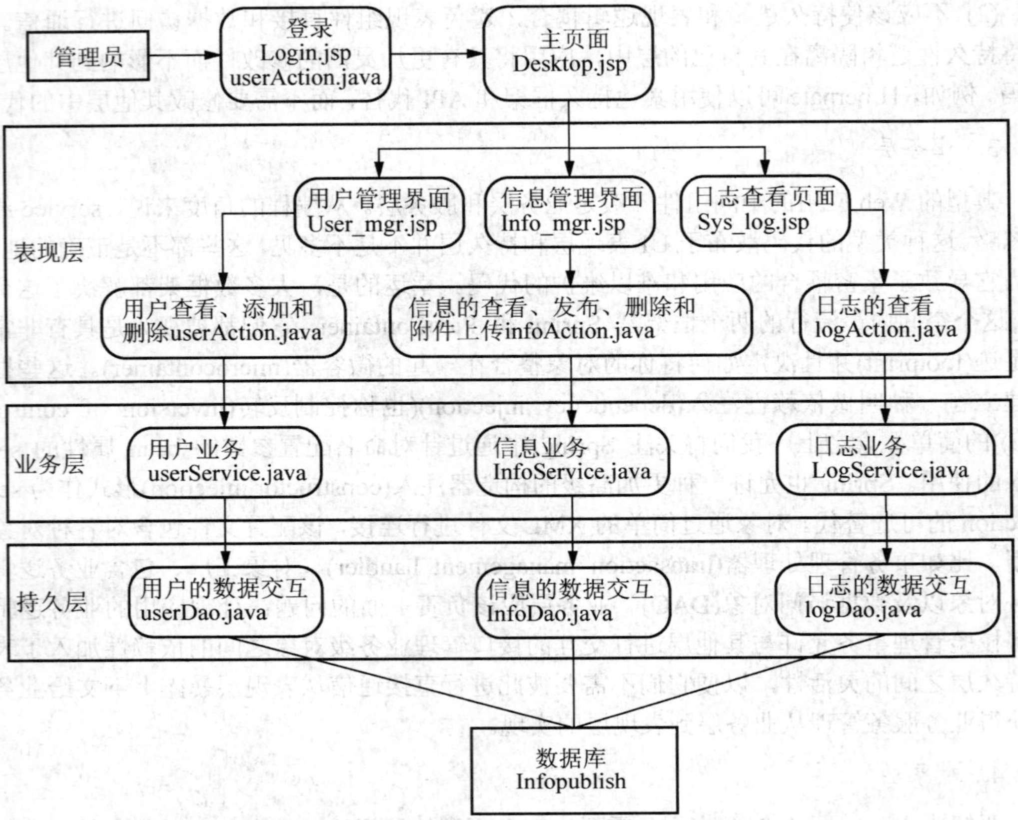

管理员

登录
Login.jsp
userAction.java

主页面
Desktop.jsp

表现层

用户管理界面
User_mgr.jsp

信息管理界面
Info_mgr.jsp

日志查看页面
Sys_log.jsp

用户查看、添加和
删除userAction.java

信息的查看、发布、删除和
附件上传infoAction.java

日志的查看
logAction.java

业务层

用户业务
userService.java

信息业务
InfoService.java

日志业务
LogService.java

持久层

用户的数据交互
userDao.java

信息的数据交互
InfoDao.java

日志的数据交互
logDao.java

数据库
Infopublish

图 7.4　项目功能及层次分析

7.2.3　优化项目架构

本案例的架构将深入体现 SSH 框架的层次理念，如图 7.5 所示。这里将与数据库交互的 Dao 接口层与实现层(持久层)放在构架最底层，将体现业务逻辑的 Service(业务逻辑层)作为第二层，所有用来控制转发处理的 Action(表现层)作为一层，所以一共细分为五个包，分别是：cn.njit.infopublish.dao、cn.njit.infopublish.dao.impl、cn.njit.infopublish.service、cn.njit.infopublish.service.impl、cn.njit.infopublish.struts2.action。

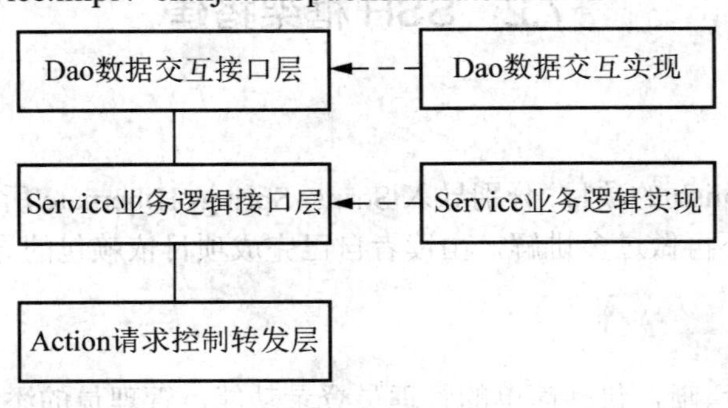

图 7.5　项目架构

另外，对象层也单独建包为 cn.njit.infopublish.bean，其中包含抽象出来的实体类 User 用户类、Info 信息类、Log 日志类和对应的 Hibernate 的映射文件。案例 PO 图如图 7.6 所示。

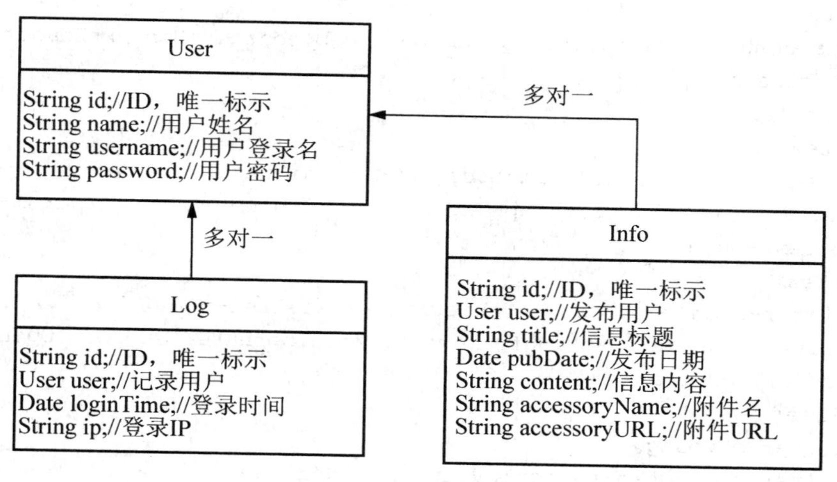

图 7.6　PO 图

还有包含所有测试用例的测试包和包含一些静态方法的支持类所在的包 cn.njit.infopublish.utils，如图 7.7 所示，共有 6 个包组成。

最后，准备文件 hibernate.cfg.xml、applicationContext.xml 和 struts.xml。为了项目结构的清晰，在项目下新建一个名为 config 的资源文件夹(Source Folder)，然后再新建 hibernate、spring、struts 三个包，分别用于存放三类配置文件，如图 7.8 所示。

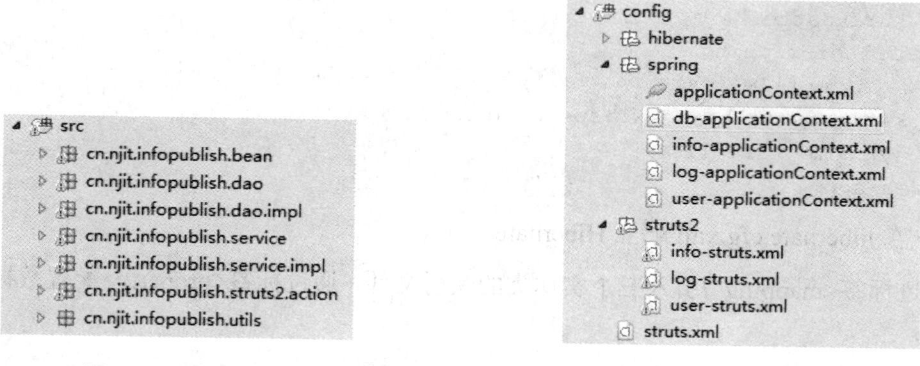

图 7.7　项目组成

图 7.8　config 文件结构

7.2.4　配置文件

1. 在 web.xml 中启用 Struts、Spring

具体代码如下：

```
<web-app   xmlns:xsi="http://www.w3.org/2001/XMLSchema-instance"   xmlns=
```

```
"http://java.sun.com/xml/ns/javaee" xmlns:web="http://java.sun.com/xml/ns/javaee/
web-app_2_5.xsd" xsi:schemaLocation="http://java.sun.com/xml/ns/javaee http://java.
sun.com/xml/ns/javaee/web-app_2_5.xsd" version="2.5">
    <listener>
      <listener-class>org.springframework.web.context.ContextLoaderListener
</listener-class>
    </listener>
    <context-param>
      <param-name>contextConfigLocation</param-name>
      <param-value>classpath:spring/applicationContext.xml</param-value>
    </context-param>
    <filter>
      <filter-name>OpenSessionInViewFilter</filter-name>
      <filter-class>org.springframework.orm.hibernate3.support.OpenSessionIn
ViewFilter</filter-class>
    </filter>
      <filter-mapping>
      <filter-name>OpenSessionInViewFilter</filter-name>
      <url-pattern>*.action</url-pattern>
    </filter-mapping>
    <filter>
      <filter-name>struts2</filter-name>
      <filter-class>org.apache.struts2.dispatcher.ng.filter.StrutsPrepare
AndExecuteFilter</filter-class>
    </filter>
    <filter-mapping>
      <filter-name>struts2</filter-name>
      <url-pattern>/*</url-pattern>
    </filter-mapping>
    <welcome-file-list>
      <welcome-file>index.jsp</welcome-file>
    </welcome-file-list>
  </web-app>
```

2. 在 hibernate.cfg.xml 配置 Hibernate

通过标签<mapping/>引入三个实体类的映射文件，通过标签<property>配置数据源。代码如下：

```
<hibernate-configuration>
<session-factory>
    <property name="hibernate.show_sql">true</property>
    <property name="connection.username">root</property>
    <property name="connection.password">password</property>
    <property name="connection.url">
        jdbc:mysql://localhost:3306/infopublish
    </property>
    <property name="dialect">
```

```
        org.hibernate.dialect.MySQLDialect
    </property>
    <property name="myeclipse.connection.profile">mysql</property>
    <property name="connection.driver_class">
        com.mysql.jdbc.Driver
    </property>

    <mapping resource="cn/njit/infopublish/bean/Info.hbm.xml" />
    <mapping resource="cn/njit/infopublish/bean/Log.hbm.xml" />
    <mapping resource="cn/njit/infopublish/bean/User.hbm.xml" />
</session-factory>

</hibernate-configuration>
```

3. 在 db-applicationContext.xml 中配置 sessionFactory 和事务

在 db-applicationContext.xml 文件中配置 sessionFactory 和 Hibernate 的事务管理器，配置的切点为业务逻辑层下所有 add、delete 方法。代码如下：

```
<!—配置 sessionFactory-->
    <bean id="sessionFactory"
        class="org.springframework.orm.hibernate3.LocalSessionFactoryBean">
        <property name="configLocation">
            <value>classpath:hibernate/hibernate.cfg.xml</value>
        </property>
    </bean>
    <bean id="transactionManager"
    <!—配置事务管理器-->
    class="org.springframework.orm.hibernate3.HibernateTransactionManager">
        <property name="sessionFactory">
            <ref bean="sessionFactory" />
        </property>
    </bean>
<!—配置通知-->
    <tx:advice id="tx" transaction-manager="transactionManager">
        <tx:attributes>
            <tx:method name="add*" isolation="DEFAULT" propagation="REQUIRED"
                read-only="false" />
            <tx:method name="delete*" isolation="DEFAULT" propagation="REQUIRED"
                read-only="false" />
            <tx:method name="*" isolation="DEFAULT" propagation="REQUIRED"
                read-only="true" />
        </tx:attributes>
    </tx:advice>
<!—配置 AOP-->
    <aop:config>
        <aop:pointcut expression="execution(* cn.njit.infopublish.service.
impl.*.*(..))"
```

```
            id="perform" />
        <aop:advisor pointcut-ref="perform" advice-ref="tx" />
    </aop:config>
```

最后，分别在 spring 和 struts 下创建所有实体类对应的配置文件，以备后面用到，先不必配置内容，只需分别引入到 applicationContext.xml 和 struts.xml 中即可。代码如下：

applicationContext.xml 配置代码：

```
    <import resource="db-applicationContext.xml"/>
    <import resource="user-applicationContext.xml"/>
    <import resource="log-applicationContext.xml"/>
    <import resource="info-applicationContext.xml"/>
```

struts.xml 配置代码：

```
<struts>
    <constant name="struts.devMode" value="true" />
    <constant name="struts.objectFactory" value="spring" />
    <include file="struts2/user-struts.xml"></include>
    <include file="struts2/log-struts.xml"></include>
    <include file="struts2/info-struts.xml"></include>
</struts>
```

由于有些异常是项目无法避免的，所以添加适当的异常处理机制来避免异常信息直接通过浏览器呈现在用户面前还是有必要的。为了进一步优化项目，此处可以采用 struts 提供的异常处理映射机制。只需添加以下配置代码：

```
    < package name="dealexception" extends="struts-default">
        <global-results>
            <result name="exception">/error.jsp</result>
        </global-results>
        <global-exception-mappings>
            <exception-mapping result="exception"
                exception="java.lang.NullPointerException" />
            <exception-mapping result="exception"
                exception="java.lang.NoSuchMethodException" />
            <exception-mapping result="exception"
               exception="java.lang.Exception" />
        </global-exception-mappings>
    </package>
```

首先定义全局的 result，指定出现异常跳转的页面，然后通过 exception-mapping 将各种异常映射给对应的 result。这样，当 Action 执行产生指定异常时，便会跳转到指定页面，而不会跳转到异常信息页面。注意，这种异常处理机制的作用范围为当前 package 中的 Action。

7.3 Bean 对象层

本案例抽象出来的实体有三个，即用户类、信息类、日志类。

7.3.1 用户类

新建 User 类，即用户类，包含属性：唯一标示 id，用户姓名，用户登录名，用户密码和相关的 Info 和 Log 的集合。然后新建 User 类所对应的映射文件。代码如下：

```
public class User implements java.io.Serializable {
    private String id;
    private String name;
    private String username;
    private String password;
public String getId(){
        return this.id;
    }
    public void setId(String id){
        this.id = id;
    }
    public String getName(){
        return this.name;
    }
    public void setName(String name){
        this.name = name;
    }
    public String getUsername(){
        return this.username;
    }
    public void setUsername(String username){
        this.username = username;
    }
    public String getPassword(){
        return this.password;
    }
    public void setPassword(String password){
        this.password = password;
    }
```

User 的映射文件：

```
<hibernate-mapping>
    <class name="cn.njit.infopublish.bean.User" table="tb_user" catalog="infopublish">
        <id name="id" type="java.lang.String">
            <column name="ID" />
            <generator class="uuid" />
```

```
        </id>
        <property name="name" unique="true">
            <column name="name"/>
        </property>
        <property name="username">
            <column name="username"/>
        </property>
        <property name="password">
            <column name="password"/>
        </property>
    </class>
</hibernate-mapping>
```

7.3.2 信息类

新建 Info 类，即信息类，包含属性：唯一标示 id，发布用户，信息标题，信息发布日期，信息内容和附件名、附件 URL。然后新建 Info 类所对应的映射文件。代码如下：

```
public class Info implements java.io.Serializable {
    private String id;
    private User user;
    private String title;
    private Date pubDate;
    private String content;
    private String accessoryName;
    private String accessoryURL;
    public String getId(){
        return this.id;
    }
    public void setId(String id){
        this.id = id;
    }
    public User getUser(){
        return this.user;
    }
    public void setUser(User user){
        this.user = user;
    }
    public String getTitle(){
        return this.title;
    }
    public void setTitle(String title){
        this.title = title;
    }
    public Date getPubDate(){
        return this.pubDate;
    }
```

```
    public void setPubDate(Date pubDate){
        this.pubDate = pubDate;
    }
    public String getContent(){
        return this.content;
    }
    public void setContent(String content){
        this.content = content;
    }
    public String getAccessoryName(){
        return accessoryName;
    }
    public void setAccessoryName(String accessoryName){
        this.accessoryName = accessoryName;
    }
    public String getAccessoryURL(){
        return accessoryURL;
    }
    public void setAccessoryURL(String accessoryURL){
        this.accessoryURL = accessoryURL;
    }
}
```

Info 的映射文件：

```
<hibernate-mapping>
    <class name="cn.njit.infopublish.bean.Info" table="tb_info" catalog="infopublish">
        <id name="id">
            <column name="id" />
            <generator class="uuid" />
        </id>
        <many-to-one name="user" class="cn.njit.infopublish.bean.User" fetch="select">
            <column name="FK_user_id" />
        </many-to-one>
        <property name="title">
            <column name="title"/>
        </property>
        <property name="pubDate">
            <column name="pub_date"/>
        </property>
        <property name="content">
            <column name="content" length="1000"/>
        </property>
        <property name="accessoryName">
            <column name="accessoryName" />
        </property>
        <property name="accessoryURL">
```

```
            <column name="accessoryURL" />
        </property>
    </class>
</hibernate-mapping>
```

7.3.3 Log 类

新建 Log 类，即日志类，包含属性：唯一标示 id，对应用户，登录时间和登录 IP。然后新建日志类所对应的映射文件。代码如下：

```
public class Log implements java.io.Serializable {
    private String id;
    private User user;
    private Date loginTime;
    private String ip;
    public String getId(){
        return this.id;
    }
    public void setId(String id){
        this.id = id;
    }
    public User getUser(){
        return this.user;
    }
    public void setUser(User user){
        this.user = user;
    }
    public Date getLoginTime(){
        return this.loginTime;
    }
    public void setLoginTime(Date loginTime){
        this.loginTime = loginTime;
    }
    public String getIp(){
        return this.ip;
    }
    public void setIp(String ip){
        this.ip = ip;
    }
}
```

Log 的映射文件：

```
<hibernate-mapping>
    <class name="cn.njit.infopublish.bean.Log" table="tb_log" catalog="infopublish">
        <id name="id">
        <column name="id" />
        <generator class="uuid" />
```

```
    </id>
    <many-to-one name="user" class="cn.njit.infopublish.bean.User" fetch="select">
        <column name="FK_user_id" not-null="true" />
    </many-to-one>
    <property name="loginTime">
        <column name="loginTime"/>
    </property>
    <property name="ip">
        <column name="ip"/>
    </property>
    </class>
</hibernate-mapping>
```

7.4　Service 业务逻辑接口层和 Dao 数据交互接口层

由于本案例功能点简单，故功能模块也很清晰，所以业务逻辑这一层不算复杂，但不能因此就丢弃业务逻辑层而将 Action 控制转发层直接建立在数据交互层之上。我们要为以后更复杂的后续功能扩展留有足够的空间和更灵活的项目结构。下面介绍三个实体类对应的业务逻辑接口和数据交互接口。

(1) 首先是 User 用户类，为了便于以后功能的扩展，将其创建为接口类型，需要的方法有添加用户 addUser，根据 id 删除用户 deleteUserById，根据用户名获取用户 getUserByUsername，根据 id 获取用户 getUserById 和获取所有用户 getAllUser。代码如下：

```
public interface UserService {
        public void addUser(User user);
        public void deleteUserById(String id);
        public User getUserByUsername(String username);
        public User getUserById(String id);
        public List getAllUser();
}
```

根据 UserService 的功能需求，同时完成 Dao 的数据交互层接口。代码如下：

```
public interface UserDao {
        public void addUser(User user);
        public void deleteUser(User user);
        public User getUserById(String id);
        public User getUserByUsername(String username);
        public List getAllUser();
}
```

(2) 然后是 Info 信息类，需要的方法有发布信息 addInfo，删除信息 deleteInfo，根据 id 获取信息 getInfoById 和获取所有信息 getAllInfo。代码如下：

```
public interface InfoService {
        public void addInfo(Info info);
```

```
        public void deleteInfo(Info info);
        public Info getInfoById(String info_id);
        public List getAllInfo();
}
```

对应的数据交互层接口 InfoDao 代码如下：

```
public interface InfoDao {
        public void addInfo(Info info);
        public void deleteInfo(Info info);
        public Info getInfoById(String info_id);
        public List getAllInfo();
}
```

(3) 最后是 Log 日志类，需要的方法有添加日志 addLog 和获取所有日志 getAllLog。代码如下：

```
public interface LogService {
        public void addLog(Log log);
        public List getAllLog();
}
```

对应的数据交互层接口 LogService 代码如下：

```
public interface LogDao {
        public void addLog(Log log);
        public List getAllLog();
}
```

7.5 Dao 数据持久实现层

本层的数据交互实现都通过继承 HibernateDaoSupport 类来获得 HibernateTemplate 对象来实现 CRUD 操作。事务已经交由 Spring 管理了，此处就不需要考虑。

7.5.1 UserDaoImpl 类

UserDaoImpl 类用于实现数据交互接口层的 UserDao 的所有方法。代码如下：

```
public class UserDaoImpl extends HibernateDaoSupport implements UserDao {
    public void addUser(User user){
        this.getHibernateTemplate().save(user);
    }

    public User getUserById(String id){
        List userlist=this.getHibernateTemplate().find("from User user where
user.id=?",id);
        if(userlist.size()>0){
            User user =(User)userlist.get(0);
            return user;
```

```
            }
            return null;
        }

        public void deleteUser(User user){
            this.getHibernateTemplate().delete(user);
        }

        public List getAllUser(){
            return this.getHibernateTemplate().loadAll(User.class);
        }

        public User getUserByUsername(String username){
            List userlist=this.getHibernateTemplate().find("from User user where
user.username=?",username);
            if(userlist.size()>0){
                User user =(User)userlist.get(0);
                return user;
            }
            return null;
        }
    }
```

7.5.2 InfoDaoImpl 类

InfoDaoImpl 类用于实现数据交互接口层的 InfoDao 的所有方法。代码如下：

```
    public class InfoDaoImpl extends HibernateDaoSupport implements InfoDao{

        public void addInfo(Info info){
            this.getHibernateTemplate().save(info);
        }

        public Info getInfoById(String info_id){
            List infolist=this.getHibernateTemplate().find("from Info info where
info.id=?",info_id);
            if(infolist.size()>0){
                Info info =(Info)infolist.get(0);
                return info;
            }
            return null;
        }

        public List getAllInfo(){
            return this.getHibernateTemplate().loadAll(Info.class);
        }

        public void deleteInfo(Info info){
            this.getHibernateTemplate().delete(info);
        }
    }
```

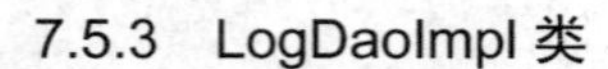

7.5.3 LogDaoImpl 类

UserDaoImpl 类用于实现数据交互接口层的 UserDao 的所有方法。代码如下：

```
public class LogDaoImpl extends HibernateDaoSupport implements LogDao{
    public List getAllLog(){
        return this.getHibernateTemplate().loadAll(Log.class);
    }
    public void addLog(Log log){
        this.getHibernateTemplate().save(log);
    }
}
```

7.6 ServiceImpl 业务逻辑实现层

本层是 Service 接口层的实现层，负责调用 Dao 层来实现业务逻辑。Dao 对象通过 Spring 的依赖注入获得，这一点将在后面进行配置。注意此处还需要给用到的 Dao 提供其 Setter 方法。

7.6.1 UserServiceImpl 类

UserServiceImpl 类实现了接口 UserService。代码如下：

```
public class UserServiceImpl implements UserService{
    private UserDao userDao;
    public UserDao getUserDao(){
        return userDao;
    }
    public void setUserDao(UserDao userDao){
        this.userDao = userDao;
    }
    public void addUser(User user){
        this.userDao.addUser(user);
    }
    public User getUserByUsername(String username){
        return this.userDao.getUserByUsername(username);
    }
    public List getAllUser(){
        return this.userDao.getAllUser();
    }
    public void deleteUserById(String id){
        this.userDao.deleteUser(userDao.getUserById(id));
    }
    public User getUserById(String id){
        return userDao.getUserById(id);
    }
}
```

7.6.2 InfoServiceImpl 类

InfoServiceImpl 类实现了接口 InfoService。代码如下：

```
public class InfoServiceImpl implements InfoService{
    private InfoDao infoDao;
    public InfoDao getInfoDao(){
        return infoDao;
    }
    public void setInfoDao(InfoDao infoDao){
        this.infoDao = infoDao;
    }
    public void addInfo(Info info){
        this.infoDao.addInfo(info);
    }
    public Info getInfoById(String info_id){
        return this.infoDao.getInfoById(info_id);
    }
    public List getAllInfo(){
        return this.infoDao.getAllInfo();
    }
    public void deleteInfo(Info info){
        this.infoDao.deleteInfo(info);
    }
}
```

7.6.3 LogServiceImpl 类

LogServiceImpl 类实现了接口 LogService。代码如下：

```
public class LogServiceImpl implements LogService{
    private LogDao logDao;
    public LogDao getLogDao(){
        return logDao;
    }
    public void setLogDao(LogDao logDao){
        this.logDao = logDao;
    }
    public List getAllLog(){
        return logDao.getAllLog();
    }
    public void addLog(Log log){
        this.logDao.addLog(log);
    }
}
```

7.7 Action 请求控制转发层

Action 负责请求的处理，通过判断做出请求转发或者返回。本层中需要调用的 Service 对象也是通过 Spring 的依赖注入获得，同样需要提供其 Setter 方法。具体的 Jsp 页面跳转配置将在 7.9 节进行讲解说明。下面先给出控制转发层详细代码。

7.7.1 UserAction 类

UserAction 类主要负责对登录请求的处理，获取所有的用户及添加删除用户的操作。此处简要说明关于登录操作，首先从前端获取到用户输入的用户名及密码，然后使用 getUserByUsername 方法获取到持久化的用户信息，然后对比密码实行简单的登录验证。代码如下：

```
public class UserAction extends ActionSupport {

    private User user;
    private String id;
    private List userlist;
    private UserService userService;
    private LogService logService;
    public String getId(){
        return id;
    }
    public void setId(String id){
        this.id = id;
    }
    public List getUserlist(){
        return userlist;
    }
    public void setUserlist(List userlist){
        this.userlist = userlist;
    }
    public LogService getLogService(){
        return logService;
    }
    public void setLogService(LogService logService){
        this.logService = logService;
    }
    public User getUser(){
        return user;
    }
    public void setUser(User user){
        this.user = user;
    }
```

```
public UserService getUserService(){
    return userService;
}
public void setUserService(UserService userService){
    this.userService = userService;
}
// 添加新用户
public String addUser(){
    this.userService.addUser(user);
    return "refresh";
}
// 删除用户
public String deleteUser(){
    this.userService.deleteUserById(id);
    return "refresh";
}
// 获取所有用户
public String getAllUser(){
    userlist = userService.getAllUser();
    return "user_mgr";
}
// 登录
public String login(){
    try {
        String username = user.getUsername();
        String password = user.getPassword();
        if(username == null || password == null || username == ""
                || password == ""){
            return "failed";
        } else {
            User user = userService.getUserByUsername(username);
            if(user != null){
                if(user.getPassword().equals(password)){
                    ActionContext.getContext().getSession()
                            .put("user_name", user.getName());
                    ActionContext.getContext().getSession()
                    .put("user_id", user.getId());
                    Log log = new Log();
                    log.setIp(ServletActionContext.getRequest()
                            .getRemoteAddr());
                    log.setLoginTime(new Date());
                    log.setUser(user);
                    logService.addLog(log);
                    return "success";
                } else {
                    return "failed";
                }
```

```
                } else {
                    return "failed";
                }
            }
        } catch(Exception e){
            e.printStackTrace();
            return "error";
        }
    }
}
```

在对应的 user-struts.xml 文件中配置跳转信息，代码如下：

```
<package name="user" extends="struts-default">
    <action name="userAction_*" class="cn.njit.infopublish.struts2.action.
UserAction" method="{1}">
        <result name="success">/desktop.jsp</result>
        <result name="user_mgr">/user_mgr.jsp</result>
        <result name="refresh" type="redirectAction">userAction_getAllUser.
action</result>
        <result name="error">/error.jsp</result>
        <result name="failed">/failed.jsp</result>
    </action>
</package>
```

7.7.2 InfoAction 类

InfoAction 类负责所有信息的展示、发布、删除及附件的上传与下载功能。关于附件的上传下载参见 2.11 节 struts 的文件上传功能。代码如下：

```
public class InfoAction extends ActionSupport{
    private List infolist;
    private InfoService infoService;
    private UserService userService;
    private Info info;
    private String id;
    private File accessory;
    private String accessoryFileName;

    public String getId(){
        return id;
    }
    public void setId(String id){
        this.id = id;
    }
    public List getInfolist(){
        return infolist;
    }
```

```
    public File getAccessory(){
        return accessory;
    }
    public void setAccessory(File accessory){
        this.accessory = accessory;
    }
    public String getAccessoryFileName(){
        return accessoryFileName;
    }
    public void setAccessoryFileName(String accessoryFileName){
        this.accessoryFileName = accessoryFileName;
    }
    public void setInfolist(List infolist){
        this.infolist = infolist;
    }
    public InfoService getInfoService(){
        return infoService;
    }
    public void setInfoService(InfoService infoService){
        this.infoService = infoService;
    }
    public UserService getUserService(){
        return userService;
    }
    public void setUserService(UserService userService){
        this.userService = userService;
    }
    public Info getInfo(){
        return info;
    }
    public void setInfo(Info info){
        this.info = info;
    }
    public String getAllInfo(){
        infolist=infoService.getAllInfo();
        return "info_mgr";
    }
    public String info_accessory(){
        info=infoService.getInfoById(id);
        return "info_accessory";
    }
    public String addInfo()throws Exception{
        String id=(String)ActionContext.getContext().getSession().get("user_id");
        User user=userService.getUserById(id);
        info.setUser(user);
        info.setPubDate(new Date());
```

```
        if(accessory!=null){
            String realpath=ServletActionContext.getServletContext().getRealPath
("accessoryFile");
            File savefile=new File(new File(realpath),accessoryFileName);
            if(!savefile.getParentFile().exists()){
                savefile.getParentFile().mkdirs();
            }
            FileUtils.copyFile(accessory, savefile);
            info.setAccessoryURL(realpath+accessoryFileName);
            info.setAccessoryName(accessoryFileName);
        }
        infoService.addInfo(info);
        return "refresh";
    }
    public String deleteInfo(){
        info=infoService.getInfoById(id);
        this.infoService.deleteInfo(info);
        return "refresh";
    }
}
```

在对应的 info-struts.xml 文件中配置跳转信息，代码如下：

```
<package name="info" extends="struts-default">
        <action  name="infoAction_*"  class="cn.njit.infopublish.struts2.
action.InfoAction" method="{1}">
            <result name="info_mgr">/info_mgr.jsp</result>
            <result name="error">/error.jsp</result>
            <result name="failed">/failed.jsp</result>
            <result name="info_accessory">/info_accessory.jsp</result>
            <result name="refresh" type="redirectAction">infoAction_getAllInfo.
action</result>
        </action>
    </package>
```

7.7.3 LogAction 类

LogAction 类负责获取所有的日志信息。代码如下：

```
public class LogAction extends ActionSupport {
    private List loglist;
    private LogService logService;

    public List getLoglist(){
        return loglist;
    }
    public void setLoglist(List loglist){
        this.loglist = loglist;
```

```
    }
    public LogService getLogService(){
        return logService;
    }
    public void setLogService(LogService logService){
        this.logService = logService;
    }
    public String getAllLog(){
        loglist=this.logService.getAllLog();
        return "sys_log";
    }
}
```

在对应的 log-struts.xml 文件中配置跳转信息，代码如下：

```
<package name="log" extends="struts-default">
    <action name="logAction_*" class="cn.njit.infopublish.struts2.action.
LogAction" method="{1}">
        <result name="sys_log">/sys_log.jsp</result>
        <result name="error">/error.jsp</result>
        <result name="failed">/failed.jsp</result>
    </action>
</package>
```

7.8　注册所有自定义类

1. 配置 user-applicationContext.xml

首先将 sessionFactory 注入 userDao，然后给 userService 注入 userDao，因为 UserAction 中使用到了 LogService 和 UserService，所以此处需要将两个 Service 都注入到 userAction 中，代码如下：

```
    <bean id="userDao" class="cn.njit.infopublish.dao.impl.UserDaoImpl">
        <property name="sessionFactory">
            <ref bean="sessionFactory" />
        </property>
    </bean>
    <bean id="userService" class="cn.njit.infopublish.service.impl.UserServiceImpl">
        <property name="userDao">
            <ref bean="userDao" />
        </property>
    </bean>
    <bean id="userAction" class="cn.njit.infopublish.struts2.action.UserAction"
        scope="prototype">
        <property name="userService">
            <ref bean="userService" />
        </property>
```

```
        <property name="logService">
            <ref bean="logService" />
        </property>
    </bean>
```

2. 配置 info-applicationContext.xml

首先将 sessionFactory 注入 infoDao，然后给 infoService 注入 infoDao，因为 infoAction 中使用到了 InfoService 和 UserService，所以此处需要将两个 Service 都注入到 infoAction 中，代码如下：

```
    <bean id="infoDao" class="cn.njit.infopublish.dao.impl.InfoDaoImpl">
            <property name="sessionFactory">
                <ref bean="sessionFactory" />
            </property>
        </bean>

        <bean id="infoService" class="cn.njit.infopublish.service.impl.InfoServiceImpl">
            <property name="infoDao">
                <ref bean="infoDao" />
            </property>
        </bean>
        <bean id="infoAction" class="cn.njit.infopublish.struts2.action.InfoAction"
            scope="prototype">
            <property name="infoService">
                <ref bean="infoService" />
            </property>
            <property name="userService">
                <ref bean="userService" />
            </property>
        </bean>
```

3. 配置 log-applicationContext.xml

首先将 sessionFactory 注入 logDao，然后给 logService 注入 logDao，此处 LogAction 仅使用到了 LogService，所以只需注入 logService 即可。代码如下：

```
    <bean id="logDao" class="cn.njit.infopublish.dao.impl.LogDaoImpl">
            <property name="sessionFactory">
                <ref bean="sessionFactory" />
            </property>
        </bean>

        <bean id="logService" class="cn.njit.infopublish.service.impl.LogServiceImpl">
            <property name="logDao">
                <ref bean="logDao" />
            </property>
        </bean>
```

```
<bean id="logAction" class="cn.njit.infopublish.struts2.action.LogAction"
    scope="prototype">
    <property name="logService">
        <ref bean="logService" />
    </property>
</bean>
```

7.9 前端页面

7.9.1 系统登录页面

本页面通过 form 表单提交数据，对应的 Action 为/userAction_login.action，即对应执行 userAction 中的 login 方法。用于输入用户名和密码的 input 标签的 name 属性分别对应 userAction 类中的 User 对象的 username 属性和 password，所以根据命名规则分别为 user.username 和 user.password。具体实现代码如下，效果如图 7.2 所示。

```
<%@ page language="java" import="java.util.*" pageEncoding="GBK"%>
<%@ taglib uri="/struts-tags" prefix="s"%>
<%
    String path = request.getContextPath();
    String basePath = request.getScheme()+ "://"
            + request.getServerName()+ ":" + request.getServerPort()
            + path + "/";
%>

<!DOCTYPE HTML PUBLIC "-//W3C//DTD HTML 4.01 Transitional//EN">
<html>
<head>
<base href="<%=basePath%>">

<title>信息发布系统</title>

<meta http-equiv="pragma" content="no-cache">
<meta http-equiv="cache-control" content="no-cache">
<meta http-equiv="expires" content="0">
<meta http-equiv="keywords" content="keyword1,keyword2,keyword3">
<meta http-equiv="description" content="This is my page">

<link rel="stylesheet" href="style/style_login.css" type="text/css"></link>
    </head>
<body>
    <div id="title">
        <h1 style="font-size: 80;font-family:黑体;color: #FFFFFF;">信息发布系统</h1>
    </div>
    <form id="login" method="post" action="<%=request.getContextPath()%>/
userAction_login.action">
```

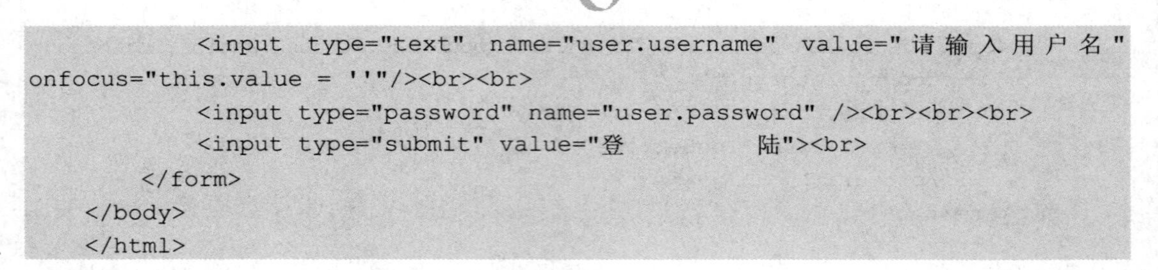

```
        <input  type="text"  name="user.username"  value="请输入用户名" onfocus="this.value = ''"/><br><br>
        <input type="password" name="user.password" /><br><br><br>
        <input type="submit" value="登          陆"><br>
    </form>
</body>
</html>
```

7.9.2 系统菜单页

本页面主要实现了左侧菜单栏的美化和右侧区域的功能跳转。代码如下，显示如图7.3所示。

```
<%@ page language="java" import="java.util.*" pageEncoding="UTF-8"%>
<%@page import="java.text.SimpleDateFormat"%>
<%
    String path = request.getContextPath();
    String basePath = request.getScheme()+ "://"
            + request.getServerName()+ ":" + request.getServerPort()
            + path + "/";
%>

<!DOCTYPE HTML PUBLIC "-//W3C//DTD HTML 4.01 Transitional//EN">
<html>
<head>
<base href="<%=basePath%>">

<title>信息发布系统</title>

<meta http-equiv="pragma" content="no-cache">
<meta http-equiv="cache-control" content="no-cache">
<meta http-equiv="expires" content="0">
<meta http-equiv="keywords" content="keyword1,keyword2,keyword3">
<meta http-equiv="description" content="This is my page">
<!--
    <link rel="stylesheet" type="text/css" href="styles.css">
    -->
<link rel="stylesheet" href="style/style_main.css" type="text/css" media="all" />
<script type="text/javascript" src="style/js/jquery-1.7.1.js"></script>
<script type="text/javascript">
    $(document).ready(function(){
        $("a").click(function(event){
            $("a").removeClass();
            $(event.target).addClass("selected");
        });
    });
</script>
```

```
</head>

<body style="text-align: center; margin: 0">
    <div id="wrapper">

        <div id="leftbar">

            <div id="logo">
                <a href="http://www.njit.edu.cn/"><img src="style/images/njit.png" />
                </a>
            </div>

            <div id="wellcome">
                <br>欢迎! <%=session.getAttribute("user_name")%><br>
                <%=new SimpleDateFormat("yyyy年MM月dd日").format(new Date())%>
            </div>

            <div id="menu" class="menu-v">
                <ul>
                    <li><a href="<%=request.getContextPath()%>/homepage.jsp"
target="rightframe"
                        class="active"
                    >主       页</a>
                    </li>
                    <li><a  href="<%=request.getContextPath()%>/userAction_
getAllUser.action" target="rightframe">用户管理</a>
                    </li>
                    <li><a href="<%=request.getContextPath()%>/infoAction_
getAllInfo.action" target="rightframe">消息管理</a>
                    </li>
                    <li><a href="<%=request.getContextPath()%>/logAction_
getAllLog.action" target="rightframe">系统日志</a>
                    </li>
                </ul>
            </div>

        </div>
        <iframe name="rightframe" src="/infopublish/homepage.jsp" scrolling=
"auto"></iframe>
    </div>
</body>
</html>
```

7.9.3　用户管理页面

本页面为功能页面，用于实现用户管理的操作，包括用户信息的表格展示，添加及删除用户。代码如下，显示如图 7.9 所示。

```
<%@ page language="java" import="java.util.*" pageEncoding="UTF-8"%>
<%@ taglib prefix="c" uri="http://java.sun.com/jsp/jstl/core"%>
<%
    String path = request.getContextPath();
    String basePath = request.getScheme()+ "://"
            + request.getServerName()+ ":" + request.getServerPort()
            + path + "/";
%>

<!DOCTYPE HTML PUBLIC "-//W3C//DTD HTML 4.01 Transitional//EN">
<html>
<head>
<base href="<%=basePath%>">

<title>信息发布系统</title>

<meta http-equiv="pragma" content="no-cache">
<meta http-equiv="cache-control" content="no-cache">
<meta http-equiv="expires" content="0">
<meta http-equiv="keywords" content="keyword1,keyword2,keyword3">
<meta http-equiv="description" content="This is my page">

<link rel="stylesheet" href="style/style_menu.css" type="text/css">
<script type="text/javascript" src="style/js/jquery-1.7.1.js"></script>
<script type="text/javascript">

$(document).ready(function(){
    $("#adduser").hide();
    $("#uptateuser").hide();
});
    function adduser(){
        $("#adduser").fadeIn();
    };
    function updateuser(){
        $("#uptateuser").fadeIn();
    }
    function hidden(){
        $("#adduser").fadeOut();
        $("#uptateuser").fadeOut();
    }
</script>
</head>

<body>
    <h3>用户管理</h3>
    <hr>
    <br>
    <table cellspacing="1">
```

```
        <tr bgcolor="d3eaef" align="center">
            <td>姓名</td>
            <td>用户名</td>
            <td>密码</td>
            <td>基本操作</td>
        </tr>
        <c:forEach items="${userlist}" var="one">
            <tr bgcolor="#FFFFFF" align="center">
                <td>${one.name}</td>
                <td>${one.username}</td>
                <td>${one.password}</td>
                <td><a href="userAction_deleteUser.action?id=${one.id}"><img
                        src="style/images/delete.png"
                    ></img></a></td>
            </tr>
        </c:forEach>
    </table>
    <button style="margin-left: 62%;" class="button" onclick="adduser()">
        <img src="style/images/add.gif"
            style="margin-left: -5;margin-right: 3"
        ></img>添加
    </button>


    <div id="adduser" class="floatdiv"
        style="width: 50%;margin-left: -65%;
    bottom: 240;"
    >
        <form action="<%=request.getContextPath()%>/userAction_addUser.action"
            method="post"
        >
            姓    名: <input type="text" name="user.name"
                style=" width: 220; height: 30; "
            /><br /> 用户名: <input type="text" name="user.username"
                style=" width: 220; height: 30; "
            /><br /> 密    码: <input type="text"
                name="user.password" style=" width: 220; height: 30; "
            /><br /> <input type="submit" value="添加" class="button" /> <input
                type="button" value="取消" class="button" onclick="hidden()"
            />
        </form>
    </div>

    <div id="uptateuser" class="floatdiv"
        style="width: 50%;margin-left: -65%;
    bottom: 240;"
    >
        <form
```

```
            action="<%=request.getContextPath()%>/userAction_updateUser.action"
            method="post"
        >
            新 姓 名：<input type="text" name="user.name"
                style=" width: 220; height: 30; "
            /><br /> 新用户名：<input type="text" name="user.username"
                style=" width: 220; height: 30; "
            /><br /> 新 密 码：<input type="text" name="user.password"
                style=" width: 220; height: 30; "
            /><br /> <input type="submit" value="添加" class="button" /> <input
                type="button" value="取消" class="button" onclick="hidden()"
            />
        </form>
    </div>

</body>
</html>
```

本页面需要注意的是如下几行代码：

```
<c:forEach items="${userlist}" var="one">
            <tr bgcolor="#FFFFFF" align="center">
                <td>${one.name}</td>
                <td>${one.username}</td>
                <td>${one.password}</td>
                <td><a href="userAction_deleteUser.action?id=${one.id}"><img
                        src="style/images/delete.png"
                    ></img></a></td>
            </tr>
        </c:forEach>
```

通过 EL 表达式获取到 userlist 后，使用 forEach 标签遍历 userlist 将其显示在表格中，并使用 a 标签添加了删除动作，然后动态指定了对应用户的 id 作为参数用于删除操作。

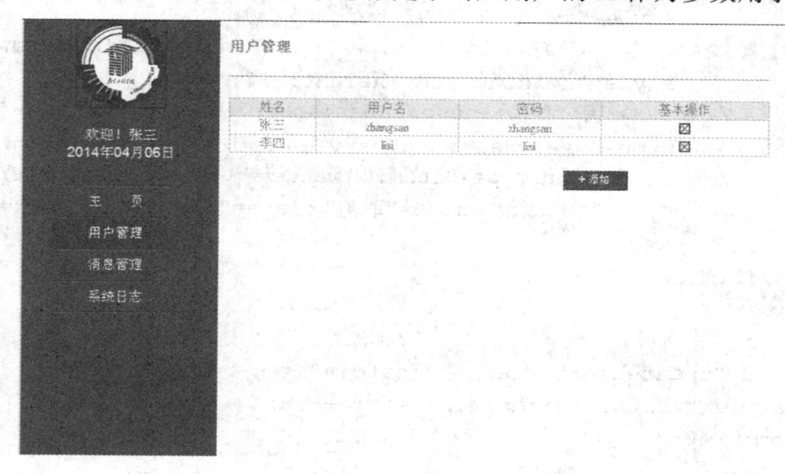

图 7.9　用户管理页面

7.9.4　信息管理页面

信息管理页面功能类似用户管理页面。代码如下，显示如图 7.10 所示。

```
<%@ page language="java" import="java.util.*" pageEncoding="UTF-8"%>
<%@ taglib prefix="c" uri="http://java.sun.com/jsp/jstl/core"%>
<%
    String path = request.getContextPath();
    String basePath = request.getScheme()+ "://"
            + request.getServerName()+ ":" + request.getServerPort()
            + path + "/";
%>

<!DOCTYPE HTML PUBLIC "-//W3C//DTD HTML 4.01 Transitional//EN">
<html>
<head>
<base href="<%=basePath%>">

<title>信息发布系统</title>

<meta http-equiv="pragma" content="no-cache">
<meta http-equiv="cache-control" content="no-cache">
<meta http-equiv="expires" content="0">
<meta http-equiv="keywords" content="keyword1,keyword2,keyword3">
<meta http-equiv="description" content="This is my page">

<link rel="stylesheet" href="style/style_menu.css" type="text/css"></link>
<script type="text/javascript" src="style/js/jquery-1.7.1.js"></script>
<script type="text/javascript">
    $(document).ready(function init(){
        $("#publish").hide();
        $("button").click(function(){
            $("#publish").fadeIn();
        });
    });
    function hidden(){
        $("#publish").fadeOut();
    }
</script>
</head>
<body>
    <h3>
        消息管理
    </h3>
    <hr>
    <br>
    <table cellspacing="1">
```

```
            <tr bgcolor="d3eaef" align="center">
                <td>标题</td>
                <td>发表日期</td>
                <td>发表人</td>
                <td>附件</td>
                <td>基本操作</td>
            </tr>
            <c:forEach items="${infolist}" var="one">
                <tr bgcolor="#FFFFFF" align="center">
                    <td><a href="infoAction_info_accessory.action?id=${one.id}">
${one.title}</a>
                    </td>
                    <td>${one.pubDate}</td>
                    <td>${one.user.name}</td>
                    <td><a href="<%=basePath%>/accessoryFile/${one.accessoryName}">
${one.accessoryName}</a></td>
                    <td><a href="infoAction_deleteInfo.action?id=${one.id}"><img
                        src="style/images/delete.png"
                    ></img>
                </a></td>
                </tr>
            </c:forEach>
        </table>
        <button style="margin-left: 62%;" class="button"><img src="style/
images/add.gif" style="margin-left: -5;margin-right: 3"></img>添加</button>

        <div id="publish" class="floatdiv"
            style="margin-left: -74%;
        bottom: 180;"
        >
            <form action="<%=request.getContextPath()%>/infoAction_addInfo.action"
method="post" enctype="multipart/form-data">
                标题：<input type="text" name="info.title" style=" width: 420; height:
30; " /><br />
                内容：<textarea rows="10" cols="30" name="info.content"
                    style=" width: 420; height: 130;"
                ></textarea>
                <br /> 附件：<input type="file" name="accessory"
                    style="width: 420; height: 30;"
                /><br /> <input type="submit" value="发布" class="button" /> <input
                    type="button" value="取消" class="button" onclick="hidden()"
                />
            </form>
        </div>
    </body>
    </html>
```

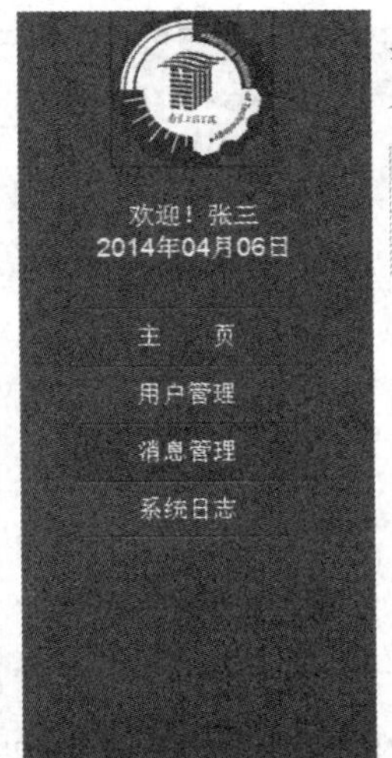

图 7.10 信息管理页面

注意：本页面中的 form 表单需要用于附件上传，所以需要给 form 表单设置属性 enctype="multipart/form-data"。

7.9.5 详细信息页面

本页面用于详细信息的查看及附件的下载，显示如图 7.11 所示，代码如下：

```
<%@ page language="java" import="java.util.*" pageEncoding="UTF-8"%>
<%@ taglib prefix="c" uri="http://java.sun.com/jsp/jstl/core"%>
<%
    String path = request.getContextPath();
    String basePath = request.getScheme()+ "://"
            + request.getServerName()+ ":" + request.getServerPort()
            + path + "/";
%>

<!DOCTYPE HTML PUBLIC "-//W3C//DTD HTML 4.01 Transitional//EN">
<html>
<head>
<base href="<%=basePath%>">

<title>信息发布系统</title>

<meta http-equiv="pragma" content="no-cache">
<meta http-equiv="cache-control" content="no-cache">
<meta http-equiv="expires" content="0">
<meta http-equiv="keywords" content="keyword1,keyword2,keyword3">
<meta http-equiv="description" content="This is my page">

<link rel="stylesheet" href="style/style_menu.css" type="text/css"></link>
```

```
    <script type="text/javascript" src="style/js/jquery-1.7.1.js"></script>
    </head>
    <body>
        <h3>消息查看</h3>
        <hr>
        <br>
        <h4>标    题：${info.title}</h4>
        <br />
        <h4>发表人：${info.user.name}</h4>
        <br />
        <h4>发表时间：${info.pubDate}</h4>
        <br />
        <h4>内容：${info.content}</h4>
        <br />
        <h4>附件：<a href="<%=basePath%>/accessoryFile/${info.accessoryName}">
${info.accessoryName}</a></h4>
    </body>
    </html>
```

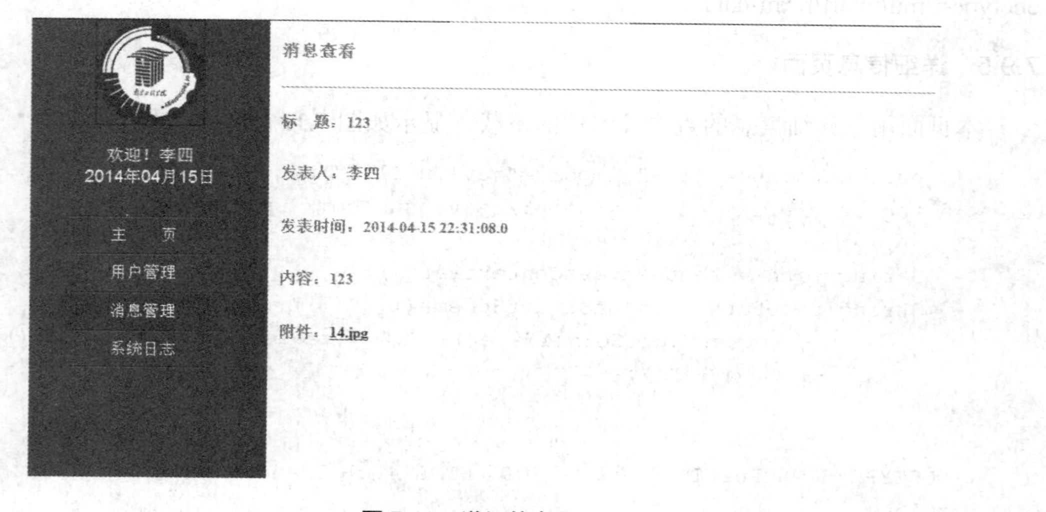

图 7.11　详细信息页面

7.9.6　系统日志页面

系统日志页面的 Jsp 文件代码如下，显示如图 7.12 所示。

```
<%@ page language="java" import="java.util.*" pageEncoding="UTF-8"%>
<%@ taglib prefix="c" uri="http://java.sun.com/jsp/jstl/core"%>
<%
    String path = request.getContextPath();
    String basePath = request.getScheme()+ "://"
            + request.getServerName()+ ":" + request.getServerPort()
            + path + "/";
```

```
%>

<!DOCTYPE HTML PUBLIC "-//W3C//DTD HTML 4.01 Transitional//EN">
<html>
<head>
<base href="<%=basePath%>">

<title>信息发布系统</title>

<meta http-equiv="pragma" content="no-cache">
<meta http-equiv="cache-control" content="no-cache">
<meta http-equiv="expires" content="0">
<meta http-equiv="keywords" content="keyword1,keyword2,keyword3">
<meta http-equiv="description" content="This is my page">

<link rel="stylesheet" href="style/style_menu.css" type="text/css">
</head>

<body>
    <h3>系统日志</h3>
    <hr>
    <br>

    <table cellspacing="1" >
        <tr bgcolor="d3eaef" align="center">
            <td>姓名</td>
            <td>用户名</td>
            <td>登录时间</td>
            <td>登录 IP</td>
        </tr>
        <c:forEach items="${loglist}" var="one">
            <tr bgcolor="#FFFFFF" align="center">
                <td>${one.user.name}</td>
                <td>${one.user.username}</td>
                <td>${one.loginTime}</td>
                <td>${one.ip}</td>
            </tr>
        </c:forEach>
        <tr>
    </table>

</body>
</html>
```

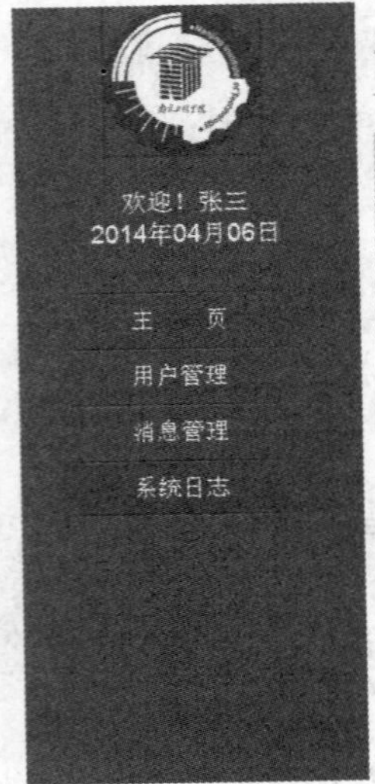

系统日志

姓名	用户名	登陆时间	登陆IP
张三	zhangsan	2014-04-06 21:31:30.0	0:0:0:0:0:0:0:1
张三	zhangsan	2014-04-06 21:31:39.0	0:0:0:0:0:0:0:1
张三	zhangsan	2014-04-06 21:31:40.0	0:0:0:0:0:0:0:1
张三	zhangsan	2014-04-06 21:31:42.0	0:0:0:0:0:0:0:1
张三	zhangsan	2014-04-06 21:31:52.0	0:0:0:0:0:0:0:1
张三	zhangsan	2014-04-06 21:31:53.0	0:0:0:0:0:0:0:1
张三	zhangsan	2014-04-06 21:31:54.0	0:0:0:0:0:0:0:1
张三	zhangsan	2014-04-06 21:31:55.0	0:0:0:0:0:0:0:1
张三	zhangsan	2014-04-06 21:31:56.0	0:0:0:0:0:0:0:1
张三	zhangsan	2014-04-06 21:31:57.0	0:0:0:0:0:0:0:1

图 7.12　系统日志页面

本 章 小 结

本章案例运用了 SSH，通过简单的案例清晰地介绍了框架整合配置过程以及框架的主要作用，案例前端以 Jsp 页面展示，加以运用 JQuery 可获得较好的用户体验。

习题与思考

(1) 简单总结 SSH 项目的开发流程。

(2) 对于一些简单的项目来说，使用 SSH 框架是否合适？

设计数据库的技巧和经验

如果把企业的数据比做生命所必需的血液，那么数据库的设计就是应用中最重要的一部分。有关数据库设计的材料汗牛充栋，大学学位课程里也有专门的讲述。不过，就如我们反复强调的那样，再好的老师也比不过经验的教诲。所以我们最近找了些对数据库设计颇有造诣的专业人士给大家传授一些设计数据库的技巧和经验。我们从收到的 130 个反馈中精选了其中的 60 个最佳技巧，并把这些技巧编写成了本文，为了方便索引其内容划分为 5 个部分。

第 1 部分——设计数据库之前

这一部分罗列了 12 个基本技巧，包括命名规范和明确业务需求等。

第 2 部分——设计表和字段

总共 22 个指南性技巧，涵盖表内字段设计以及应该避免的常见问题等。

第 3 部分——选择键和索引

这里有 10 个技巧专门涉及系统生成的主键的正确用法，还有何时以及如何索引字段以获得最佳性能等。

第 4 部分——保证数据的完整性

讨论如何保持数据库的清晰和健壮，如何把有害数据降低到最少程度。

第 5 部分——各种小技巧

不包括在以上 4 个部分中的其他技巧，五花八门，有了它们希望你的数据库开发工作会更轻松一些。

1. 设计数据库之前

1.1 考察现有环境

在设计一个新数据库时，你不但应该仔细研究业务需求而且还要考察现有的系统。大

多数数据库项目都不是从头开始建立的；通常，机构内总会存在用来满足特定需求的现有系统(可能没有实现自动计算)。显然，现有系统并不完美，否则就不必再建立新系统了。但是对旧系统的研究可以让人发现一些可能会忽略的细微问题。一般来说，考察现有系统绝对有好处。笔者曾经接手过一个为地区运输公司开发的数据库项目，活不难，用的是 Access 数据库。笔者设置了一些项目设计参数，而且同客户一道对这些参数进行了评估，事先还查看了开发环境下所采取的工作模式，等到最后部署应用的时候，只见终端上出了几个提示符然后立马崩溃了！反复调试了好几个小时，才意识到，原来这家公司的网络上用着两个数据库应用，而对网络的访问需要明确和严格的用户账号及其访问权限。明白了这一点，问题迎刃而解：只需采用客户的系统即可。这个项目的教训就是：记住，假如你在诸如 Access 或者 Interbase 这类公共环境下开发应用程序，一定要从表面下手深入系统内部搞清楚所面临的环境到底是怎么回事。

1.2 定义标准的对象命名规范

一定要定义数据库对象的命名规范。对数据库表来说，从项目一开始就要确定表名是采用复数还是单数形式。此外还要给表的别名定义简单规则(比方说，如果表名是一个单词，别名就取单词的前 4 个字母；如果表名是两个单词，就各取两个单词的前两个字母组成 4 个字母长的别名；如果表的名字由三个单词组成，你不妨从头两个单词中各取一个然后从最后一个单词中再取出两个字母，结果还是组成 4 个字母长的别名，其余依次类推)。对工作表来说，表名可以加上前缀 WORK_，后面附上采用该表的应用程序的名字。表内的列要针对键采用一整套设计规则。比如，如果键是数字类型，你可以用_NO 作为后缀；如果是字符类型则可以用_CODE 作为后缀。对列名应该采用标准的前缀和后缀。再如，假如你的表里有好多“money”字段，你不妨给每个列增加一个_AMT 后缀，还有日期列最好以 DATE_作为名字打头。

检查表名、报表名和查询名之间的命名规范。你可能会很快就被这些不同的数据库要素的名称搞糊涂了。假如你坚持统一地命名这些数据库的不同组成部分，至少你应该在这些对象名字的开头用 table、query 或者 report 等前缀加以区别。

如果采用了 Microsoft Access，你可以用 qry、rpt、tbl 和 mod 等符号来标示对象(比如 tbl_Employees)。我在和 SQL Server(或者 Oracle)打交道的时候还用过 tbl 来索引表，但我用 sp_company (现在用 sp_feft_)标示存储过程，因为在有的时候如果我发现了更好的处理办法往往会保存好几个备份。我在实现 SQL Server 2000 时用 udf_(或者类似的标记)标示我编写的函数。

1.3 预先计划

20 世纪 80 年代初，我还在使用资产账目系统和 System 38 平台，那时我负责设计所有的日期字段，这样在不费什么力气的情况下将来就可以轻松处理 2000 年问题了。许多人给我说就别去解决这一问题了，因为要处理起来太麻烦了(这在世人皆知的 2000 问题之前很久了)，我回击说只要预先计划今后就不会遇到大麻烦，结果我只用了两周的时间就把程序全部改完了。因为预先计划得好，后来 2000 问题对该系统的危害降到了最低程度(最近听说该程序甚至到了 1995 年都还运行在 AS/400 系统上，唯一出现的小问题是从代码中删除注释费了点工夫)。

1.4　遵循数据库设计的最佳实践

例如我们可以阅读由 Len Silverston、W. H.Inmon 和 Kent Graziano 编写的《数据模式资源手册》，并且在软件设计中使用统一命名标示，以及诸如附录一中的实践等。

1.5　畅想未来，但不可忘了过去的教训

我发现询问用户如何看待未来需求变化非常有用，这样做可以达到两个目的：首先，你可以清楚地了解应用设计在哪个地方应该更具灵活性以及如何避免性能瓶颈；其次，你知道发生事先没有确定的需求变更时用户将和你一样感到吃惊。

一定要记住过去的经验教训！我们开发人员还应该通过分享自己的体会和经验互相帮助。即使用户认为他们再也不需要什么支持了，我们也应该对他们进行这方面的教育，我们都曾经面临过这样的时刻“当初要是这么做了该多好…”。

1.6　在物理实践之前进行逻辑设计

在深入物理设计之前要先进行逻辑设计。随着大量的 CASE 工具不断涌现出来，你的设计也可以达到相当高的逻辑水准，你通常可以从整体上更好地了解数据库设计所需要的方方面面。

1.7　了解你的业务

在你百分百地确定系统从客户角度满足其需求之前不要在你的 ER(实体关系)模式中加入哪怕一个数据表(怎么，你还没有模式？那请你参看技巧 1.9)。了解你的企业业务可以在以后的开发阶段节约大量的时间，一旦你明确了业务需求，你就可以自己做出许多决策了。

一旦你认为你已经明确了业务内容，你最好同客户进行一次系统的交流。采用客户的术语并且向他们解释你所想到的和你所听到的。同时还应该用可能、将会和必须等词汇表达出系统的关系基数，这样就可以让你的客户纠正你自己的理解然后做好下一步的 ER 设计。

1.8　创建数据字典和 ER 图表

一定要花点时间创建 ER 图表和数据字典。其中至少应该包含每个字段的数据类型和在每个表内的主外键。创建 ER 图表和数据字典确实有点费时，但对其他开发人员要了解整个设计却是完全必要的。越早创建越能有助于避免今后可能面临的混乱，从而可以让任何了解数据库的人都明确如何从数据库中获得数据。

有一份诸如 ER 图表等最新文档其重要性如何强调都不过分，这对表明表之间关系很有用，而数据字典则说明了每个字段的用途以及任何可能存在的别名。对 SQL 表达式的文档化来说这是完全必要的。

1.9　创建模式

一张图表胜过千言万语：开发人员不仅要阅读和实现它，而且还要用它来帮助自己和用户对话。模式有助于提高协作效能，这样在先期的数据库设计中几乎不可能出现大的问题。模式不必弄得很复杂；甚至可以简单到手写在一张纸上就可以了，只是要保证其上的逻辑关系今后能产生效益。

1.10 从输入输出下手

在定义数据库表和字段需求(输入)时，首先应检查现有的或者已经设计出的报表、查询和视图(输出)，以决定为了支持这些输出哪些是必要的表和字段。举个简单的例子：假如客户需要一个报表按照邮政编码排序、分段和求和，你要保证其中包括了单独的邮政编码字段而不要把邮政编码糅进地址字段里。

1.11 报表技巧

要了解用户通常是如何报告数据的：批处理还是在线提交报表？时间间隔是每天、每周、每月、每个季度还是每年？如果需要的话还可以考虑创建总结表。系统生成的主键在报表中很难管理。用户在具有系统生成主键的表内用副键进行检索往往会返回许多重复数据，这样的检索性能比较低而且容易引起混乱。

1.12 理解客户需求

看起来这应该是显而易见的事，但需求就是来自客户(这里要从内部和外部客户的角度考虑)。不要依赖用户写下来的需求，真正的需求在客户的脑袋里。要让客户解释其需求，而且随着开发的继续，还要经常询问客户保证其需求仍然在开发的目的之中。一个不变的真理是：“只有我看见了我才知道我想要的是什么”必然会导致大量的返工，因为数据库没有达到客户从来没有写下来的需求标准，而更糟的是你对他们需求的解释只属于你自己，而且可能是完全错误的。

2. 设计表和字段

2.1 检查各种变化

在设计数据库时要考虑到哪些数据字段将来可能会发生变更。比方说，姓氏就是如此(注意是西方人的姓氏，比如女性结婚后从夫姓等)。所以，在建立系统存储客户信息时，要倾向于在单独的一个数据表里存储姓氏字段，而且还附加起始日和终止日等字段，这样就可以跟踪这一数据条目的变化。

2.2 采用有意义的字段名

笔者曾参加开发过一个项目，其中有从其他程序员那里继承的程序，那个程序员喜欢用屏幕上显示数据指示用语命名字段，这也不错，但不幸的是，她还喜欢用一些奇怪的命名法，其命名采用了匈牙利命名和控制序号的组合形式，比如 cbo1、txt2、txt2_b 等。

除非你在使用只面向你的缩写字段名的系统，否则请尽可能地把字段描述的清楚些。当然，也别做过头了，比如 Customer_Shipping_Address_Street_Line_1 I 虽然很富有说明性，但没人愿意输入这么长的名字，具体尺度就在于适当的把握中。

2.3 采用前缀命名

如果多个表里有好多同一类型的字段(比如 FirstName)，你不妨用特定表的前缀(比如 CusLastName)来帮助你标示字段。

时效性数据应包括“最近更新日期/时间”字段。时间标记对查找数据问题的原因、按日期重新处理/重载数据和清除旧数据特别有用。

2.4　标准化和数据驱动

数据的标准化不仅方便了自己而且也方便了其他人。比方说，假如你的用户界面要访问外部数据源(文件、XML 文档、其他数据库等)，你不妨把相应的连接和路径信息存储在用户界面支持表里。还有，如果用户界面执行工作流之类的任务(发送邮件、打印信笺、修改记录状态等)，那么产生工作流的数据也可以存放在数据库里。预先安排总需要付出努力，但如果这些过程采用数据驱动而非硬编码的方式，那么策略变更和维护都会方便得多。事实上，如果过程是数据驱动的，你就可以把相当大的责任推给用户，由用户来维护自己的工作流过程。

2.5　标准化不能过头

对那些不熟悉标准化一词(normalization)的人而言，标准化可以保证表内的字段都是最基础的要素，而这一措施有助于消除数据库中的数据冗余。标准化有好几种形式，但 Third Normal Form(3NF)通常被认为在性能、扩展性和数据完整性方面达到了最好的平衡。简单来说，3NF 规定：

表内的每一个值都只能被表达一次。

表内的每一行都应该被唯一的标示(有唯一键)。

表内不应该存储依赖于其他键的非键信息。

遵守 3NF 标准的数据库具有以下特点：有一组表专门存放通过键连接起来的关联数据。比方说，某个存放客户及其有关订单的 3NF 数据库就可能有两个表：Customer 和 Order。Order 表不包含订单关联客户的任何信息，但表内会存放一个键值，该键指向 Customer 表里包含该客户信息的那一行。

更高层次的标准化也有，但更标准是否就一定更好呢？答案是不一定。事实上，对某些项目来说，甚至就连 3NF 都可能给数据库引入太高的复杂性。

为了效率的缘故，对表不进行标准化有时也是必要的，这样的例子很多。曾经有个开发财务分析软件的活就是用非标准化表把查询时间从平均 40 秒降低到了两秒左右。虽然有时不得不这么做，但绝不能把数据表的非标准化当作当然的设计理念。而具体的操作不过是一种派生。所以如果表出了问题重新产生非标准化的表是完全可能的。

2.6　不活跃或者不采用的指示符

增加一个字段表示所在记录是否在业务中不再活跃挺有用的。不管是客户、员工还是其他什么人，这样做都能有助于在运行查询的时候过滤活跃或者不活跃状态。同时还消除了新用户在采用数据时所面临的一些问题，比如，某些记录可能不再为他们所用，在删除的时候可以起到一定的防范作用。

2.7　使用角色实体定义属于某类别的列

在需要对属于特定类别或者具有特定角色的事物做定义时，可以用角色实体来创建特定的时间关联关系，从而可以实现自我文档化。

这里的含义不是让 PERSON 实体带有 Title 字段，而是说，为什么不用 PERSON 实体和 PERSON_TYPE 实体来描述人员呢？然后，比方说，当 John Smith，Engineer 提升为 John Smith，Director 乃至最后升到 John Smith，CIO 的高位，而所有你要做的不过是改变

两个表 PERSON 和 PERSON_TYPE 之间关系的键值，同时增加一个日期/时间字段来知道变化是何时发生的。这样，你的 PERSON_TYPE 表就包含了所有 PERSON 的可能类型，比如 Associate、Engineer、Director、CIO 或者 CEO 等。还有个替代办法就是改变 PERSON 记录来反映新头衔的变化，不过这样一来在时间上无法跟踪个人所处位置的具体时间。

2.8 采用常用实体命名机构数据

组织数据的最简单办法就是采用常用名字，比如：PERSON、ORGANIZATION、ADDRESS 和 PHONE 等。当你把这些常用的一般名字组合起来或者创建特定的相应副实体时，你就得到了自己用的特殊版本。开始的时候采用一般术语的主要原因在于所有的具体用户都能对抽象事物具体化。

有了这些抽象表示，你就可以在第 2 级标识中采用自己的特殊名称，比如，PERSON 可能是Employee、Spouse、Patient、Client、Customer、Vendor 或者Teacher等，同样的ORGANIZATION 也可能是 MyCompany、MyDepartment、Competitor、Hospital、Warehouse、Government 等。最后 ADDRESS 可以具体为 Site、Location、Home、Work、Client、Vendor、Corporate 和 FieldOffice 等。采用一般抽象术语来标识“事物”的类别可以让你在关联数据以满足业务要求方面获得巨大的灵活性，同时这样做还可以显著降低数据存储所需的冗余量。

2.9 用户来自世界各地

在设计用到网络或者具有其他国际特性的数据库时，一定要记住大多数国家都有不同的字段格式，比如邮政编码等，有些国家，比如新西兰就没有邮政编码一说。

2.10 数据重复需要采用分立的数据表

如果发现自己在重复输入数据，请创建新表和新的关系。

2.11 每个表中都应该添加的 3 个有用的字段

dRecordCreationDate，在 VB 下默认是 Now()，而在 SQL Server 下默认为 GETDATE()。

sRecordCreator，在 SQL Server 下默认为 NOT NULL DEFAULT USER。

nRecordVersion，记录的版本标记；有助于准确说明记录中出现 null 数据或者丢失数据的原因。

2.12 对地址和电话采用多个字段

描述街道地址就短短一行记录是不够的。Address_Line1、Address_Line2 和 Address_Line3 可以提供更大的灵活性。还有，电话号码和邮件地址最好拥有自己的数据表，其间具有自身的类型和标记类别。

过分标准化可要小心，这样做可能会导致性能上出现问题。虽然地址和电话表分离通常可以达到最佳状态，但是如果需要经常访问这类信息，或许在其父表中存放“首选”信息(比如 Customer 等)更为妥当些。非标准化和加速访问之间的妥协是有一定意义的。

2.13 使用多个名称字段

许多人在数据库里就给 name 留一个字段，这让人很吃惊。通常只有刚入门的开发人员才会这么做，但实际上网上这种做法非常普遍。建议应该把姓氏和名字当作两个字段来处理，然后在查询的时候再把他们组合起来。

Klempan 不是唯一一个注意到使用单个 name 字段的人，要把这种情况变得对用户更为友好有好多方法。最常用的是在同一表中创建一个计算列，通过它可以自动地连接标准化后的字段，这样数据变动的时候它也跟着变。不过，这样做在采用建模软件时得很机灵才行。总之，采用连接字段的方式可以有效地隔离用户应用和开发人员界面。

2.14 提防大小写混用的对象名和特殊字符

过去最令我恼火的事情之一就是数据库里有大小写混用的对象名，比如 CustomerData。这一问题从 Access 到 Oracle 数据库都存在。我不喜欢采用这种大小写混用的对象命名方法，结果还不得不手工修改名字。想想看，这种数据库、应用程序能混到采用更强大数据库的那一天吗？采用全部大写而且包含下划符的名字具有更好的可读性(CUSTOMER_DATA)，绝对不要在对象名的字符之间留空格。

2.15 小心保留词

要保证你的字段名没有和保留词、数据库系统或者常用访问方法冲突，比如，最近我编写的一个 ODBC 连接程序里有个表，其中就用了 DESC 作为说明字段名。后果可想而知！DESC 是 DESCENDING 缩写后的保留词。表里的一个 SELECT *语句倒是能用，但得到的却是一大堆毫无用处的信息。

2.16 保持字段名和类型的一致性

在命名字段并为其指定数据类型的时候一定要保证一致性。假如字段在某个表中叫做“agreement_number”，你就别在另一个表里把名字改成“ref1”。假如数据类型在一个表里是整数，那在另一个表里就不要变成字符型了。记住，你干完自己的活了，其他人还要用你的数据库呢。

2.17 仔细选择数字类型

在 SQL 中使用 smallint 和 tinyint 类型要特别小心，比如，假如你想看看月销售总额，你的总额字段类型是 smallint，那么如果总额超过了$32767 就不能进行计算操作了。

2.18 删除标记

在表中包含一个“删除标记”字段，这样就可以把行标记为删除。在关系数据库里不要单独删除某一行；最好采用清除数据程序而且要仔细维护索引整体性。

2.19 避免使用触发器

触发器的功能通常可以用其他方式实现。在调试程序时触发器可能成为干扰，假如你确实需要采用触发器，你最好集中对它文档化。

2.20 包含版本机制

建议你在数据库中引入版本控制机制来确定使用中的数据库的版本，无论如何你都要实现这一要求。时间一长，用户的需求总是会改变的，最终可能会要求修改数据库结构。

虽然你可以通过检查新字段或者索引来确定数据库结构的版本，但我发现把版本信息直接存放到数据库中更为方便。

2.21　给文本字段留足余量

ID 类型的文本字段，比如客户 ID 或订单号等都应该设置得比一般想象更大，因为时间不长你多半就会因为要添加额外的字符而难堪不已。比方说，假设你的客户 ID 为 10 位数长。那你应该把数据库表字段的长度设为 12 或者 13 个字符长。这算浪费空间吗？是有一点，但也没你想象的那么多：一个字段加长 3 个字符在有 100 万条记录，再加上一点索引的情况下才不过让整个数据库多占据 3MB 的空间，但这额外占据的空间却无须将来重构整个数据库就可以实现数据库规模的增长了。

2.22　列命名技巧

假如给每个表的列名都采用统一的前缀，那么在编写 SQL 表达式的时候会得到大大的简化。这样做也确实有缺点，比如破坏了自动表连接工具的作用，后者把公共列名同某些数据库联系起来，不过就连这些工具有时不也连接错误。举个简单的例子，假设有两个表：Customer 和 Order。Customer 表的前缀是 cu_，所以该表内的子段名如下：cu_name_id、cu_surname、cu_initials 和 cu_address 等。Order 表的前缀是 or_，所以字段名是：or_order_id、or_cust_name_id、or_quantity 和 or_description 等。

这样从数据库中选出全部数据的 SQL 语句可以写成如下所示：

```
Select * from Customer, Order
Where cu_surname = "MYNAME"
and cu_name_id = or_cust_name_id
and or_quantity = 1;
```

在没有这些前缀的情况下则写成这个样子：

```
Select * from Customer, Order
Where Customer.surname = "MYNAME"
and Customer.name_id = Order.cust_name_id
and Order.quantity = 1
```

第 1 个 SQL 语句没少键入多少字符，但如果查询涉及 5 个表乃至更多的列你就知道这个技巧多有用了。

3. 选择键和索引

3.1　数据采掘要预先计划

例如，市场部门要处理 8 万多份联系方式，同时填写每个客户的必要数据(这绝对不是小活)。还要从中确定出一组客户作为市场目标。从最开始设计表和字段的时候，笔者试图不在主索引里增加太多的字段以便加快数据库的运行速度，然后意识到特定的组查询和信息采掘既不准确速度也不快。结果只好在主索引中重建而且合并了数据字段。这时发现有一个指示计划相当关键——当创建系统类型查找时为什么要采用号码作为主索引字段呢？

可以用传真号码进行检索，但是它几乎就像系统类型一样对我来说并不重要。采用后者作为主字段，数据库更新后重新索引和检索就快多了。

可操作数据仓库(ODS)和数据仓库(DW)这两种环境下的数据索引是有差别的。在 DW 环境下，设计者要考虑销售部门是如何组织销售活动的。他们并不是数据库管理员，但是他们确定表内的键信息。这里设计人员或者数据库工作人员应该分析数据库结构从而确定出性能和正确输出之间的最佳条件。

3.2　使用系统生成的主键

这一条类同技巧 1，但有必要在这里重复提醒大家。假如你总是在设计数据库的时候采用系统生成的键作为主键，那么你实际控制了数据库的索引完整性，这样数据库和非人工机制就有效地控制了对存储数据中每一行的访问。

采用系统生成键作为主键还有一个优点：当你拥有一致的键结构时，找到逻辑缺陷很容易。

3.3　分解字段用于索引

为了分离命名字段和包含字段以支持用户定义的报表，请考虑分解其他字段(甚至主键)为其组成要素以便用户可以对其进行索引。索引将加快 SQL 和报表生成器脚本的执行速度。比方说，我通常在必须使用 SQL LIKE 表达式的情况下创建报表，因为 case number 字段无法分解为 year、serial number、case type 和 defendant code 等要素，性能也会变坏。假如年度和类型字段可以分解为索引字段，那么这些报表运行起来就会快多了。

3.4　键设计 4 原则

(1) 为关联字段创建外键。

(2) 所有的键都必须唯一。

(3) 避免使用复合键。

(4) 外键总是关联唯一的键字段。

3.5　别忘了索引

索引是从数据库中获取数据的最高效方式之一。95%的数据库性能问题都可以采用索引技术得到解决。作为一条规则，我通常对逻辑主键使用唯一的成组索引，对系统键(作为存储过程)采用唯一的非成组索引，对任何外键列采用非成组索引。不过，索引就像是盐，太多了菜就咸了。你得考虑数据库的空间有多大，表如何进行访问，还有这些访问是否主要用作读写。

大多数数据库都索引自动创建的主键字段，但是可别忘了索引外键，它们也是经常使用的键，比如运行查询显示主表和所有关联表的某条记录就用得上。还有，不要索引 memo/note 字段且不要索引大型字段(有很多字符)，这样做会让索引占用太多的存储空间。

3.6　不要索引常用的小型表

不要为小型数据表设置任何键，假如它们经常有插入和删除操作就更别这样做了。对这些插入和删除操作的索引维护可能比扫描表空间消耗更多的时间。

3.7　不要把社会保障号码(SSN)选作键

永远都不要使用 SSN 作为数据库的键。除了隐私原因以外，须知政府越来越趋向于不准许把 SSN 用作除收入相关以外的其他目的，SSN 需要手工输入。永远不要使用手工输入的键作为主键，因为一旦你输入错误，你唯一能做的就是删除整个记录然后从头开始。

20 世纪 70 年代我还在读大学的时候，我记得那时 SSN 还曾被用做学号，当然尽管这么做是非法的。而且人们也都知道这是非法的，但他们已经习惯了。后来，随着盗取身份犯罪案件的增加，我现在的大学校园正痛苦地从一大摊子数据中把 SSN 删除。

3.8　不要用用户的键

在确定采用什么字段作为表的键的时候，可一定要小心用户将要编辑的字段。通常的情况下不要选择用户可编辑的字段作为键。这样做会迫使你采取以下两个措施。

在创建记录之后对用户编辑字段的行为施加限制。假如你这么做了，你可能会发现你的应用程序在商务需求突然发生变化，而用户需要编辑那些不可编辑的字段时缺乏足够的灵活性。当用户在输入数据之后直到保存记录才发现系统出了问题他们该怎么想？删除重建？假如记录不可重建是否让用户走开？

提出一些检测和纠正键冲突的方法。通常，费点精力也就搞定了，但是从性能上来看这样做的代价就比较大了。还有，键的纠正可能会迫使你突破你的数据和商业/用户界面层之间的隔离。所以还是重提一句老话：你的设计要适应用户而不是让用户来适应你的设计。不让主键具有可更新性的原因是在关系模式下，主键实现了不同表之间的关联。比如，Customer 表有一个主键 CustomerID，而客户的订单则存放在另一个表里。Order 表的主键可能是 OrderNo 或者 OrderNo、CustomerID 和日期的组合。不管你选择哪种键设置，你都需要在 Order 表中存放 CustomerID 来保证你可以给下订单的用户找到其定单记录。

假如你在 Customer 表里修改了 CustomerID，那么你必须找出 Order 表中的所有相关记录对其进行修改。否则，有些订单就会不属于任何客户——数据库的完整性就算完了。

如果索引完整性规则施加到表一级，那么在不编写大量代码和附加删除记录的情况下几乎不可能改变某一条记录的键和数据库内所有关联的记录，而这一过程往往错误从生所以应该尽量避免。

3.9　可选键有时可做主键

记住，查询数据的不是机器而是人。假如你有可选键，你可能进一步把它用做主键。那样的话，你就拥有了建立强大索引的能力。这样可以阻止使用数据库的人不得不连接数据库从而恰当地过滤数据。在严格控制域表的数据库上，这种负载是比较醒目的。如果可选键真正有用，那就是达到了主键的水准。

笔者的看法是，假如你有可选键，比如国家表内的 state_code，你不要在现有不能变动的唯一键上创建后续的键。你要做的无非是创建毫无价值的数据。比如以下的例子：

```
Select count(*)
from address, state_ref
where
address.state_id = state_ref.state_id
```

```
and state_ref.state_code = 'TN'
```

通常的做法是这样的：

```
Select count(*)
from address
where
and state_code = 'TN'
```

如你因为过度使用表的后续键建立这种表的关联，操作负载真得需要考虑一下了。

3.10 别忘了外键

大多数数据库索引自动创建的主键字段，但别忘了索引外键字段，它们在你想查询主表中的记录及其关联记录时每次都会用到。还有，不要索引 memo/notes 字段而且不要索引大型文本字段(许多字符)，这样做会让你的索引占据大量的数据库空间。

4. 保证数据的完整性

4.1 用约束而非商务规则强制数据完整性

如果你按照商务规则来处理需求，那么你应当检查商务层次/用户界面：如果商务规则以后发生变化，那么只需要进行更新即可。

假如需求源于维护数据完整性的需要，那么在数据库层面上需要施加限制条件。

如果你在数据层确实采用了约束，你要保证有办法把更新不能通过约束检查的原因采用用户理解的语言通知用户界面。除非你的字段命名很冗长，否则字段名本身还不够。

只要有可能，请采用数据库系统实现数据的完整性。这不但包括通过标准化实现的完整性而且还包括数据的功能性。在写数据的时候还可以增加触发器来保证数据的正确性。不要依赖于商务层保证数据完整性；它不能保证表之间(外键)的完整性所以不能强加于其他完整性规则之上。

4.2 分布式数据系统

对分布式系统而言，在你决定是否在各个站点复制所有数据还是把数据保存在一个地方之前应该估计一下未来 5 年或者 10 年的数据量。当你把数据传送到其他站点的时候，最好在数据库字段中设置一些标记。在目的站点收到你的数据之后更新你的标记。为了进行这种数据传输，请写下你自己的批处理或者调度程序以特定时间间隔运行，而不要让用户在每天的工作后传输数据。本地备份你的维护数据，比如计算常数和利息率等，设置版本号保证数据在每个站点都完全一致。

4.3 强制指示完整性

没有好办法能在有害数据进入数据库之后消除它，所以应该在它进入数据库之前将其剔除。激活数据库系统的指示完整性特性，这样可以保持数据的清洁而能迫使开发人员投入更多的时间处理错误条件。

4.4　关系

如果两个实体之间存在多对一关系，而且还有可能转化为多对多关系，那么最好一开始就设置成多对多关系。从现有的多对一关系转变为多对多关系比一开始就是多对多关系要难得多。

4.5　采用视图

为了在数据库和应用程序代码之间提供另一层抽象，可以为应用程序建立专门的视图而不必非要应用程序直接访问数据表，这样做还等于在处理数据库变更时给设计者提供了更多的自由。

4.6　给数据保有和恢复制定计划

考虑数据保有策略并包含在设计过程中，预先设计数据恢复过程。采用可以发布给用户/开发人员的数据字典实现方便的数据识别同时保证对数据源文档化。编写在线更新来“更新查询”供以后万一数据丢失可以重新处理更新。

4.7　用存储过程让系统做重活

解决了许多麻烦来产生一个具有高度完整性的数据库解决方案之后，笔者所在的团队决定封装一些关联表的功能组，提供一整套常规的存储过程来访问各组以便加快速度和简化客户程序代码的开发。在此期间，我们发现3GL 编码器设置了所有可能的错误条件，比如如下所示：

```
SELECT Cnt = COUNT (*)
FROM [<Table>]
WHERE [<primary key column>] = <new value>
IF Cnt = 0
BEGIN
INSERT INTO [<Table>]
( [< primary key column>] )
VALUES ( <New value> )
END
ELSE
BEGIN
<indicate duplication error>
END
而一个非 3GL 编码器是这样做的:
INSERT INTO [<Table>]
( [< primary key column>] )
VALUES
( <New value> )
IF @@ERROR = 2627 -- Literal error code for Primary Key Constraint
BEGIN
<indicate duplication error>
END
```

第二个程序简单多了，而且事实上，利用了我们给数据库的功能。虽然我个人不喜欢使用嵌入文字(2627)，但是那样可以很方便地用一点预先处理来代替。数据库不只是一个存放数据的地方，它也是简化编码之地。

4.8 使用查找

控制数据完整性的最佳方式就是限制用户的选择。只要有可能都应该提供给用户一个清晰的价值列表供其选择，这样将减少键入代码的错误和误解同时提供数据的一致性。某些公共数据特别适合查找：国家代码、状态代码等。

5. 各种小技巧

5.1 文档

对所有的快捷方式、命名规范、限制和函数都要编制文档。

采用给表、列、触发器等加注释的数据库工具。是的，这有点费事，但从长远来看，这样做对开发、支持和跟踪修改非常有用。

取决于所使用的数据库系统，可能有一些软件会提供一些供你很快上手的文档。你可能希望先开始在说，然后获得越来越多的细节。或者你可能希望周期性的预排，在输入新数据同时随着你的进展对每一部分细节化。不管你选择哪种方式，总要对你的数据库文档化，或者在数据库自身的内部或者单独建立文档。这样，当你过了一年多时间后再回过头来做第2 个版本，你犯错的机会将大大减少。

5.2 使用常用英语(或者其他任何语言)而不要使用编码

为什么我们经常采用编码(比如9935A 可能是墨水笔的供应代码，4XF788-Q 可能是账目编码)？理由很多。但是用户通常都用英语进行思考而不是编码。工作5 年的会计或许知道4XF788-Q 是什么东西，但新来的可就不一定了。在创建下拉菜单、列表、报表时最好按照英语名排序。假如你需要编码，那你可以在编码旁附上用户知道的英语。

5.3 保存常用信息

让一个表专门存放一般数据库信息非常有用。笔者常在这个表里存放数据库当前版本、最近检查/修复(对Access)、关联设计文档的名称、客户等信息。这样可以实现一种简单机制跟踪数据库，当客户抱怨他们的数据库没有达到希望的要求而与你联系时，这样做对非客户机/服务器环境特别有用。

5.4 测试、测试、反复测试

建立或者修订数据库之后，必须用用户新输入的数据测试数据字段。最重要的是，让用户进行测试并且同用户一道保证所选择的数据类型满足商业要求。测试需要在新数据库投入实际服务之前完成。

5.5 检查设计

在开发期间检查数据库设计的常用技术是通过其所支持的应用程序原型检查数据库。换句话说，针对每一种最终表达数据的原型应用，保证你检查了数据模型并且查看如何取出数据。

MySQL 数据库使用和创建 Web 项目数据库

也许在当今 Java 开发者中，MySQL 是最受欢迎的数据库之一。它和 Oracle、DB2、MSSql 这些数据库同样是一个关系数据库管理系统。但是它更轻便，安装更简单。而且它和 JBoss 一样也是一个开源的软件技术，因此比起 Oracle 它们在价格上也更有优势。对于哪些进行轻量级 Web 项目开发的人来说，使用 MySQL 更加能把所有注意力转移到业务逻辑开发等重要部分上。不过它也有自己的缺点，特别是在开发商业应用的 Web 项目上，面对海量数据，它的优化和性能指标比起同类产品略显不足，不过对于进行互联网开发的项目上它的优势还是比较明显的。下面详细介绍它的安装，以及使用它的客户端软件 MySQL-Front 来进行数据库创建。

2.1 安 装

笔者自己开发使用的 MySQL 数据库版本是 5.0.27 版本。可登录 MySQL 官方中文网站下载页面 http://download.mysql.cn/去下载 win32 版本的 MySQL 数据库。

步骤 1：下载后解压压缩包后是后缀名为 msi 的文件，双击该文件就开始进行 MySQL 的安装，如图 B.1 是安装初始界面。

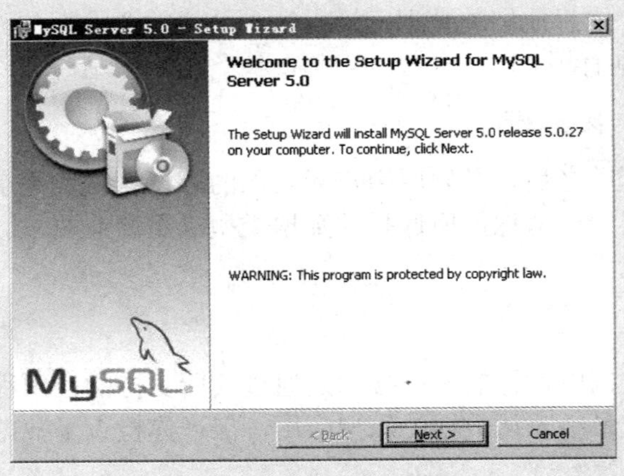

图 B.1 MySQL 安装初始界面

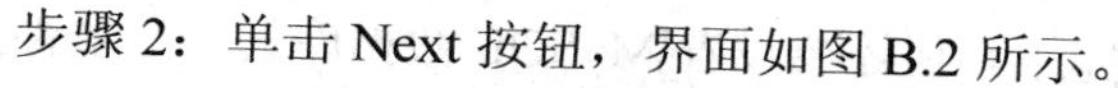

步骤2：单击Next按钮，界面如图B.2所示。

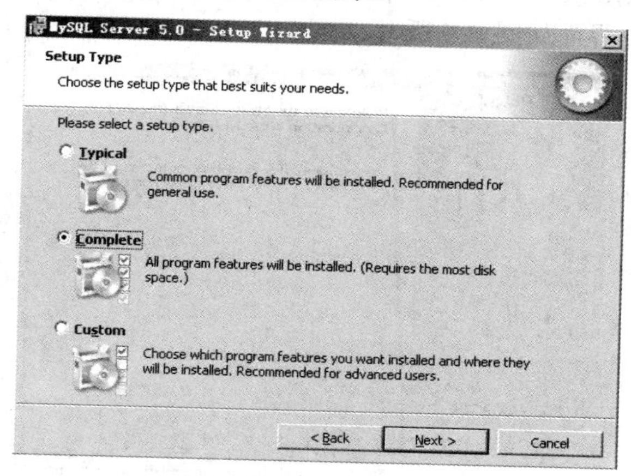

图B.2　选择安装类型

步骤3：选择“完全安装”选项，单击Next按钮，界面如图B.3所示。

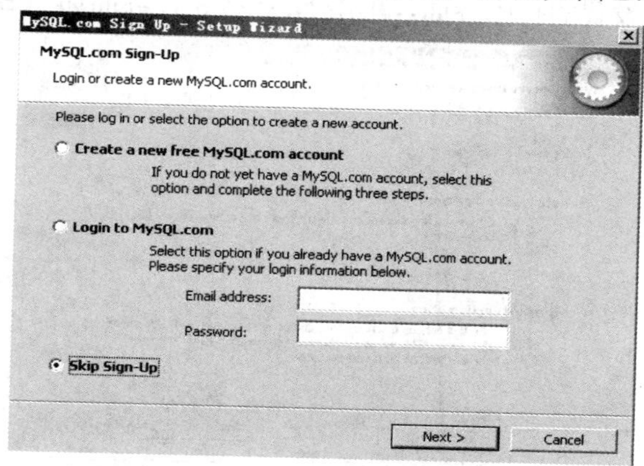

图B.3　MySQL注册界面

步骤4：选择“跳过”选项，单击Next按钮，界面如图B.4所示。

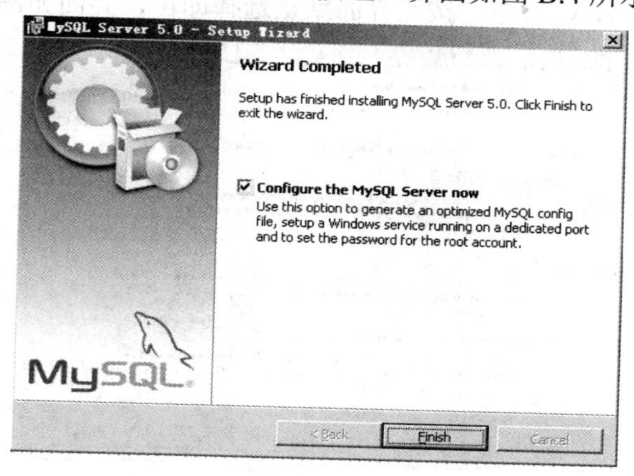

图B.4　MySQL安装完成界面

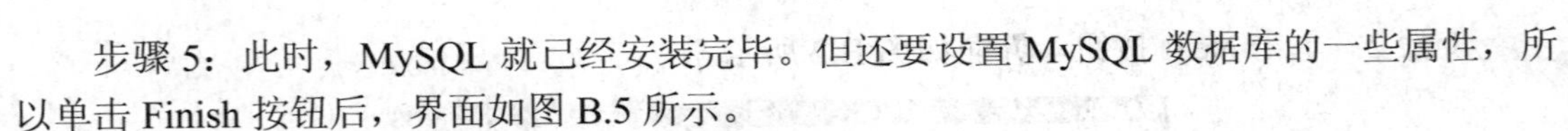

步骤 5：此时，MySQL 就已经安装完毕。但还要设置 MySQL 数据库的一些属性，所以单击 Finish 按钮后，界面如图 B.5 所示。

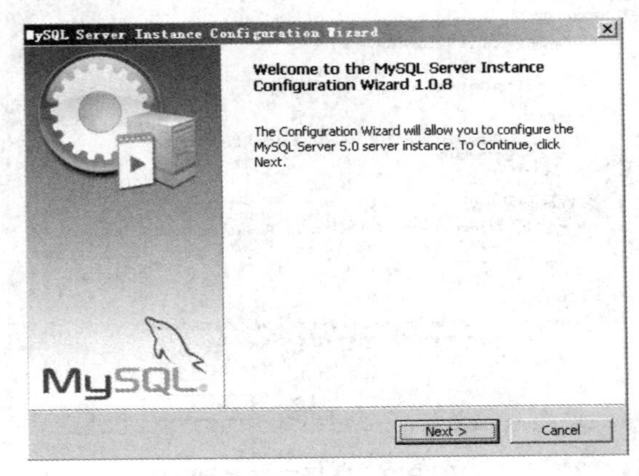

图 B.5　MySQL 设置初始界面

步骤 6：图 B.5 是设置的初始界面，单击 Next 按钮，界面如图 B.6 所示。

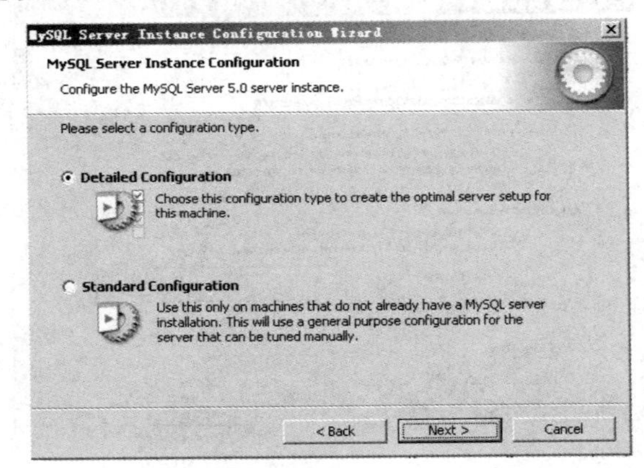

图 B.6　选择设置类型

步骤 7：直接单击 Next 按钮，按照界面默认选择即可，界面如图 B.7 所示。

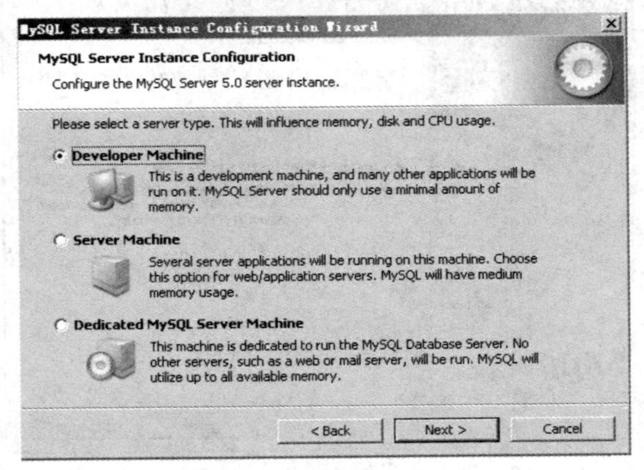

图 B.7　MySQL 设置服务器类型

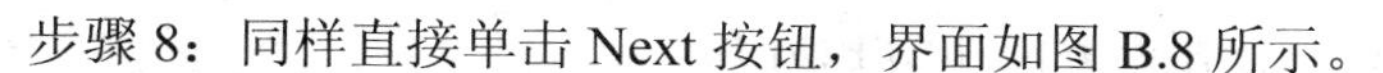

步骤 8：同样直接单击 Next 按钮，界面如图 B.8 所示。

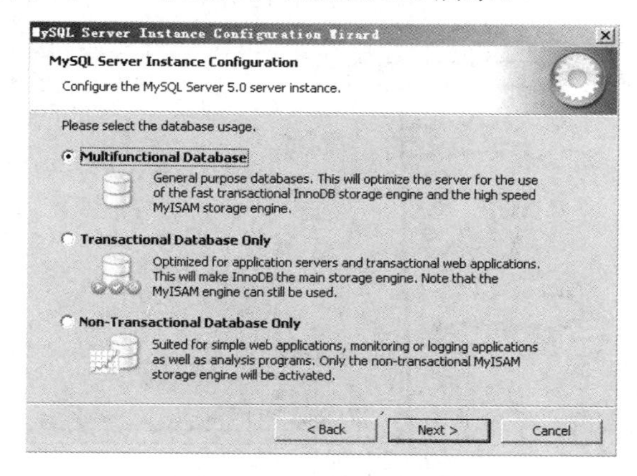

图 B.8　选择数据库类型

步骤 9：再单击 Next 按钮，界面如图 B.9 所示。

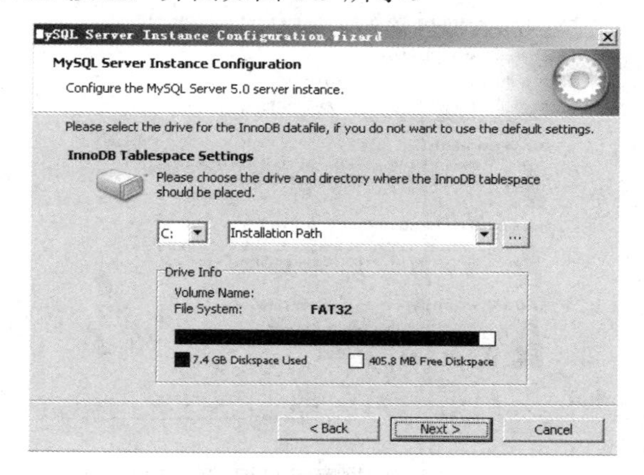

图 B.9　选择数据库文件存放路径

步骤 10：这里可以选择想要安装的 InnoDB 数据文件的路径，然后再单击 Next 按钮，界面如图 B.10 所示。

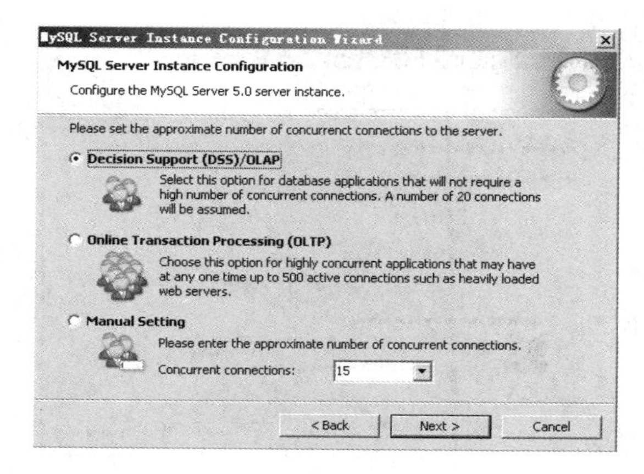

图 B.10　数据库连接池连接数

步骤 11：同样直接单击 Next 按钮，界面如图 B.11 所示。

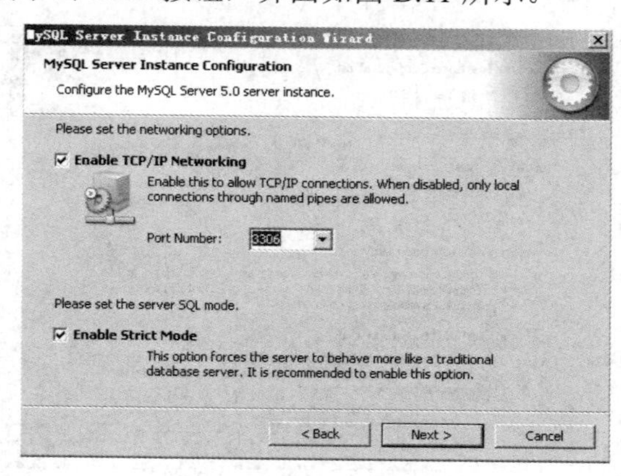

图 B.11　数据库端口设置

步骤 12：不用修改端口，按照默认设置即可，同样直接单击 Next 按钮，界面如图 B.12 所示。

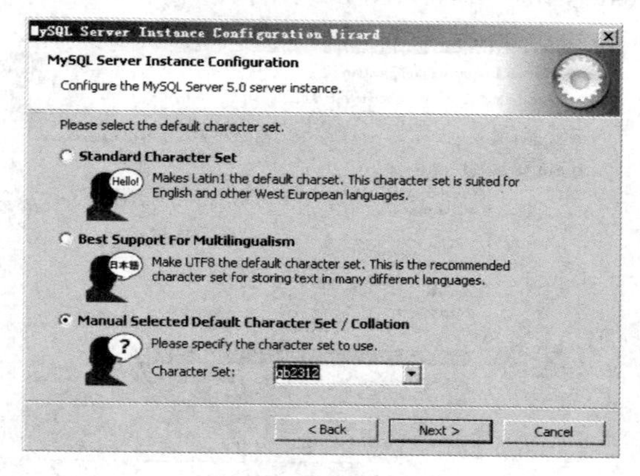

图 B.12　数据库字符编码集选择

步骤 13：选择第三个选项，然后在字符编码集合里选择需要的编码集合，因为笔者都是在“gb2312”字符编码环境下开发，因此选择的是“gb2312”。然后同样直接单击 Next 按钮，界面如图 B.13 所示。

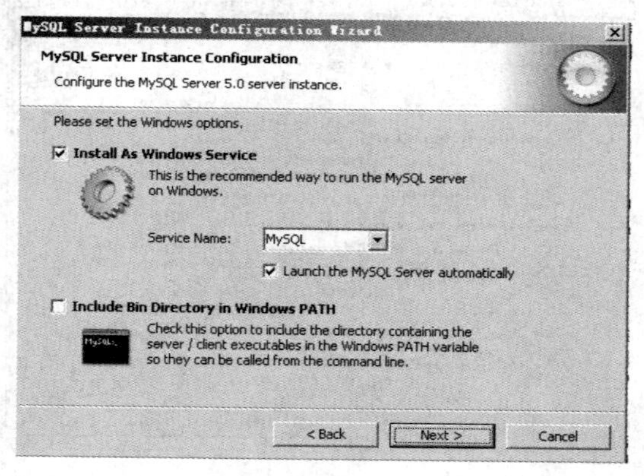

图 B.13　设置 MySQL 为 Windows 服务

步骤 14：同样直接单击 Next 按钮，界面如图 B.14 所示。

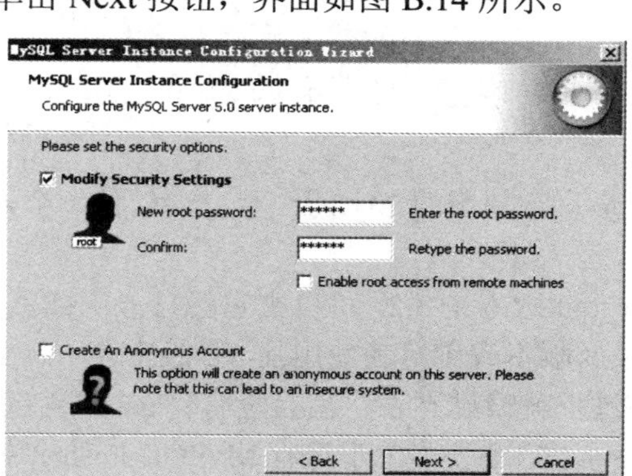

图 B.14　设置账号密码

在第一个选项中，输入 root 账户的密码，root 账户就是访问 MySQL 的拥有超级用户权限的账号。

步骤 15：同样直接单击 Next 按钮，界面如图 B.15 所示。

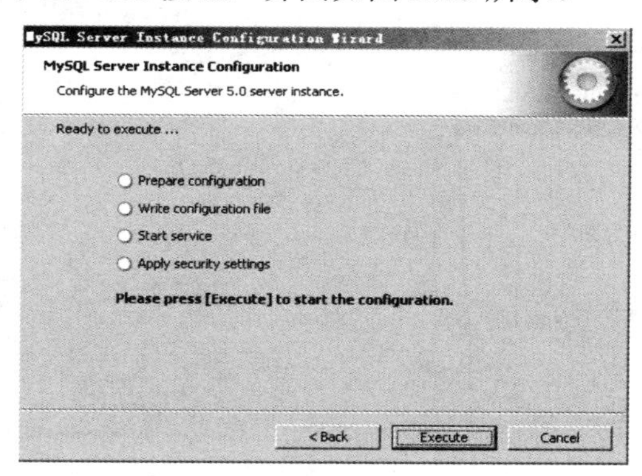

图 B.15　执行 MySQL 配置安装操作流程

单击 Execute 按钮，会等上几分钟，系统会按照该页面显示的操作一行一行运行，如果运行成功就会在前面小白点上打钩，运行成功界面如图 B.16 所示。

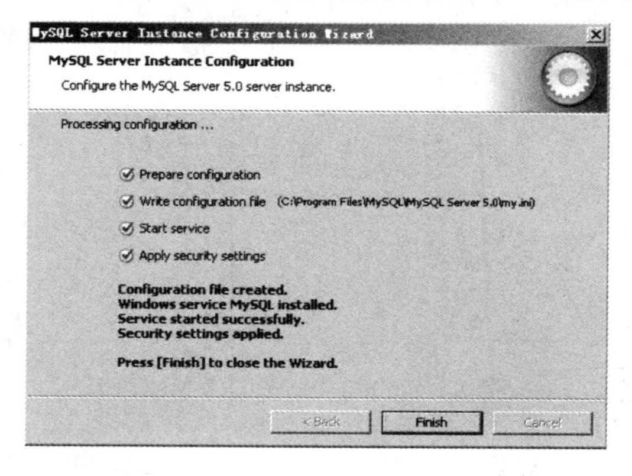

图 B.16　配置成功

步骤 16：单击 Finish 按钮，MySQL 的安装和基础属性配置就完成了。

2.2　创建数据库

MySQL-Front 是笔者最喜欢使用的 MySQL 客户端软件，个人使用下来感觉它是同类产品中最好用的一个。

笔者使用的 MySQL-Front 版本是 3.2，可以去它的官方下载页面 http://www.mysqlfront.de/download.html 去下载最新版本或者笔者使用的 3.2 版本。

步骤 1：下载后安装过程就略过不表，因为没有什么需要特别声明的。假设读者已经安装完毕，在 Windows 系统“启动”菜单下运行 MySQL-Front，打开的界面中会弹出本机和 MySQL 数据库会话配置界面，如图 B.17 所示。

步骤 2：单击“编辑”按钮，可以对该会话进行属性设置，主要属性配置如图 B.18、图 B.19 和图 B.20 所示。

图 B.17　选择 MySQL 会话

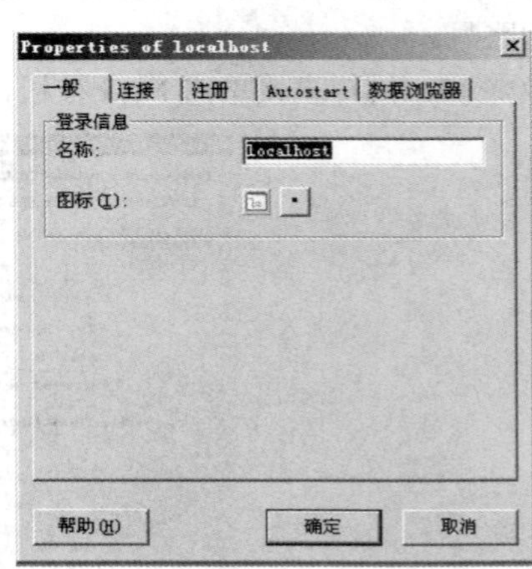

图 B.18　“一般”选项设置

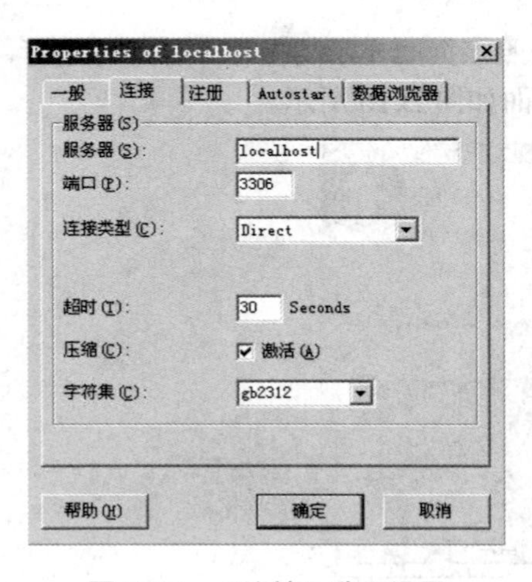

图 B.19　“连接”选项设置

图 B.20　“注册”选项设置

特别需要说明的是“注册”选项，其中密码就是安装 MySQL 时设置的密码，如果数据库不进行选择，则会话将所有数据库都显示出来。如果不想显示出来，可单击右侧的“。”打开后如图 B.21 所示。

此时 root 账户可以看见这 4 个数据库，如果不想让“house”数据库显示，就可以用 Ctrl 键选择下面三个数据库，然后单击“确定”按钮，如图 B.22 所示。

图 B.21　数据库选择

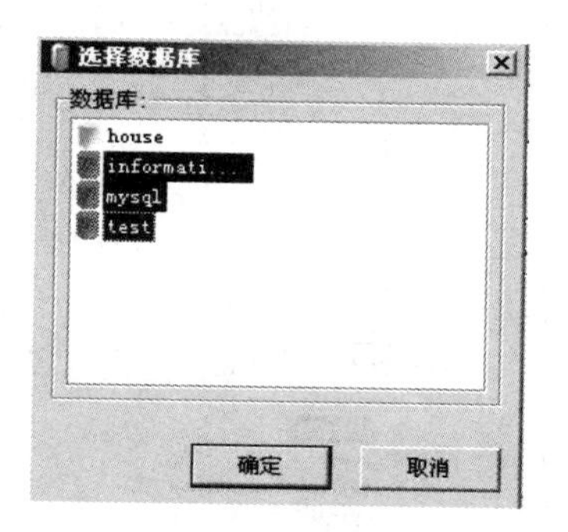

图 B.22　选择部分数据库

步骤 3：会话设置编辑完成后，单击图 B.17 中的“打开”按钮，界面显示如图 B.23 所示。

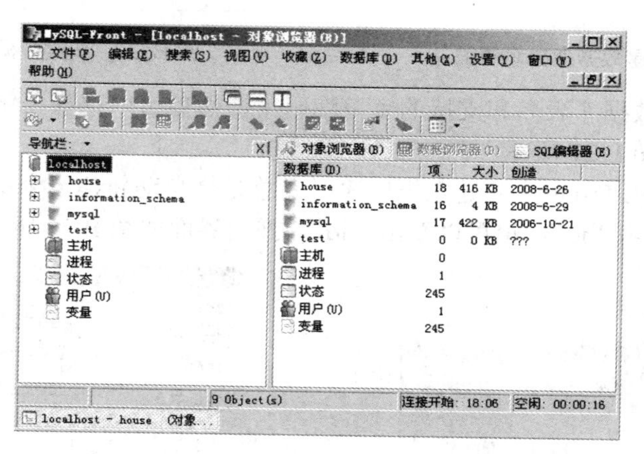

图 B.23　MySQL 客户端数据库表浏览界面

步骤 4：右击被选的“localhost”，在弹出的快捷菜单中选择“新建”|“数据库”命令，显示界面如图 B.24 所示。

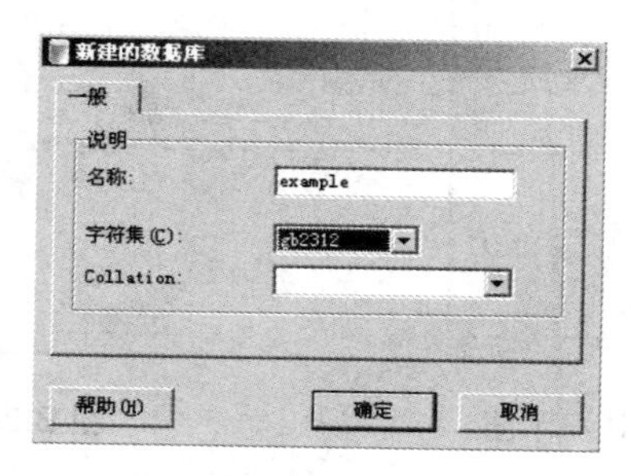

图 B.24　新建数据库设置

输入数据库名称，选择支持该数据库的字符编码集，然后单击“确定”按钮。完成后在主界面就会显示如图 B.25 所示。

选中的“example”就是刚才这些操作后创建的数据库。

步骤 5：按照刚才这些操作，同理可以右击数据库名选择“新建”|“表格”命令，创建数据库表。界面显示如图 B.26 所示。

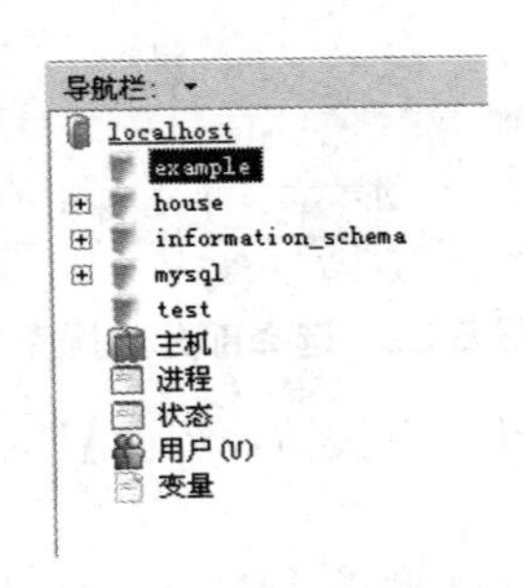

图 B.25　新建数据库显示界面

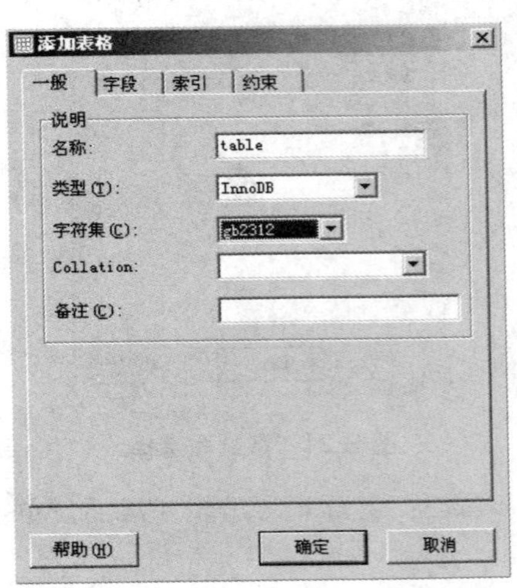

图 B.26　新建数据库表格设置

步骤 6：输入数据库表名和支持的字符编码集，然后可以选择“字段”页，新建数据库表中的字段，如图 B.27 所示。

步骤 7：MySQL-Front 中新建数据库表时，总是会自动新建一个主键字段，如果不喜欢图 B.27 中的字段名“id”，也可以双击“id”，弹出界面如图 B.28 所示。

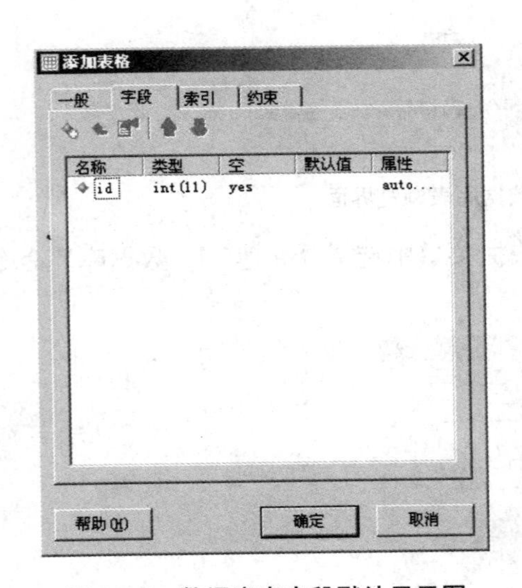

图 B.27　数据库表字段默认显示图

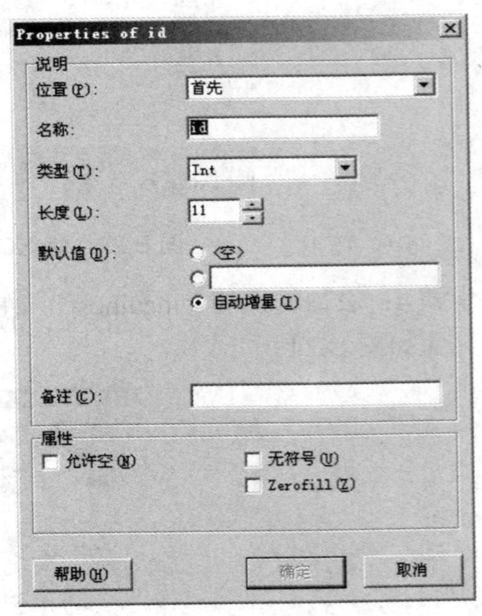

图 B.28　修改数据库表字段

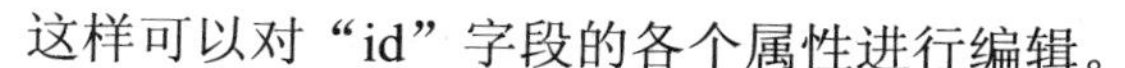

这样可以对“id”字段的各个属性进行编辑。

步骤 8：回到图 B.27，也可以按如图 B.29 所示操作新建数据库的新字段。

单击“新建”按钮后，显示界面类似于图 B.28，只是字段名显示的是“新字段”，需要用户自己输入新字段名称，如图 B.30 所示。

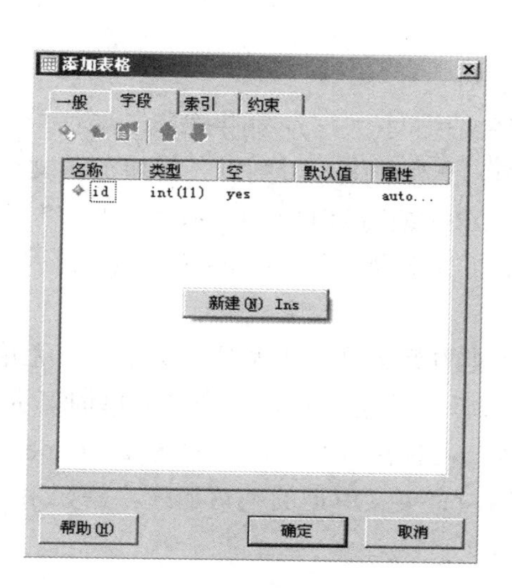

图 B.29　新建数据库表字段

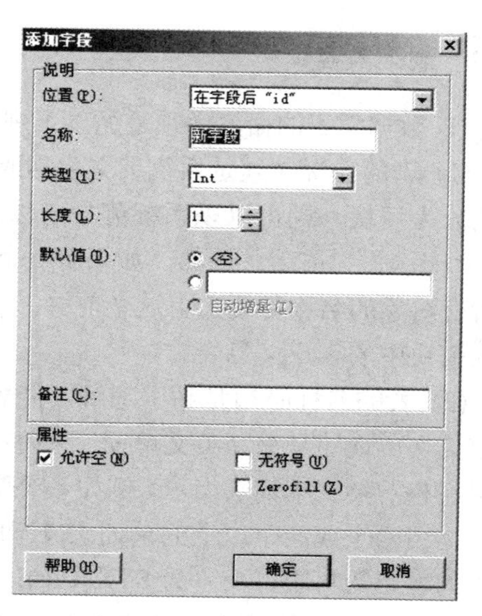

图 B.30　新建数据库表字段属性设置

步骤 9：新建完成后，单击图 B.27 中的“确定”按钮，则完成新建数据库表和相应字段。图 B.31 所示就是新建的数据库表，右侧显示的是现在该数据库表包含的字段。

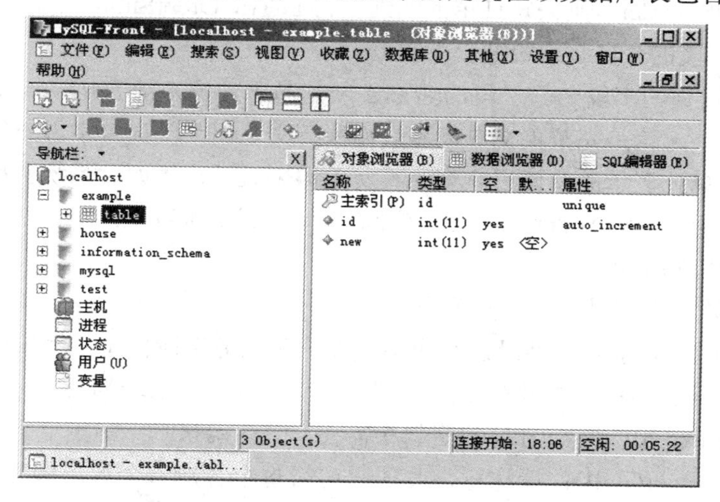

图 B.31　完成数据库表和字段新建

完成上述这些操作后，就可以使用 MySQL-Front 来创建数据库了。

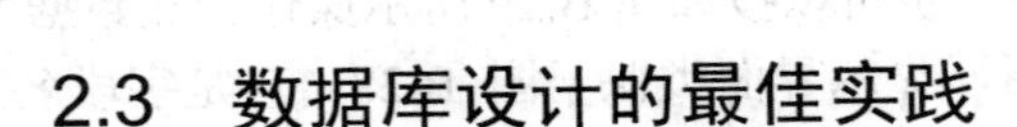

2.3　数据库设计的最佳实践

2.3.1　规范内容

1．数据库表的命名必须遵循以下规范。

(1) 表的前缀必须是系统英文名称或模块英文名的缩写(大写)。如果系统功能简单，没有划分为模块，则可以以系统英文名称的缩写(大写)作为前缀，否则以各模块的英文名称缩写(大写)作为前缀。例如，如果有一个模块叫做 ORG(缩写为 ORG)，那么你的数据库中的所有对象的名称都要加上这个前缀：ORG_ + 数据库对象名称，ORG_CstInfo 表示组织结构模块中的客户信息表。

(2) 表的名称必须是易于理解，能表达表的功能的英文单词或缩写英文单词，无论是完整英文单词还是缩写英文单词，单词首字母必须大写。当前表可用一个英文单词表示的，请用完整的英文单词来表示，例如系统资料中的客户表的表名可命名为 SYS_Customer。当前表需用两个或两个以上的单词来表示时，可采用两个英文单词的缩写形式，例如系统资料中的客户物料表可命名为 SYS_CustItem。

(3) 表名称不得超过三个英文单词。

(4) 在命名表时，用单数形式表示名称。例如，使用 Employee，而不是 Employees。

(5) 对于有主明细的表来说，明细表的名称为：主表的名称 + 字符 Sub，例如采购订单的名称为 PCHS_Order，则采购订单的明细表为 PCHS_OrderSub。

2．数据库字段的命名必须遵循以下规范。

(1) 采用有意义的字段名。字段的名称必须是易于理解，能表达字段功能的英文单词或缩写英文单词，无论是完整英文单词还是缩写英文单词，单词首字母必须大写。当前字段可用一个英文单词表示的，请用完整的英文单词来表示，例如，系统资料中的客户表中的客户地址名可命名为：Address。当前字段需用两个或两个以上的单词来表示时，可采用两个英文单词的缩写形式。

(2) 字段名称不得超过三个英文单词。

(3) 系统中所有属于内码字段，其应不代表任何业务字段信息。系统建议采用全球唯一号 GUID(从程序界面中获得并存储)。字段名称为：代表当前表的英文单词 + “GUID”；数据类型为 varchar(40)。例如在客户资料中需要一个内码来唯一标示一笔客户信息，则此内码字段为 CustomerGUID；请注意，此内码与给每个客户一个客户编号 CustomerID 有区别。

(4) 系统中属于是业务范围内的编号的字段，其代表一定的业务信息，这样的字段建议命名为：代表当前这字段含意的英文单词 + “ID”；例如职工编号 EmployeeID、客户编号 CustomerID、货料编号 ItemID 等。

(5) 采用表前缀。如果多个表中存在很多同类型的字段，比如 FirstName，要在这个字段的名字加上表前缀，比如这样：CustFirstName，这样才不致于在做视图时还要重新为这个字段指定别名(因为其他表很可能同样存在一个叫做 FirstName 的字段)。

(6) 外关键字段的命名为：字母 F + 引用的主关键字段的名称。例如：在客户资料表 Customer 中有一个主关键字段 CustomerID；则在订单表 Order 表中有一个外关键字段客户编号的命名为 FCustomerID。

(7) 在命名表的列时，不要重复表的名称；例如，在名为 Employee 的表中避免使用名为 EmployeeLastName 的字段。

(8) 尽量遵守第三范式的标准(3NF)。

① 表内的每一个值只能被表达一次。

② 表内的每一行都应当被唯一的标示。

③ 表内不应该存储依赖于其他键的非键信息。

3．设计规范

(1) 所有字段在设计时，除以下数据类型 timestamp、image、datetime、smalldatetime、uniqueidentifier、binary、sql_variant、binary 、varbinary 外，必须有默认值。字符型的默认值为一个空字符值串"；数值型的默认值为数值 0；逻辑型的默认值为数值 0。

其中：系统中所有逻辑型中数值 0 表示为“假”；数值 1 表示为“真”。

datetime、smalldatetime 类型的字段没有默认值，必须为空。

(2) 每个单据主表中(系统表除外)，都应有以下字段。

字段名	说明	类型	默认值
CreatorGUID	创建者	varchar(40)	无
CreatedTime	创建时间	Datetime	空

4．字段的设计

数据库中每个字段的描述(Description)可分为以下部分。

①区域	②区域	③区域
字段所代表的业务名称(标题)	字段的备注	字段要选择的信息编号

各区域间用竖线“|”隔开。

其中：

① 区域表示字段的在页面中将要显示的标题。

② 区域表示对此字段进行的一些说明或备注信息。

③ 区域表示此字段是否需要选择输入。如果不选择输入，则此区域值为 0，否则此区域的值应为在系统中定义的资料编号。

示例图如图 B.32 所示。

	列名	数据类型	长度	允许空
🔑	CustomerID	nchar	5	
▶	CompanyName	nvarchar	40	

列

描述	公司名称|客户所在的公司名称|005
默认值	''
精度	0
小数位数	0
标识	否
标识种子	
标识递增量	
是 RowGuid	否
公式	
排序规则	<database default>

图 B.32　字段设计示意图

系统中将定义一个存储各资料对应编号的表：COMM_InfoToID。

InfoID	InfoName	UseMethod
001	职员信息	GetEmployeeInfo(controlID,EmployeeID)
002	公司信息	GetCompanyInfo(controlID,CompanyID)
…….	…….	…….

5．存储过程命名规范

存储过程的命名请遵循以下命名规范：SP_ + 系统模块缩写(大写) + 功能标识 + 代表存储过程操作的表名(不带前缀)或功能的英文单词或英文单词缩写。

如果一个存储过程只对一个表进行操作，建议存储过程的名称就用存储过程所操作的表的表名(不带前缀)，这样有利于根据表名找到相应的存储过程。

为了在众多的存储过程中能很快地找到并维护存储过程，我们按存储过程的作用将系统的存储过程进行以下的分类及命名：(以下示例假设存储过程所在的模块名为 ORG)。

作用	第一前缀	第二前缀 (功能标示)	示例
用于新增的存储过程	SP_ORG	Add	SP_ORGAdd_Employee
用于修改的存储过程	SP_ORG	Upt	SP_ORGUpt_Employee
用于单据查询的存储过程	SP_ORG	Qry	SP_ORGQry_Employee
用于报表统计的存储过程	SP_ORG	Rpt	SP_ORGRpt_GetEmployeeSalaryInfo
用于一些特殊过程处理的存储过程	SP_ORG	Opt	SP_ORGOpt_SetSystemMessage

6．存储过程的设计规范

- ◆ 目的：说明此存储过程的作用。
- ◆ 创建者：首次创建此存储过程的人的姓名。在此请使用中文全名，不允许使用英文简称。

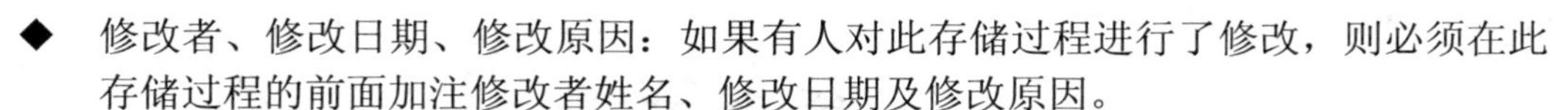

◆ 修改者、修改日期、修改原因：如果有人对此存储过程进行了修改，则必须在此存储过程的前面加注修改者姓名、修改日期及修改原因。

◆ 对存储过程各参数及变量的中文注解。

示例如下：

/*

目的：查询公街门面，立面装修改造审批

创建：王小林

时间：2002-5-23

修改者：李小龙　修改日期：2002-10-12　修改原因及内容：客户不需要活动内容字段，将活动内容字段去掉。

修改者：王永发　修改日期：2002-10-19　修改原因及内容：增加一个申请地点字段。

*/

```
CREATE PROCEDURE dbo.SP_ORGRptJcStreetLampShp
@whereat nvarchar(4000),/*  接收传入的 where 子句，包括'where'关键字*/
@flowbillid nvarchar(4000)/*  接收传入的工作流的单据编号*/

AS

    Declare @optlog_opteratename   nvarchar(200) /*  存储操作人*/
    Declare   @optlog_idea nvarchar(4000) /*  存储操作意见*/
    Declare   @optlog_time nvarchar(20)/*操作时间*/
```

7．视图命名规范

视图的命名请遵循以下命名规范：V_ + 系统模块缩写(大写) + 功能标识 + 代表存储过程操作的表名(不带前缀)或功能的英文单词或英文单词缩写。

如果一个视图只对一个表进行操作，建议视图的名称就用视图所使用的表的表名(不带前缀)，这样有利于根据表名找到相应的视图。

为了在众多的存储过程中能很快地找到并维护存储过程，我们按存储过程的作用将系统的存储过程进行以下的分类及命名：(以下示例假设存储过程所在的模块名为 ORG。)

作　　用	第一前缀	第二前缀 (功能标示)	示　　例
用于单据查询的视图	V_ORG	Qry	V_ORGQry_Employee
用于报表统计的视图	V_ORG	Rpt	V_ORGRpt_GetEmployeeSalaryInfo
用于一些特殊过程处理的视图	V_ORG	Opt	V_ORGOpt_GetSystemMessage

参 考 文 献

[1] 史胜辉，王春明，陆培军. JavaEE 轻量级框架 Struts2+Spring+Hibernate 整合开发[M]. 北京：清华大学出版社，2014.
[2] 刘彦君，金飞虎. JavaEE 开发技术与案例教程[M]. 北京：人民邮电出版社，2014.
[3] 赵彦. JavaEE 框架技术进阶式教程[M]. 北京：清华大学出版社，2011.
[4] 孙卫琴. Tomcat 与 Java Web 开发技术详解[M]. 2 版. 北京：电子工业出版社，2009.
[5] 陆舟. Struts2 技术内幕：深入解析 Struts 架构设计与实现原理[M]. 北京：机械工业出版社，2012.
[6] 陈臣，王斌，孙琳，等. 研磨 Strues2[M]. 北京：清华大学出版社，2011.
[7] 孙卫琴. 精通 hibernate：java 对象持久化技术详解[M]. 2 版. 北京：电子工业出版社，2010.
[8] 计文柯. Spring 技术内幕——深入解析 Spring 架构与设计原理[M]. 北京：机械工业出版社，2010.
[9] [美]Craig Walls. Sping 实战[M]. 3 版. 耿渊，张卫滨，译. 北京：人民邮电出版社，2013.

北京大学出版社本科计算机系列实用规划教材

序号	标准书号	书　名	主　编	定价	序号	标准书号	书　名	主　编	定价
1	7-301-10511-5	离散数学	段禅伦	28	38	7-301-13684-3	单片机原理及应用	王新颖	25
2	7-301-10457-X	线性代数	陈付贵	20	39	7-301-14505-0	Visual C++程序设计案例教程	张荣梅	30
3	7-301-10510-X	概率论与数理统计	陈荣江	26	40	7-301-14259-2	多媒体技术应用案例教程	李　建	30
4	7-301-10503-0	Visual Basic 程序设计	闵联营	22	41	7-301-14503-6	ASP .NET 动态网页设计案例教程(Visual Basic .NET 版)	江　红	35
5	7-301-21752-8	多媒体技术及其应用(第 2 版)	张　明	39	42	7-301-14504-3	C++面向对象与 Visual C++程序设计案例教程	黄贤英	35
6	7-301-10466-8	C++程序设计	刘天印	33	43	7-301-14506-7	Photoshop CS3 案例教程	李建芳	34
7	7-301-10467-5	C++程序设计实验指导与习题解答	李　兰	20	44	7-301-14510-4	C++程序设计基础案例教程	于永彦	33
8	7-301-10505-4	Visual C++程序设计教程与上机指导	高志伟	25	45	7-301-14942-3	ASP .NET 网络应用案例教程(C# .NET 版)	张登辉	33
9	7-301-10462-0	XML 实用教程	丁跃潮	26	46	7-301-12377-5	计算机硬件技术基础	石　磊	26
10	7-301-10463-7	计算机网络系统集成	斯桃枝	22	47	7-301-15208-9	计算机组成原理	娄国焕	24
11	7-301-22437-3	单片机原理及应用教程(第 2 版)	范立南	43	48	7-301-15463-2	网页设计与制作案例教程	房爱莲	36
12	7-5038-4421-3	ASP .NET 网络编程实用教程(C#版)	崔良海	31	49	7-301-04852-8	线性代数	姚喜妍	22
13	7-5038-4427-2	C 语言程序设计	赵建锋	25	50	7-301-15461-8	计算机网络技术	陈代武	33
14	7-5038-4420-5	Delphi 程序设计基础教程	张世明	37	51	7-301-15697-1	计算机辅助设计二次开发案例教程	谢安俊	26
15	7-5038-4417-5	SQL Server 数据库设计与管理	姜　力	31	52	7-301-15740-4	Visual C# 程序开发案例教程	韩朝阳	30
16	7-5038-4424-9	大学计算机基础	贾丽娟	34	53	7-301-16597-3	Visual C++程序设计实用案例教程	于永彦	32
17	7-5038-4430-0	计算机科学与技术导论	王昆仑	30	54	7-301-16850-9	Java 程序设计案例教程	胡巧多	32
18	7-5038-4418-3	计算机网络应用实例教程	魏　峥	25	55	7-301-16842-4	数据库原理与应用(SQL Server 版)	毛一梅	36
19	7-5038-4415-9	面向对象程序设计	冷英男	28	56	7-301-16910-0	计算机网络技术基础与应用	马秀峰	33
20	7-5038-4429-4	软件工程	赵春刚	22	57	7-301-15063-4	计算机网络基础与应用	刘远生	32
21	7-5038-4431-0	数据结构(C++版)	秦　锋	28	58	7-301-15250-8	汇编语言程序设计	张光长	28
22	7-5038-4423-2	微机应用基础	吕晓燕	33	59	7-301-15064-1	网络安全技术	骆耀祖	30
23	7-5038-4426-4	微型计算机原理与接口技术	刘彦文	26	60	7-301-15584-4	数据结构与算法	佟伟光	32
24	7-5038-4425-6	办公自动化教程	钱　俊	30	61	7-301-17087-8	操作系统实用教程	范立南	36
25	7-5038-4419-1	Java 语言程序设计实用教程	董迎红	33	62	7-301-16631-4	Visual Basic 2008 程序设计教程	隋晓红	34
26	7-5038-4428-0	计算机图形技术	龚声蓉	28	63	7-301-17537-8	C 语言基础案例教程	汪新民	31
27	7-301-11501-5	计算机软件技术基础	高　巍	25	64	7-301-17397-8	C++程序设计基础教程	郗亚辉	30
28	7-301-11500-8	计算机组装与维护实用教程	崔明远	33	65	7-301-17578-1	图论算法理论、实现及应用	王桂平	54
29	7-301-12174-0	Visual FoxPro 实用教程	马秀峰	29	66	7-301-17964-2	PHP 动态网页设计与制作案例教程	房爱莲	42
30	7-301-11500-8	管理信息系统实用教程	杨月江	27	67	7-301-18514-8	多媒体开发与编程	于永彦	35
31	7-301-11445-2	Photoshop CS 实用教程	张　瑾	28	68	7-301-18538-4	实用计算方法	徐亚平	24
32	7-301-12378-2	ASP .NET 课程设计指导	潘志红	35	69	7-301-18539-1	Visual FoxPro 数据库设计案例教程	谭红杨	35
33	7-301-12394-2	C# .NET 课程设计指导	龚自霞	32	70	7-301-19313-6	Java 程序设计案例教程与实训	董迎红	45
34	7-301-13259-3	VisualBasic .NET 课程设计指导	潘志红	30	71	7-301-19389-1	Visual FoxPro 实用教程与上机指导（第 2 版）	马秀峰	40
35	7-301-12371-3	网络工程实用教程	汪新民	34	72	7-301-19435-5	计算方法	尹景本	28
36	7-301-14132-8	J2EE 课程设计指导	王立丰	32	73	7-301-19388-4	Java 程序设计教程	张剑飞	35
37	7-301-21088-8	计算机专业英语(第 2 版)	张　勇	42	74	7-301-19386-0	计算机图形技术(第 2 版)	许承东	44

序号	标准书号	书　名	主　编	定价	序号	标准书号	书　名	主　编	定价
75	7-301-15689-6	Photoshop CS5 案例教程(第 2 版)	李建芳	39	88	7-301-21295-0	计算机专业英语	吴丽君	34
76	7-301-18395-3	概率论与数理统计	姚喜妍	29	89	7-301-21341-4	计算机组成与结构教程	姚玉霞	42
77	7-301-19980-0	3ds Max 2011 案例教程	李建芳	44	90	7-301-21367-4	计算机组成与结构实验实训教程	姚玉霞	22
78	7-301-20052-0	数据结构与算法应用实践教程	李文书	36	91	7-301-22119-8	UML 实用基础教程	赵春刚	36
79	7-301-12375-1	汇编语言程序设计	张宝剑	36	92	7-301-22965-1	数据结构(C 语言版)	陈超祥	32
80	7-301-20523-5	Visual C++程序设计教程与上机指导(第 2 版)	牛江川	40	93	7-301-23122-7	算法分析与设计教程	秦　明	29
81	7-301-20630-0	C#程序开发案例教程	李挥剑	39	94	7-301-23566-9	ASP.NET 程序设计实用教程(C#版)	张荣梅	44
82	7-301-20898-4	SQL Server 2008 数据库应用案例教程	钱哨	38	95	7-301-23734-2	JSP 设计与开发案例教程	杨田宏	32
83	7-301-21052-9	ASP.NET 程序设计与开发	张绍兵	39	96	7-301-24245-2	计算机图形用户界面设计与应用	王赛兰	38
84	7-301-16824-0	软件测试案例教程	丁宋涛	28	97	7-301-24352-7	算法设计、分析与应用教程	李文书	49
85	7-301-20328-6	ASP. NET 动态网页案例教程(C#.NET 版)	江　红	45	98	7-301-25340-3	多媒体技术基础	贾银洁	32
86	7-301-16528-7	C#程序设计	胡艳菊	40	99	7-301-25440-0	JavaEE 案例教程	丁宋涛	35
87	7-301-21271-4	C#面向对象程序设计及实践教程	唐　燕	45					

北京大学出版社电气信息类教材书目(已出版)

欢迎选订

序号	标准书号	书　　名	主　编	定价	序号	标准书号	书　　名	主　编	定价
1	7-301-10759-1	DSP 技术及应用	吴冬梅	26	48	7-301-11151-2	电路基础学习指导与典型题解	公茂法	32
2	7-301-10760-7	单片机原理与应用技术	魏立峰	25	49	7-301-12326-3	过程控制与自动化仪表	张井岗	36
3	7-301-10765-2	电工学	蒋　中	29	50	7-301-23271-2	计算机控制系统(第 2 版)	徐文尚	48
4	7-301-19183-5	电工与电子技术(上册)(第 2 版)	吴舒辞	30	51	7-5038-4414-0	微机原理及接口技术	赵志诚	38
5	7-301-19229-0	电工与电子技术(下册)(第 2 版)	徐卓农	32	52	7-301-10465-1	单片机原理及应用教程	范立南	30
6	7-301-10699-0	电子工艺实习	周春阳	19	53	7-5038-4426-4	微型计算机原理与接口技术	刘彦文	26
7	7-301-10744-7	电子工艺学教程	张立毅	32	54	7-301-12562-5	嵌入式基础实践教程	杨　刚	30
8	7-301-10915-6	电子线路 CAD	吕建平	34	55	7-301-12530-4	嵌入式 ARM 系统原理与实例开发	杨宗德	25
9	7-301-10764-1	数据通信技术教程	吴延海	29	56	7-301-13676-8	单片机原理与应用及 C51 程序设计	唐　颖	30
10	7-301-18784-5	数字信号处理(第 2 版)	阎　毅	32	57	7-301-13577-8	电力电子技术及应用	张润和	38
11	7-301-18889-7	现代交换技术(第 2 版)	姚　军	36	58	7-301-20508-2	电磁场与电磁波（第 2 版）	邬春明	30
12	7-301-10761-4	信号与系统	华　容	33	59	7-301-12179-5	电路分析	王艳红	38
13	7-301-19318-1	信息与通信工程专业英语（第 2 版）	韩定定	32	60	7-301-12380-5	电子测量与传感技术	杨　雷	35
14	7-301-10757-7	自动控制原理	袁德成	29	61	7-301-14461-9	高电压技术	马永翔	28
15	7-301-16520-1	高频电子线路(第 2 版)	宋树祥	35	62	7-301-14472-5	生物医学数据分析及其 MATLAB 实现	尚志刚	25
16	7-301-11507-7	微机原理与接口技术	陈光军	34	63	7-301-14460-2	电力系统分析	曹　娜	35
17	7-301-11442-1	MATLAB 基础及其应用教程	周开利	24	64	7-301-14459-6	DSP 技术与应用基础	俞一彪	34
18	7-301-11508-4	计算机网络	郭银景	31	65	7-301-14994-2	综合布线系统基础教程	吴达金	24
19	7-301-12178-8	通信原理	隋晓红	32	66	7-301-15168-6	信号处理 MATLAB 实验教程	李　杰	20
20	7-301-12175-7	电子系统综合设计	郭　勇	25	67	7-301-15440-3	电工电子实验教程	魏　伟	26
21	7-301-11503-9	EDA 技术基础	赵明富	22	68	7-301-15445-8	检测与控制实验教程	魏　伟	24
22	7-301-12176-4	数字图像处理	曹茂永	23	69	7-301-04595-4	电路与模拟电子技术	张绪光	35
23	7-301-12177-1	现代通信系统	李白萍	27	70	7-301-15458-8	信号、系统与控制理论(上、下册)	邱德润	70
24	7-301-12340-9	模拟电子技术	陆秀令	28	71	7-301-15786-2	通信网的信令系统	张云麟	24
25	7-301-13121-3	模拟电子技术实验教程	谭海曙	24	72	7-301-23674-1	发电厂变电所电气部分(第 2 版)	马永翔	48
26	7-301-11502-2	移动通信	郭俊强	22	73	7-301-16076-3	数字信号处理	王震宇	32
27	7-301-11504-6	数字电子技术	梅开乡	30	74	7-301-16931-5	微机原理及接口技术	肖洪兵	32
28	7-301-18860-6	运筹学(第 2 版)	吴亚丽	28	75	7-301-16932-2	数字电子技术	刘金华	30
29	7-5038-4407-2	传感器与检测技术	祝诗平	30	76	7-301-16933-9	自动控制原理	丁　红	32
30	7-5038-4413-3	单片机原理及应用	刘　刚	24	77	7-301-17540-8	单片机原理及应用教程	周广兴	40
31	7-5038-4409-6	电机与拖动	杨天明	27	78	7-301-17614-6	微机原理及接口技术实验指导书	李干林	22
32	7-5038-4411-9	电力电子技术	樊立萍	25	79	7-301-12379-9	光纤通信	卢志茂	28
33	7-5038-4399-0	电力市场原理与实践	邹　斌	24	80	7-301-17382-4	离散信息论基础	范九伦	25
34	7-5038-4405-8	电力系统继电保护	马永翔	27	81	7-301-17677-1	新能源与分布式发电技术	朱永强	32
35	7-5038-4397-6	电力系统自动化	孟祥忠	25	82	7-301-17683-2	光纤通信	李丽君	26
36	7-301-24933-8	电气控制技术(第 2 版)	韩顺杰	28	83	7-301-17700-6	模拟电子技术	张绪光	36
37	7-5038-4403-4	电器与 PLC 控制技术	陈志新	38	84	7-301-17318-3	ARM 嵌入式系统基础与开发教程	丁文龙	36
38	7-5038-4400-3	工厂供配电	王玉华	34	85	7-301-17797-6	PLC 原理及应用	缪志农	26
39	7-5038-4410-2	控制系统仿真	郑恩让	26	86	7-301-17986-4	数字信号处理	王玉德	32
40	7-5038-4398-3	数字电子技术	李　元	27	87	7-301-18131-7	集散控制系统	周荣富	36
41	7-5038-4412-6	现代控制理论	刘永信	22	88	7-301-18285-7	电子线路 CAD	周荣富	41
42	7-5038-4401-0	自动化仪表	齐志才	27	89	7-301-16739-7	MATLAB 基础及应用	李国朝	39
43	7-301-25091-4	自动化专业英语(第 2 版)	李国厚	32	90	7-301-18352-6	信息论与编码	隋晓红	24
44	7-301-23081-7	集散控制系统(第 2 版)	刘翠玲	36	91	7-301-18260-4	控制电机与特种电机及其控制系统	孙冠群	42
45	7-301-19174-3	传感器基础(第 2 版)	赵玉刚	32	92	7-301-18493-6	电工技术	张　莉	26
46	7-5038-4396-9	自动控制原理	潘　丰	32	93	7-301-18496-7	现代电子系统设计教程	宋晓梅	36
47	7-301-10512-2	现代控制理论基础(国家级十一五规划教材)	侯媛彬	20	94	7-301-18672-5	太阳能电池原理与应用	靳瑞敏	25

序号	标准书号	书　名	主　编	定价	序号	标准书号	书　名	主　编	定价
95	7-301-18314-4	通信电子线路及仿真设计	王鲜芳	29	130	7-301-22111-2	平板显示技术基础	王丽娟	52
96	7-301-19175-0	单片机原理与接口技术	李　升	46	131	7-301-22448-9	自动控制原理	谭功全	44
97	7-301-19320-4	移动通信	刘维超	39	132	7-301-22474-8	电子电路基础实验与课程设计	武　林	36
98	7-301-19447-8	电气信息类专业英语	缪志农	40	133	7-301-22484-7	电文化——电气信息学科概论	高　心	30
99	7-301-19451-5	嵌入式系统设计及应用	邢吉生	44	134	7-301-22436-6	物联网技术案例教程	崔逊学	40
100	7-301-19452-2	电子信息类专业 MATLAB 实验教程	李明明	42	135	7-301-22598-1	实用数字电子技术	钱裕禄	30
101	7-301-16914-8	物理光学理论与应用	宋贵才	32	136	7-301-22529-5	PLC 技术与应用(西门子版)	丁金婷	32
102	7-301-16598-0	综合布线系统管理教程	吴达金	39	137	7-301-22386-4	自动控制原理	佟　威	30
103	7-301-20394-1	物联网基础与应用	李蔚田	44	138	7-301-22528-8	通信原理实验与课程设计	邬春明	34
104	7-301-20339-2	数字图像处理	李云红	36	139	7-301-22582-0	信号与系统	许丽佳	38
105	7-301-20340-8	信号与系统	李云红	29	140	7-301-22447-2	嵌入式系统基础实践教程	韩　磊	35
106	7-301-20505-1	电路分析基础	吴舒辞	38	141	7-301-22776-3	信号与线性系统	朱明早	33
107	7-301-22447-2	嵌入式系统基础实践教程	韩　磊	35	142	7-301-22872-2	电机、拖动与控制	万芳瑛	34
108	7-301-20506-8	编码调制技术	黄　平	26	143	7-301-22882-1	MCS-51 单片机原理及应用	黄翠翠	34
109	7-301-20763-5	网络工程与管理	谢　慧	39	144	7-301-22936-1	自动控制原理	邢春芳	39
110	7-301-20845-8	单片机原理与接口技术实验与课程设计	徐懂理	26	145	7-301-22920-0	电气信息工程专业英语	余兴波	26
111	301-20725-3	模拟电子线路	宋树祥	38	146	7-301-22919-4	信号分析与处理	李会容	39
112	7-301-21058-1	单片机原理与应用及其实验指导书	邵发森	44	147	7-301-22385-7	家居物联网技术开发与实践	付　蔚	39
113	7-301-20918-9	Mathcad 在信号与系统中的应用	郭仁春	30	148	7-301-23124-1	模拟电子技术学习指导及习题精选	姚娅川	30
114	7-301-20327-9	电工学实验教程	王士军	34	149	7-301-23022-0	MATLAB 基础及实验教程	杨成慧	36
115	7-301-16367-2	供配电技术	王玉华	49	150	7-301-23221-7	电工电子基础实验及综合设计指导	盛桂珍	32
116	7-301-20351-4	电路与模拟电子技术实验指导书	唐　颖	26	151	7-301-23473-0	物联网概论	王　平	38
117	7-301-21247-9	MATLAB 基础与应用教程	王月明	32	152	7-301-23639-0	现代光学	宋贵才	36
118	7-301-21235-6	集成电路版图设计	陆学斌	36	153	7-301-23705-2	无线通信原理	许晓丽	42
119	7-301-21304-9	数字电子技术	秦长海	49	154	7-301-23736-6	电子技术实验教程	司朝良	33
120	7-301-21366-7	电力系统继电保护(第 2 版)	马永翔	42	155	7-301-23754-0	工控组态软件及应用	何坚强	49
121	7-301-21450-3	模拟电子与数字逻辑	邬春明	39	156	7-301-23877-6	EDA 技术及数字系统的应用	包　明	55
122	7-301-21439-8	物联网概论	王金甫	42	157	7-301-23983-4	通信网络基础	王　昊	32
123	7-301-21849-5	微波技术基础及其应用	李泽民	49	158	7-301-24153-0	物联网安全	王金甫	43
124	7-301-21688-0	电子信息与通信工程专业英语	孙桂芝	36	159	7-301-24181-3	电工技术	赵　莹	46
125	7-301-22110-5	传感器技术及应用电路项目化教程	钱裕禄	30	160	7-301-24449-4	电子技术实验教程	马秋明	26
126	7-301-21672-9	单片机系统设计与实例开发（MSP430）	顾　涛	44	161	7-301-24469-2	Android 开发工程师案例教程	倪红军	48
127	7-301-22112-9	自动控制原理	许丽佳	30	162	7-301-24557-6	现代通信网络	胡珺珺	38
128	7-301-22109-9	DSP 技术及应用	董　胜	39	163	7-301-24777-8	DSP 技术与应用基础(第 2 版)	俞一彪	45
129	7-301-21607-1	数字图像处理算法及应用	李文书	48	164	7-301-24812-6	微控制器原理及应用	丁筱玲	42